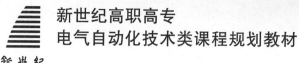

新世纪高职高专
电气自动化技术类课程规划教材

传感器应用技术

第三版

新世纪高职高专教材编审委员会 / 组　编

李新德　马永杰 / 主　编

张凤莉　卢　娜　李景辉 / 副主编
卢　慧　黄　蓓　王　颖

大连理工大学出版社

图书在版编目(CIP)数据

传感器应用技术 / 李新德，马永杰主编. -- 3 版
. -- 大连 ：大连理工大学出版社，2019.9(2023.1重印)
新世纪高职高专电气自动化技术类课程规划教材
ISBN 978-7-5685-2324-0

Ⅰ．①传… Ⅱ．①李… ②马… Ⅲ．①传感器－高等
职业教育－教材 Ⅳ．①TP212

中国版本图书馆 CIP 数据核字(2019)第 240168 号

大连理工大学出版社出版

地址：大连市软件园路 80 号　邮政编码：116023
发行：0411-84708842　邮购：0411-84708943　传真：0411-84701466
E-mail：dutp@dutp.cn　URL：https://www.dutp.cn
辽宁星海彩色印刷有限公司印刷　　大连理工大学出版社发行

幅面尺寸：185mm×260mm　　印张：16.25　　字数：394 千字
2010 年 8 月第 1 版　　　　　　　　　2019 年 9 月第 3 版
2023 年 1 月第 6 次印刷

责任编辑：唐　爽　　　　　　　　　　责任校对：吴媛媛
封面设计：张　莹

ISBN 978-7-5685-2324-0　　　　　　　　定　价：50.80 元

《传感器应用技术》(第三版)是新世纪高职高专教材编审委员会组编的电气自动化技术类课程规划教材之一。

　　传感器是自动检测系统中不可缺少的一部分,传感器应用技术是一门新兴的学科,从20世纪中叶发展到今天,在科技领域有着不可替代的地位。传感器是将被测的物理量按一定规律转换成电量信号或非电量信号的元器件或装置。它广泛应用于工业、农业、宇宙开发、地矿、海洋、环保、资源调查、生物医学工程、文物保护、军事、保安等领域,与整机系统结合起来,发挥其准确、及时获取并发送信息的作用。传感器应用技术是信息产业的三大支柱之一。传感器应用技术课程是电气自动化技术、应用电子技术、电子信息技术、机电一体化技术、数控技术、计算机科学技术等专业的必修课程。

　　在编写《传感器应用技术》教材的过程中,我们力求突出以下特色:

　　1. 理论以必需、够用为度,重点强调技能训练和学习。本教材根据高职高专院校学生的特点,结合现代科学技术发展的需要,在编写的过程中尽可能减少复杂的理论叙述,并添加了一些生活中常用的相关知识,将理论和实践紧密结合起来,使学生能够学以致用。

　　2. 内容以项目化的形式来安排,符合高职高专院校学生的认知规律。本教材在结构上将常用的传感器以项目的形式进行分类,每种传感器的知识内容分为"项目要求""知识梳理""项目实施""知识拓展""技能实训"五部分,使学生在学习时更容易理解和接受。

　　3. 内容全面、新颖。本教材紧密联系传感器应用技术的最新进展,引用了很多新知识和新技术,全面介绍这些最新领域的相关知识,保持内容的新颖性。

　　4. 突出技能的训练。本教材通过大量的实训项目,能够让学生在学习的过程中更全面地了解传感器,并通过相关的实训提高学生的动手能力。

　　5. 教辅资源丰富。本教材制作了 AR、微课、仿真实操视频、多媒体课件等资源,力求为教学工作构建更加完善的辅助平台,为教师和学生提供更多的方便。

　　本教材由商丘职业技术学院李新德、商丘职业技术学院马永杰任主编,商丘职业技术学院张凤莉、商丘职业技术学院卢娜、河南中分仪器股份有限公司李景辉、商丘职业技术学院卢慧、商丘职业技术学院黄蓓、商丘职业技术学院王颖任副主编。具体编写分工如下:张凤莉编写项目 1、项目 9;卢娜编写项目 2、项目 7;李景辉编写项目 3、项目 5;卢慧编写项目 4;黄蓓编写项目 6;李新德编写项目 8;王颖编写项目 10;马永杰编写项目 11。全书由李新德统稿并定稿。

本教材的参考学时为 72 学时(理论教学 36 学时,实验教学 36 学时)。

在编写本教材的过程中,我们参考、引用和改编了国内外出版物中的相关资料以及网络资源,在此对这些资料的作者表示深深的谢意!请相关著作权人看到本教材后与我社联系,我社将按照相关法律的规定支付稿酬。

尽管我们在教材编写过程中力求在教材特色的建设方面有所突破,但因时间仓促,书中仍可能存在错误和不当之处,恳请有关专家和读者批评指正,并将意见和建议反馈给我们,以便进一步修订、完善。

编　者

2019 年 9 月

所有意见和建议请发往:dutpgz@163.com

欢迎访问职教数字化服务平台:https://www.dutp.cn/sve/

联系电话:0411-84707424　84708979

AR 资源使用说明

首先用移动设备在各大应用商店中下载"大工职教教师版"或"大工职教学生版"APP,安装后点击"教材 AR 扫描入口"按钮,扫描书中带有 标识的图片,即可体验 AR 功能。

目 录

项目 1　认识传感器

项目要求

在科学技术高度发达的现代社会中,人类已进入瞬息万变的信息时代。人们在从事工业生产和科学实验等活动中,主要依靠对信息资源的开发、获取、传输和处理。传感器是人类感官的延长。它处于研究对象与测控系统的接口位置,是感知、获取与检测信息的窗口。一切科学实验和生产过程都需要大量的信息,特别是自动检测和自动控制系统要获取的信息,都要通过传感器将其转换为容易传输与处理的电信号。没有传感器,科学实验和生产过程就无法实现现代化。传感器的工作原理涉及很多学科领域,它的开发带动了边缘学科的发展。

"测量系统"这一概念是传感技术发展到一定阶段的产物。在工程中,需要有传感器与多台仪表组合在一起,才能完成信号的检测,这样便形成了测量系统。为了更好地掌握传感器,需要对测量的基本概念、测量系统的特性、测量误差及数据处理等方面的理论及工程方法进行学习和研究,只有了解和掌握了这些基本理论,才能更有效地完成检测任务。

传感器已渗透到诸如工业生产、宇宙开发、海洋探测、环境保护、资源调查、医学诊断、生物工程、文物保护等极其广泛的领域。从茫茫的太空到浩瀚的海洋,几乎每一个现代化项目都离不开各种各样的传感器。

知识要求

(1)了解测量的概念和测量方法的分类。

(2)掌握测量系统的原理结构。

(3)了解误差的基本概念和仪表的精度等级。

(4)掌握随机误差和系统误差的处理方法及测量数据的处理方法。

(5)了解传感器的组成及分类。

(6)掌握传感器的静态特性和动态特性的分析方法。

重点:随机误差和系统误差的处理,灵敏度的概念,传感器的组成。

难点：根据误差要求合理选择测量仪表的精度等级、测量数据的处理方法。

■ 能力要求

（1）能够了解和使用检测技术中的仪表、仪器。

（2）能够正确地识别各种传感器及其特点和其在整个工作系统中的作用。

（3）能够准确判断传感器的好坏，熟练掌握测量误差的处理方法和测量数据的处理方法。

（4）能够准确掌握传感器的分类方法。

 知识梳理

一、测量的基础知识

1. 测量概念

测量是以确定量值为目的的一系列操作。所以测量也就是将被测量与同种性质的标准量进行比较，确定被测量对标准量的倍数。它可以表示为

$$n = \frac{x}{u} \tag{1-1}$$

或

$$x = nu \tag{1-2}$$

式中　x——被测量值；

　　　u——标准量，即测量单位；

　　　n——比值（纯数），含有测量误差。

由测量所获得的被测量值称为测量结果。测量结果可用一定的数值表示，也可以用一条曲线或某种图形表示。但无论其表现形式如何，测量结果应包括比值和测量单位两部分。确切地讲，测量结果还应包括误差部分。

被测量值和比值等都是测量过程的信息，这些信息依托于物质才能在空间和时间上进行传递。参数承载了信息而成为信号。选择适当的参数作为测量信号，例如，热电偶温度传感器的工作参数是热电偶的电动势，差压流量传感器中的孔板工作参数是差压 Δp。测量过程就是传感器从被测对象获取被测量的信息，建立起测量信号，经过变换、传输、处理，从而获得被测量的量值。

2. 测量方法

实现被测量与标准量比较得出比值的方法称为测量方法。针对不同测量任务进行具体分析以找出切实可行的测量方法，对测量工作是十分重要的。

从不同角度看,测量方法有多种分类方法。根据获得测量值的方法可分为直接测量、间接测量和组合测量;根据测量的精度因素可分为等精度测量和非等精度测量;根据测量方式可分为偏差式测量、零位式测量和微差式测量;根据被测量变化快慢可分为静态测量和动态测量;根据测量敏感元件是否与被测介质接触可分为接触测量和非接触测量;根据测量系统是否向被测对象施加能量可分为主动式测量和被动式测量等。

(1)直接测量、间接测量和组合测量

在使用仪表或传感器进行测量时,对仪表读数不需要经过任何运算就能直接表示测量所需要的结果,称为直接测量。例如,用磁电式电流表测量电路的某一支路电流,用弹簧管压力表测量压力等,都属于直接测量。直接测量的测量过程简单而又迅速,但测量精度不高。

在使用仪表或传感器进行测量时,首先对与测量有确定函数关系的几个量进行测量,将被测量代入函数关系式,经过计算得到所需要的结果,称为间接测量。间接测量的测量步骤较多,花费时间较长,一般用在直接测量不方便或者缺乏直接测量手段的场合。

若被测量必须经过求解联立方程组才能得到最后结果,则称为组合测量。组合测量是一种特殊的精密测量方法,操作复杂,花费时间长,多用于科学实验或特殊场合。

(2)等精度测量和非等精度测量

用相同仪表与测量方法对同一被测量进行多次重复测量,称为等精度测量。

用不同精度的仪表或不同的测量方法,或在环境条件相差很大时对同一被测量进行多次重复测量,称为非等精度测量。

(3)偏差式测量、零位式测量和微差式测量

用仪表指针的位移(偏差)决定被测量的量值,称为偏差式测量。应用这种方法测量时,仪表刻度事先用标准器具标定。在测量时,输入被测量,按照仪表指针在标尺上的示值,决定被测量的数值。偏差式测量的测量过程比较简单、迅速,但测量结果精度较低。

用指零仪表的零位指示检测测量系统的平衡状态,在测量系统平衡时,用已知的标准量决定被测量的量值,称为零位式测量。在测量时,已知标准量直接与被测量相比较,已知标准量应连续可调,指零仪表指零时,被测量与已知标准量相等,如天平、电位差计等。零位式测量可以获得比较高的测量精度,但测量过程比较复杂,费时较长,不适用于测量迅速变化的信号。

微差式测量是综合了偏差式测量与零位式测量的优点而形成的一种测量方法。它将被测量与已知的标准量相比较,取得差值后,再用偏差法测得此差值。应用这种方法测量时,不需要调整标准量,而只需要测量两者间的差值。设 N 为标准量,x 为被测量,Δ 为两者之差,则 $x = N + \Delta$。由于 N 是标准量,其误差很小,且 $\Delta \ll N$,因此可选用高灵敏度的偏差式仪表测量 Δ,即使测量 Δ 的精度较低,但因 $\Delta \ll x$,故总的测量精度仍很高。

微差式测量反应快,而且测量精度高,特别适用于在线控制参数的测量。

3. 测量系统

(1)测量系统的原理结构

测量系统是传感器与测量仪表、变换装置等的有机组合。如图 1-1 所示为测量系统的原理结构。

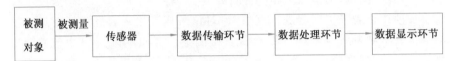

图 1-1　测量系统的原理结构

测量系统中的传感器是感受被测量的大小并输出相对应的可用输出信号的器件或装置。

数据传输环节用来传输数据。当测量系统的几个功能环节独立地分隔开的时候,必须由一个地方向另一个地方传输数据,数据传输环节就是用来完成这种传输功能的。

数据处理环节则是将传感器输出信号进行处理和变换,如对信号进行放大、运算、线性化、数-模或模-数转换,变成另一种参数的信号或变成某种标准化的统一信号等,使其输出信号便于显示、记录,既可用于自动控制系统,还可与计算机系统连接,以便对测量信号进行信息处理。

数据显示环节将被测量信息变成人感官能接受的形式,以完成监视、控制或分析的目的。测量结果可以采用模拟显示,也可以采用数字显示,还可以由记录装置进行自动记录或由打印机将数据打印出来。

(2)开环测量系统与闭环测量系统

开环测量系统的全部信息变换只沿着一个方向进行,如图 1-2 所示。

图 1-2　开环测量系统的原理结构

图 1-2 中,x 为输入量,y 为输出量,k_1、k_2、k_3 分别为各个环节的传递系数,则输入/输出关系为

$$y = k_1 k_2 k_3 x \tag{1-3}$$

采用开环方式构成的测量系统结构较简单,但各环节特性的变化都会造成测量误差。

闭环测量系统有两个通道,一个为正向通道,另一个为反馈通道,如图 1-3 所示。

图 1-3 中,Δx 为正向通道的输入量,β 为反馈环节的传递系数,正向通道的总传递系数 $k = k_2 k_3$,则有

$$\Delta x = x_1 - x_f$$

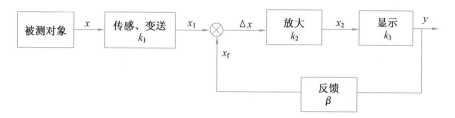

图 1-3　闭环测量系统的原理结构

$$x_f = \beta y$$

$$y = k\Delta x = k(x_1 - x_f) = kx_1 - k\beta y$$

$$y = \frac{k}{1+k\beta}x_1 = \frac{1}{\frac{1}{k}+\beta}x_1 \qquad (1\text{-}4)$$

当 $k \gg 1$ 时，则

$$y \approx \frac{1}{\beta}x_1 \qquad (1\text{-}5)$$

系统的输入/输出关系为

$$y = \frac{kk_1}{1+k\beta}x \approx \frac{k_1}{\beta}x \qquad (1\text{-}6)$$

显然，这时整个系统的输入/输出关系由反馈环节的特性决定，放大器等环节特性的变化不会造成测量误差，或者说造成的误差很小。

根据以上分析可知，在构成测量系统时，应将开环系统与闭环系统巧妙地组合在一起加以应用，才能达到所期望的目的。

二、测量误差

测量的目的是希望通过测量工具最接近地获取被测量的真实值，但由于种种原因，例如，传感器本身性能不十分优良，测量方法不十分完善，外界干扰的影响等，都会造成被测参数的测量值与真实值不一致。两者不一致的程度用测量误差来表示。

测量误差就是测量值与真实值之间的差值。它反映了测量质量的好坏。

测量的可靠性至关重要，不同场合对测量结果可靠性的要求也不同。例如，在量值传递、经济核算、产品检验等场合应保证测量结果有足够的准确度。当测量值用作控制信号时，则要注意测量值的稳定性和可靠性。同时，测量结果的准确程度还应与测量的目的与要求相联系、相适应，那种不惜工本、不顾场合，一味追求越准越好的做法是不可取的，要有技术与经济兼顾的意识。

1. 测量误差的表示方法

测量误差的表示方法有多种，含义各异。

（1）绝对误差

绝对误差可定义为

$$\Delta x = x - L \tag{1-7}$$

式中　Δx——绝对误差；

　　　x——测量值；

　　　L——真实值。

当 $x > L$ 时，称之为正误差；反之，称之为负误差。在计量工作和实验室测量中，常用修正值 C 表示真实值与测量值之差，通常表示为 $C = -\Delta x = L - x$，即修正值是与绝对误差大小相等、符号相反的值，实际值等于测量值加上修正值。采用绝对误差表示测量误差，不能很好地说明测量质量的好坏。例如，在温度测量时，绝对误差 $\Delta x = 1\ ℃$，对体温测量来说是不允许的，而对测量钢水温度来说却是一个极好的测量结果。

（2）相对误差

相对误差可定义为

$$\delta = \frac{\Delta x}{L} \times 100\% \tag{1-8}$$

式中　δ——相对误差，一般用百分数表示。

由于被测量的真实值 L 无法知道，实际测量时用测量值 x 代替真实值 L 来进行计算，这个相对误差称为标称相对误差，即

$$\delta = \frac{\Delta x}{x} \times 100\% \tag{1-9}$$

（3）引用误差

引用误差是仪表中通用的一种误差表示方法。它是相对于仪表满量程的一种误差，一般也用百分数表示，即

$$\gamma = \frac{\Delta x}{x_m} \times 100\% = \frac{\Delta x}{x_{max} - x_{min}} \times 100\% \tag{1-10}$$

式中　γ——引用误差；

　　　x_m——仪表量程；

　　　x_{max}——仪表量程的上限；

　　　x_{min}——仪表量程的下限。

仪表精度等级是根据引用误差来确定的。例如，0.5 级仪表的引用误差的最大值为 $\pm 0.5\%$，1.0 级仪表的引用误差的最大值为 $\pm 1\%$。

在使用仪表和传感器时，经常也会遇到基本误差和附加误差两个概念。

基本误差是指仪表在规定的标准条件下所具有的误差。例如，仪表是在电源电压 220 V ± 5 V、电网频率 50 Hz ± 2 Hz、环境温度 20 ℃ ± 5 ℃、湿度 65% ± 5% 的条件下标定的。如果这台仪表在这个条件下工作，则仪表所具有的误差为基本误差。测量仪表的精度等级就是由基本误差决定的。

附加误差是指当仪表的使用条件偏离额定条件下出现的误差。例如，温度附加误差、频率附加误差。

2. 测量仪表的精度

测量仪表的误差是以精确度(简称精度)表示的。通常以最大引用误差来定义测量仪表的精度等级,即

$$S \leqslant \gamma_\mathrm{m} = \frac{\Delta x_\mathrm{m}}{\Delta x} \times 100\% \tag{1-11}$$

式中　γ_m——测量仪表最大引用误差;

　　　Δx_m——测量仪表量程内出现的最大绝对误差;

　　　S——测量仪表精度等级。

显而易见,S 越小,测量仪表精度就越高。仪表的精度等级通常用圆圈内的数字形式标示在仪表的面板上。例如,某台压力传感器的允许误差为 1.5%,这台压力计的精度等级就是 1.5 级。我国电工仪表的精度等级一般分为 7 级,分别为 0.1 级、0.2 级、0.5 级、1.0 级、1.5 级、2.5 级、5.0 级。

在正常工作条件下,测量仪表的最大引用误差的绝对值不能超过其精度等级。例如,某 0.1 级压力传感器的量程为 100 MPa,测量 50 MPa 压力时,传感器引起的最大相对误差为 $\pm 0.2\%$。

例 1-1　已知某一被测量电压约为 10 V,现有如下两块电压表:①150 V,0.5 级;②15 V,2.5 级。则选择哪一块表测量误差小?

解:用①表时,其 $S=0.5$,即 $\gamma_\mathrm{m}=0.5\%$,故测量中可能出现的最大绝对误差为

$$\Delta U_\mathrm{m} = U_\mathrm{m} \gamma_\mathrm{m} = 150 \times 0.5\% = 0.75 \text{ V}$$

用②表时,测量中可能出现的最大绝对误差为

$$\Delta U_\mathrm{m} = U_\mathrm{m} \gamma_\mathrm{m} = 15 \times 2.5\% = 0.375 \text{ V}$$

显然,①表的精度等级高于②表,但其量程较大,可能出现的最大绝对误差反而大于②表,所以用精度等级较低的②表测量 10 V 左右的电压,测量误差反而小。

3. 测量误差的分类

根据测量数据中的误差所呈现的规律,将误差分为三种,即系统误差、随机误差和粗大误差。这种分类方法便于测量数据处理。

(1)系统误差

对同一被测量进行多次重复测量时,如果误差按照一定的规律出现,则把这种误差称为系统误差,也称为装置误差。例如,标准量值的不准确及仪表刻度的不准确而引起的误差。

(2)随机误差

对同一被测量进行多次重复测量时,绝对值和符号不可预知地随机变化,但就误差的总体而言,具有一定的统计规律性的误差称为随机误差。例如,电源电压波动附加误差等。引起随机误差的原因很多是难以掌握或暂时未能掌握的微小因素,一般无法控制。对于随机误差不能用简单的修正值来修正,只能用概率和数理统计的方法去计算它出现的可能性。

(3)粗大误差

明显偏离测量结果的误差称为粗大误差,又称为疏忽误差。这类误差是由于测量者疏忽大意或环境条件的突然变化而引起的。对于粗大误差,首先应设法判断是否存在,然后将其剔除。

三、测量数据的估计和处理

由工程测量实践可知,测量数据中含有系统误差和随机误差,有时还会含有粗大误差。它们的性质不同,对测量结果的影响及处理方法也不同。在测量中,对测量数据进行处理时,首先判断测量数据中是否含有粗大误差,如有,则必须加以剔除。再看数据中是否存在系统误差,对系统误差可设法消除或加以修正。对排除了系统误差和粗大误差的测量数据,则利用随机误差性质进行处理。总之,对于不同情况的测量数据,首先要加以分析研究、判断,分别处理,然后综合整理以得出合乎科学性的结果。

1. 随机误差的统计处理

在测量中,当系统误差已设法消除或减小到可以忽略的程度时,如果测量数据仍有不稳定的现象,则说明存在随机误差。在等精度测量情况下,得 n 个测量值 $x_1, x_2, \cdots, x_n$,设只含有随机误差 $\delta_1, \delta_2, \cdots, \delta_n$。这组测量值或随机误差都是随机事件,可以用概率数理统计的方法来研究。随机误差的处理任务是从随机数据中求出最接近真值的值(或称为真值的最佳估计值),对数据精密度的高低(或称为可信赖的程度)进行评定并给出测量结果。

(1)随机误差的正态分布曲线

测量实践表明,多数测量的随机误差具有以下特征:

①绝对值小的随机误差出现的概率大于绝对值大的随机误差出现的概率。

②随机误差的绝对值不会超出一定界限。

③测量次数 n 很大时,绝对值相等、符号相反的随机误差出现的概率相等。

由特征③不难推算出,当 $n \to \infty$ 时,随机误差的代数和趋近于零。

随机误差的上述三个特征,说明其分布实际上是单一峰值并且是有界限的,且当测量次数无穷增加时,这类误差还具有对称性(抵偿性)。

在大多数情况下,当测量次数足够多时,测量过程中产生的误差服从正态分布规律。分布密度函数为

$$y = f(x) = \frac{1}{\sigma\sqrt{2\pi}} e^{-\frac{(x-L)^2}{2\sigma^2}}$$

$$= f(\delta) = \frac{1}{\sigma\sqrt{2\pi}} e^{-\frac{\delta^2}{2\sigma^2}} \tag{1-12}$$

式中　y——概率密度;

　　x——测量值(随机变量);

　　σ——均方根偏差(标准误差);

L——真值（随机变量 x 的数学期望）；

δ——随机误差（随机变量），$\delta = x - L$。

正态分布曲线为一条钟形的曲线，如图 1-4 所示，说明随机变量在 $x = L$ 或 $\delta = 0$ 处的附近区域内具有最大概率。

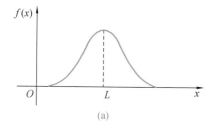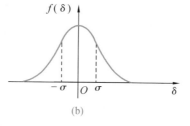

图 1-4　正态分布曲线

（2）正态分布的随机误差的数字特征

在实际测量时，真值 L 不可能得到。但如果随机误差服从正态分布，则算术平均值处随机误差的概率密度最大。对被测量进行等精度的 n 次测量，得 n 个测量值 $x_1, x_2, \cdots, x_n$，它们的算术平均值为

$$\overline{x} = \frac{1}{n}(x_1 + x_2 + \cdots + x_n) = \frac{1}{n}\sum_{i=1}^{n} x_i \tag{1-13}$$

算术平均值是各测量值中最可信赖的，它可以作为等精度多次测量的结果。

上述的算术平均值反映随机误差的分布中心，而均方根偏差则反映随机误差的分布范围。均方根偏差越大，测量数据的分散范围也越大，所以均方根偏差 σ 可以描述测量数据和测量结果的精度。如图 1-5 所示为不同 σ 下的正态分布曲线。由图可见：σ 越小，正态分布曲线越陡峭，说明随机变量的分散性越小，测量精度越高；反之，σ 越大，正态分布曲线越平坦，随机变量的分散性越大，则精度越低。

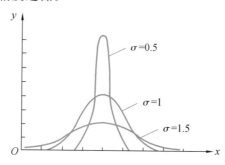

图 1-5　不同 σ 下的正态分布曲线

均方根偏差 σ 为

$$\sigma = \sqrt{\frac{\sum_{i=1}^{n}(x_i - L)^2}{n}} = \sqrt{\frac{\sum_{i=1}^{n}\delta_i^2}{n}} \tag{1-14}$$

式中　n——测量次数；

x_i——第 i 次测量值。

在实际测量时,真值 L 是无法确切知道的,可以用测量值的算术平均值来代替,各测量值与算术平均值差值称为残余误差,即

$$v_i = x_i - \overline{x} \tag{1-15}$$

用残余误差计算的均方根偏差称为均方根偏差的估计值 σ_s,即

$$\sigma_s = \sqrt{\frac{\sum\limits_{i=1}^{n}(x_i - \overline{x})^2}{n-1}} = \sqrt{\frac{\sum\limits_{i=1}^{n} v_i^2}{n-1}} \tag{1-16}$$

通常在有限次测量时,算术平均值不可能等于被测量的真值 L,它也是随机变动的。设对被测量进行 m 组的多次测量,各组所得的算术平均值 $\overline{x}_1, \overline{x}_2, \cdots, \overline{x}_m$ 围绕真值 L 有一定的分散性,也是随机变量。算术平均值 $\overline{x}$ 的精度可由算术平均值的均方根偏差来评定。它与 σ_s 的关系为

$$\sigma_{\overline{x}} = \frac{\sigma_s}{\sqrt{n}} \tag{1-17}$$

(3)正态分布的概率计算

人们利用正态分布曲线进行测量数据处理的目的是求取测量的结果,确定相应的误差限以及分析测量的可靠性等。为此,需要计算正态分布在不同区间的概率。正态分布曲线下的全部面积应等于总概率。由残余误差表示的正态分布密度函数为

$$y = f(v) = \frac{1}{\sigma\sqrt{2\pi}} e^{-\frac{v^2}{2\sigma^2}} \tag{1-18}$$

故

$$\int_{-\infty}^{+\infty} y \, dv = 100\% = 1$$

在任意误差区间 (a, b) 出现的概率为

$$P(a \leqslant v < b) = \frac{1}{\sigma\sqrt{2\pi}} \int_{a}^{b} e^{-\frac{v^2}{2\sigma^2}} \, dv$$

σ 是正态分布的特征参数,误差区间通常表示成 σ 的倍数,如 $t\sigma$。由于随机误差分布对称性的特点,常取对称的区间,即

$$P_a = P(-t\sigma \leqslant v < t\sigma) = \frac{1}{\sigma\sqrt{2\pi}} \int_{a}^{b} e^{-\frac{v^2}{2\sigma^2}} \, dv \tag{1-19}$$

式中　t——置信系数;

P_a——置信概率;

$\pm t\sigma$——误差限。

表 1-1 列出几个典型的置信系数及其相应的概率。

表 1-1　　　　　置信系数及其相应的概率

t	0.674 5	1	1.96	2	2.58	3	4
P_a	0.5	0.682 7	0.95	0.954 5	0.99	0.997 3	0.999 94

随机误差在 $-t\sigma \sim +t\sigma$ 出现的概率为 P_a,则超出的概率称为显著度,用 α 表示,即

$$\alpha = 1 - P_a$$

P_a 与 α 的关系如图 1-6 所示。

由表 1-1 可知,当 $t=1$ 时,$P_a=$ 0.682 7,即测量结果中随机误差出现在 $-\sigma\sim+\sigma$ 的概率为 68.27%,$|v|>\sigma$ 的概率为 31.73%,而出现在 $-3\sigma\sim+3\sigma$ 的概率是 99.73%,因此可以认为绝对值大于 3σ 的误差是不可能出现的,通常把这个误差称为极限误差 $\lim\sigma$。按照上面分析,测量结果可表示为

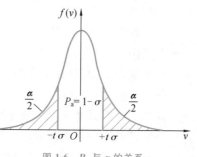

图 1-6 P_a 与 α 的关系

$$x=\bar{x}\pm\sigma_{\bar{x}} \quad (P_a=0.682\ 7)$$

或 $$x=\bar{x}\pm3\sigma_{\bar{x}} \quad (P_a=0.997\ 3) \tag{1-20}$$

例 1-2 有一组测量值为 237.4、237.2、237.9、237.1、238.1、237.5、237.4、237.6、237.6、237.4,求测量结果。

解:将测量值列于表 1-2 中。

表 1-2　　　　　　　　　　例 1-2 测量值

序 号	测量值 x_i	残余误差 v_i	v_i^2
1	237.4	−0.12	0.014 4
2	237.2	−0.32	0.102 4
3	237.9	0.38	0.144 4
4	237.1	−0.42	0.176 4
5	238.1	0.58	0.336 4
6	237.5	−0.02	0.000 4
7	237.4	−0.12	0.014 4
8	237.6	0.08	0.006 4
9	237.6	0.08	0.006 4
10	237.4	−0.12	0.014 4

$$\bar{x}=237.52,\quad \sum v_i=0,\quad \sum v_i^2=0.816\ 0$$

$$\sigma_s=\sqrt{\frac{\sum v_i^2}{n-1}}=\sqrt{\frac{0.816\ 0}{10-1}}\approx0.30$$

$$\sigma_{\bar{x}}=\frac{\sigma_s}{\sqrt{n}}=\frac{0.30}{\sqrt{10}}\approx0.09$$

测量结果为

$$x=237.52\pm0.09 \quad (P_a=0.682\ 7)$$

或 $$x=237.52\pm3\times0.09=237.52\pm0.27 \quad (P_a=0.997\ 3)$$

2. 系统误差的通用处理方法

(1)从误差根源上消除系统误差

系统误差是指在一定的测量条件下,测量值中含有固定不变或按一定规律变化的误差。系统误差不具有抵偿性,重复测量也难以发现,在工程测

量中应特别注意该项误差。

由于系统误差的特殊性,在处理方法上与随机误差完全不同。有效地找出系统误差的根源并将其减小或消除的关键是如何查找误差根源,这就需要对测量设备、测量对象和测量系统做全面分析,明确其中有无产生明显系统误差的因素,并采取相应措施予以修正或消除。由于具体条件不同,在分析查找误差根源时并无一成不变的方法,这与测量者的经验、水平以及测量技术的发展密切相关。我们可以从以下几个方面进行分析考虑。

①所用传感器、测量仪表或组成元件是否准确可靠。例如,传感器或仪表灵敏度不足,仪表刻度不准确,变换器、放大器等性能不太优良,由这些引起的误差是常见的误差。

②测量方法是否完善。例如,用电压表测量电压,电压表的内阻对测量结果有影响。

③传感器或仪表安装、调整或放置是否正确合理。例如,没有调好仪表水平位置,安装时仪表指针偏心等都会引起误差。

④传感器或仪表工作场所的环境条件是否符合规定条件。例如,环境、温度、湿度、气压等的变化也会引起误差。

⑤测量者的操作是否正确。例如,读数时的视差、视力疲劳等都会引起系统误差。

(2)系统误差的发现与判别

发现系统误差一般比较困难,下面只介绍几种发现系统误差的一般方法。

①实验对比法:这种方法是通过改变产生系统误差的条件从而进行不同条件的测量,以发现系统误差。这种方法适用于发现固定的系统误差。例如,一台测量仪表本身存在固定的系统误差,即使进行多次测量也不能发现,只有用精度更高一级的测量仪表测量,才能发现这台测量仪表的系统误差。

②残余误差观察法:这种方法是根据测量值的残余误差的大小和符号的变化规律,直接由误差数据或误差曲线图形判断有无变化的系统误差。图 1-7 中把残余误差按测量值先后顺序排列。如图 1-7(a)所示,可能含有递减的变值系统误差;如图 1-7(b)所示,可能含有周期性系统误差。

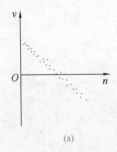

(a)

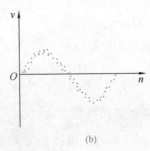

(b)

图 1-7　残余误差变化规律

③准则检查法:已有多种准则供人们检验测量数据中是否存在系统误差,不过这些准则都有一定的适用范围。

例如,马利科夫判据将残余误差分为前、后两组,若$\sum v_{i前}$与$\sum v_{i后}$之差明显不为零,则可能含有线性系统误差。

阿贝检验法则检查残余误差是否偏离正态分布,若偏离,则可能存在变化的系统误差。将测量值的残余误差按测量顺序排列,且设$A=v_1^2+v_2^2+\cdots+v_n^2$,$B=(v_1-v_2)^2+(v_2-v_3)^2+\cdots+(v_{n-1}-v_n)^2+(v_n-v_1)^2$。

若

$$\left|\frac{B}{2A}-1\right|>\frac{1}{\sqrt{n}} \tag{1-21}$$

则可能含有变化的系统误差。

（3）系统误差的消除

①在测量结果中进行修正。对于已知的系统误差,可以用修正值对测量结果进行修正;对于变值系统误差,设法找出误差的变化规律,用修正公式或修正曲线对测量结果进行修正;对未知系统误差,则按随机误差进行处理。

②消除系统误差的根源。在测量之前,仔细检查并正确调整和安装仪表;防止外界干扰影响;选好观测位置,消除视差;选择环境条件比较稳定时进行读数等。

③在测量系统中采取补偿措施找出系统误差的规律,在测量过程中自动消除系统误差。例如,用热电偶测量温度时,热电偶参考端温度变化会引起系统误差,消除此误差的办法之一是在热电偶回路中加一个冷端补偿器,从而进行自动补偿。

④实时反馈修正。由于自动化测量技术及微机的应用,可用实时反馈修正的办法来消除复杂变化的系统误差。当查明某种误差因素的变化对测量结果有明显的复杂影响时,应尽可能找出其影响测量结果的函数关系或近似的函数关系。在测量过程中,用传感器将这些误差因素的变化转换成某种物理量形式(一般为电量),及时按照其函数关系,通过计算机计算出影响测量结果的误差值,对测量结果做实时的自动修正。

3. 粗大误差

如前所述,在对重复测量所得一组测量值进行数据处理之前,首先应将具有粗大误差特征的可疑数据找出来确认并加以剔除。绝对不能凭主观意愿对数据任意进行取舍,而是要有一定的根据。原则就是要看这个可疑值的误差是否仍处于随机误差的范围之内,是则留,不是则弃。因此要对测量数据进行必要的检验。

下面就常用的几种准则进行介绍:

（1）3σ准则

前面已讲到,通常把等于3σ的误差称为极限误差。3σ准则就是如果一

组测量数据中某个测量值的残余误差的绝对值 $|v_i|>3\sigma$，则该测量值为可疑值(坏值)，应剔除。

(2)肖维勒准则

肖维勒准则以正态分布为前提，假设多次重复测量所得 n 个测量值中，某个测量值的残余误差 $|v_i|>Z_C\sigma$，则剔除此数据。实用中 $Z_C<3$，所以在一定程度上弥补了 3σ 准则的不足。肖维勒准则中的 Z_C 值见表 1-3。

表 1-3　　　　　　　　　　肖维勒准则中的 Z_C 值

n	3	4	5	6	7	8	9	10	11	12
Z_C	1.38	1.54	1.65	1.73	1.80	1.86	1.92	1.96	2.00	2.03
n	13	14	15	16	18	20	25	30	40	50
Z_C	2.07	2.10	2.13	2.15	2.20	2.24	2.33	2.39	2.49	2.58

(3)格拉布斯准则

某个测量值的残余误差的绝对值 $|v_i|>G\sigma$，则判断此值中含有粗大误差，应剔除。此准则即格拉布斯准则。G 值与重复测量次数 n 和置信概率 P_a 有关，见表 1-4。

表 1-4　　　　　　　　　　格拉布斯准则中的 G 值

测量次数 n	置信概率 P_a		测量次数 n	置信概率 P_a	
	0.99	0.95		0.99	0.95
3	1.16	1.15	11	2.48	2.23
4	1.49	1.46	12	2.55	2.28
5	1.75	1.67	13	2.61	2.33
6	1.94	1.82	14	2.66	2.37
7	2.10	1.94	15	2.70	2.41
8	2.22	2.03	16	2.74	2.44
9	2.32	2.11	18	2.82	2.50
10	2.41	2.18	20	2.88	2.56

以上准则是以数据按正态分布为前提的，当偏离正态分布，特别是测量次数很少时，则判断的可靠性就差。因此，对粗大误差除用剔除准则(上述三种准则)外，更重要的是要提高工作人员的技术水平和工作责任心。另外，要保证测量条件稳定，防止因环境条件剧烈变化而产生的突变影响。

4.不等精度测量的权与误差

前面讲述的内容是等精度测量的问题，即多次重复测量得的各个测量值具有相同的精度，可用同一个均方根偏差 σ 值来表征，或者说具有相同的可信赖程度。严格地说来，绝对的等精度测量是很难保证的，但对条件差别不大的测量，一般都当作等精度测量对待，某些条件的变化，如测量时温度的波动等，只作为误差来考虑。因此，在一般测量实践中，基本上都属等精度测量。但在科学实验或高精度测量中，为了提高测量的可靠性和精度，往往在不同的测量条件下,用几个测量仪表或采用不同的测量方法,通过多次测量以及由不同的测量者进行测量并进行对比,则认为它们是不等精度的测量。

（1）权的概念

在不等精度测量时,对同一被测量进行 m 组测量,得到 m 组测量列（进行多次测量的一组数据称为一测量列）的测量结果及其误差,它们不能同等看待。精度高的测量列具有较高的可靠性,将这种可靠性的大小称为权。

权可理解为各组测量结果相对的可信赖程度。测量次数多、测量方法完善、测量仪表精度高、测量的环境条件好、测量人员的水平高,则测量结果可靠,其权也大。权是相比较而存在的。权用符号 p 表示,有以下两种计算方法。

①用各组测量列的测量次数 n 的比值表示,并取测量次数较少的测量列的权为 1,则有

$$p_1 : p_2 : \cdots : p_m = n_1 : n_2 : \cdots : n_m \tag{1-22}$$

②用各组测量列的误差平方的倒数的比值表示,并取误差较大的测量列的权为 1,则有

$$p_1 : p_2 : \cdots : p_m = \left(\frac{1}{\sigma_1}\right)^2 : \left(\frac{1}{\sigma_2}\right)^2 : \cdots : \left(\frac{1}{\sigma_m}\right)^2 \tag{1-23}$$

（2）加权算术平均值

加权算术平均值不同于一般的算术平均值,应考虑各测量列的权的情况。若对同一被测量进行 m 组不等精度测量,得到 m 个测量列的算术平均值 1,2,$\cdots$,m,相应各组的权分别为 p_1,p_2,$\cdots$,p_m,则加权平均值可表示为

$$\bar{x}_p = \frac{\bar{x}_1 p_1 + \bar{x}_2 p_2 + \cdots + \bar{x}_m p_m}{p_1 + p_2 + \cdots + p_m} = \frac{\sum\limits_{i=1}^{m} \bar{x}_i p_i}{\sum\limits_{i=1}^{m} p_i} \tag{1-24}$$

（3）加权算术平均值 $\bar{x}_p$ 的标准误差 $\sigma_{\bar{x}_p}$

当进一步计算加权算术平均值 $\bar{x}_p$ 的标准误差时,也要考虑各测量列的权的情况,标准误差 $\sigma_{\bar{x}_p}$ 可表示为

$$\sigma_{\bar{x}_p} = \sqrt{\frac{\sum\limits_{i=1}^{m} p_i v_i^2}{(m-1)\sum\limits_{i=1}^{m} p_i}} \tag{1-25}$$

四、传感器概述

传感器是能感受规定的被测量并按照一定的规律将其转换成可用输出信号的器件或装置。在有些学科领域,传感器又称为敏感元件、检测器、转换器等。这些不同提法,反映了在不同的技术领域中,只是根据器件用途对同一类型的器件使用着不同的技术术语而已。例如,在电子技术领域,常把能感受信号的电子元件称为敏感元件,例如,热敏元件、磁敏元件、光敏元件及气敏元件等;在超声波技术中,则强调能量的转换,如压电式换能器。这

些提法在含义上有些狭窄,而"传感器"一词是其中使用较为广泛的用语。

　　传感器的输出信号通常是电量,它便于传输、转换、处理、显示等。电量有很多形式,如电压、电流、电容、电阻等,输出信号的形式由传感器的原理确定。

了解传感器

　　通常传感器由敏感元件和转换元件组成。其中,敏感元件是指传感器中能直接感受或响应被测量的部分;转换元件是指传感器中将敏感元件感受或响应的被测量转换成适于传输或测量的电信号的部分。由于传感器的输出信号一般都很微弱,因此需要有信号调理转换电路对其进行放大、运算、调制等。随着半导体器件与集成技术在传感器中的应用,传感器的信号调理转换电路可能安装在传感器的壳体里或与敏感元件一起集成在同一芯片上。此外,信号调理转换电路以及传感器工作必须有辅助的电源,因此,信号调理转换电路以及所需的辅助电源都应作为传感器组成的一部分。传感器的组成如图 1-8 所示。

图 1-8　传感器的组成

　　传感器技术是一门知识密集型技术,它与许多学科有关。传感器的原理各种各样,其种类十分繁多,分类方法也很多,但目前一般采用两种分类方法:一是按被测参数分类,如温度、压力、位移、速度等;二是按传感器的工作原理分类,如应变式、电容式、压电式、磁电式等。本书是按后一种分类方法来介绍各种传感器的,而传感器的工程应用则是根据工程参数进行叙述的。对于初学者和应用传感器的工程技术人员来说,应先从工作原理出发,了解各种传感器,而对工程上的被测参数则应着重于如何合理选择和使用传感器。

五、传感器的基本特性

　　在生产过程和科学实验中,要对各种各样的参数进行检测和控制,就要求传感器能感受被测非电量的变化并将其不失真地变换成相应的电量,这取决于传感器的基本特性,即输出/输入特性。如果把传感器看作二端口网络,即有两个输入端和两个输出端,那么传感器的输出/输入特性是与其内部结构参数有关的外部特性。传感器的基本特性可用静态特性和动态特性来描述。

1. 传感器的静态特性

　　传感器的静态特性是指被测量的值处于稳定状态时的输出/输入关系。只考虑传感器的静态特性时,输入量与输出量之间的关系式中不含有时间变量。衡量静态特性的重要指标是线性度、灵敏度、迟滞和重复性等。

（1）线性度

传感器的线性度是指传感器的输出与输入之间数量关系的线性程度。输出/输入关系可分为线性特性和非线性特性。从传感器的性能来看，希望具有线性关系，即具有理想的输出/输入关系。但实际遇到的传感器大多为非线性，如果不考虑迟滞和蠕变等因素，传感器的输出/输入关系可用一个多项式表示，即

$$y = a_0 + a_1 x_1 + a_2 x_2 + \cdots + a_n x_n \tag{1-26}$$

式中　a_0——输入量 x 为零时的输出量；

　　　　$a_1, a_2, \cdots, a_n$——非线性项系数。

各项系数不同，决定了特性曲线的具体形式各不相同。

静态特性曲线可通过实际测试获得。在实际使用中，为了标定和数据处理的方便，希望得到线性关系，因此引入各种非线性补偿环节。例如，采用非线性补偿电路或计算机软件进行线性化处理，从而使传感器的输出与输入关系为线性或接近线性。但如果传感器非线性的方次不高，输入量变化范围较小，则可用一条直线（切线或割线）近似地代表实际曲线的一段，如图 1-9 所示，使传感器输出/输入特性线性化，所采用的直线称为拟合直线。实际特性曲线与拟合直线之间的偏差称为传感器的非线性误差（或线性度），通常用引用误差 γ_L 表示，即

$$\gamma_L = \pm \frac{\Delta L_{\max}}{Y_{FS}} \times 100\% \tag{1-27}$$

式中　$\Delta L_{\max}$——最大非线性绝对误差；

　　　　Y_{FS}——满量程输出。

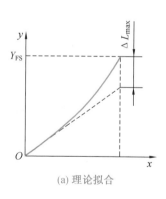

(a) 理论拟合

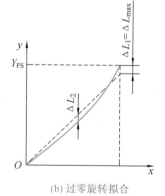

(b) 过零旋转拟合

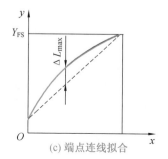

(c) 端点连线拟合

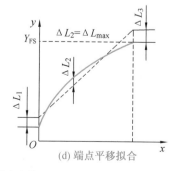

(d) 端点平移拟合

图 1-9　几种直线拟合方法

从图 1-9 中可见,即使是同类传感器,拟合直线不同,其线性度也是不同的。选取拟合直线的方法很多,用最小二乘法求取的拟合直线的拟合精度最高。

(2)灵敏度

灵敏度(K)是指传感器的输出量的增量(Δy)与引起输出量增量的输入量的增量(Δx)的比值,即

$$K = \frac{\Delta y}{\Delta x} \tag{1-28}$$

对于线性传感器,它的灵敏度就是它的静态特性的斜率,即 $K = \frac{\Delta y}{\Delta x}$ 为常数;而非线性传感器的灵敏度为一变量,用 $K = \frac{\mathrm{d}y}{\mathrm{d}x}$ 表示。传感器的灵敏度如图 1-10 所示。

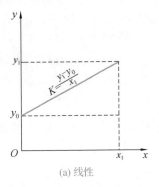
(a) 线性

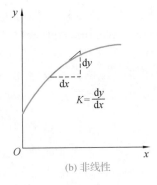
(b) 非线性

图 1-10   传感器的灵敏度

(3)迟滞

传感器在正(输入量增大)、反(输入量减小)行程期间其输出/输入特性曲线不重合的现象称为迟滞,如图 1-11 所示。也就是说,对于同一大小的输入信号,传感器的正、反行程输出信号大小不相等。产生这种现象的主要原因是由传感器敏感元件材料的物理性质和机械零部件的缺陷所造成的,如弹性敏感元件的弹性滞后、运动部件摩擦、传动机构的间隙、紧固件松动等。

迟滞大小通常由实验确定。迟滞误差 γ_H 可表示为

$$\gamma_H = \pm \frac{1}{2} \frac{\Delta H_{\max}}{Y_{FS}} \times 100\% \tag{1-29}$$

式中,$\Delta H_{\max}$ 为正、反行程输出值间的最大差值。

(4)重复性

重复性是指传感器在输入量按同一方向作全量程连续多次变化时,所得特性曲线不一致的程度,如图 1-12 所示。重复性误差属于随机误差,常用标准偏差表示,也可用正、反行程中的最大值的 2 倍或者 3 倍与满量程的百分比来表示,即

$$\gamma_R = \pm \frac{(2\sim3)\sigma}{Y_{FS}} \times 100\% \tag{1-30}$$

或
$$\gamma_R = \pm \frac{1}{2} \frac{\Delta R_{max}}{Y_{FS}} \times 100\%　　　　　(1-31)$$

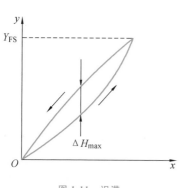

图 1-11　迟滞

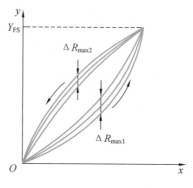

图 1-12　重复性

2. 传感器的动态特性

传感器的动态特性是指其输出对随时间变化的输入量的响应特性。当被测量随时间变化(是时间的函数)时,传感器的输出量也是时间的函数,其间的关系要用动态特性来表示。一个动态特性好的传感器,其输出将再现输入量的变化规律,即具有相同的时间函数。实际上除了具有理想的比例特性外,输出信号将不会与输入信号具有相同的时间函数,这种输出与输入间的差异就是动态误差。

为了说明传感器的动态特性,下面简要介绍动态测温的问题。在被测温度随时间变化或传感器突然插入被测介质中以及传感器以扫描方式测量某温度场的温度分布等情况下,都存在动态测温问题。如把一个热电偶从温度为 t_0 的环境中迅速插入一个温度为 t_1 的恒温水槽中(插入时间忽略不计),这时热电偶测量的介质温度从 t_0 突然上升到 t_1,而热电偶反映出来的温度从 t_0 变化到 t_1 需要经历一段时间,即有一段过渡过程,如图 1-13 所示。热电偶反映出来的温度与介质温度的差值就称为动态误差。

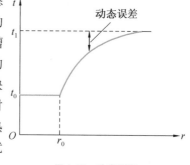

图 1-13　动态测温

造成热电偶输出波形失真和产生动态误差的原因,是温度传感器有热惯性(由传感器的比热容和质量大小决定)和传热热阻,使得在动态测温时传感器输出总是滞后于被测介质的温度变化,如带有套管的热电偶的热惯性要比裸热电偶大得多。这种热惯性是热电偶固有的,它决定了热电偶测量快速温度变化时所产生的动态误差。影响动态特性的固有因素任何传感器都有,只不过它们的表现形式和作用程度不同而已。

动态特性除了与传感器的固有因素有关之外,还与传感器输入量的变化形式有关。也就是说,我们在研究传感器动态特性时,通常是根据不同输入变化规律来考察传感器的响应的。虽然传感器的种类和形式很多,但它们一般可以简化为一阶或二阶系统(高阶可以分解成若干个低阶环节),因此一阶和二阶传感器是最基本的。传感器的输入量随时间变化的规律是各种各样的,下面在对传感器动态特性进行分析时,采用最典型、最简单、易实现的正弦信号和阶跃信号作为标准输入信号。对于正弦输入信号,传感器的响应称为频率响应或稳态响应;对于阶跃输入信号,则称为传感器的阶跃响应或瞬态响应。

(1)瞬态响应特性

传感器的瞬态响应是时间响应。在研究传感器的动态特性时,有时需要从时域中对传感器的响应和过渡过程进行分析。这种分析方法是时域分析法,传感器对所加激励信号响应称为瞬态响应。常用激励信号有阶跃函数、斜坡函数、脉冲函数等。下面用传感器的单位阶跃响应来评价传感器的动态性能指标。

①一阶传感器的单位阶跃响应:在工程上,一般将 $\tau \dfrac{\mathrm{d}y(t)}{\mathrm{d}t} + y(t) = x(t)$ 视为一阶传感器的单位阶跃响应的通式。式中,$x(t)$、$y(t)$ 分别为传感器的输入量和输出量,均是时间的函数,表征传感器的时间常数,具有时间"秒"的量纲。

一阶传感器的传递函数为

$$H(s) = \frac{Y(s)}{X(s)} = \frac{1}{\tau s + 1} \tag{1-32}$$

对初始状态为零的传感器,当输入一个单位阶跃信号 $x(t) = \begin{cases} 0, t \leqslant 0 \\ 1, t > 0 \end{cases}$ 时,一阶传感器的单位阶跃响应信号为

$$y(t) = 1 - \mathrm{e}^{-\frac{t}{\tau}} \tag{1-33}$$

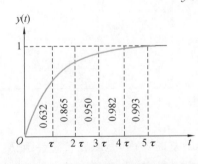

图 1-14   一阶传感器的单位阶跃响应曲线

相应的响应曲线如图 1-14 所示。由图可见,传感器存在惯性,它的输出不能立即出现输入信号,而是从零开始,按指数规律上升,最终达到稳态值。理论上传感器的响应只在 t 趋于无穷大时才达到稳态值,但实际上,当 $t = 4\tau$ 时,其输出达到稳态值的 98.2%,可以认为已达到稳态。τ 越小,响应曲线越接近于输入阶跃曲线。因此,τ 值是一阶传感器重要的性能参数。

②二阶传感器的单位阶跃响应:二阶传感器的单位阶跃响应的通式为

$$\frac{\mathrm{d}^2 y(t)}{\mathrm{d}t^2} + 2\xi \omega_\mathrm{n} \frac{\mathrm{d}y(t)}{\mathrm{d}t} + \omega_\mathrm{n}^2 y(t) = \omega_\mathrm{n}^2 x(t) \tag{1-34}$$

式中,ω_n 为传感器的固有频率。

二阶传感器的传递函数为

$$H(s) = \frac{\omega_n^2}{s^2 + 2\xi\omega_n s + \omega_n^2} \qquad (1-35)$$

传感器输出的拉氏变换为

$$Y(s) = H(s)X(s) = \frac{\omega_n^2}{s(s^2 + 2\xi\omega_n s + \omega_n^2)} \qquad (1-36)$$

二阶传感器对阶跃信号的响应在很大程度上取决于阻尼比 ξ 和固有频率 ω_n。固有频率 ω_n 由传感器主要结构参数决定，ω_n 越高，传感器的响应越快。当 ω_n 为常数时，传感器的响应取决于阻尼比 ξ。如图 1-15 所示为二阶传感器的单位阶跃响应曲线。阻尼比 ξ 直接影响超调量和振荡次数。$\xi = 0$ 为临界阻尼，超调量为 100%，产生等幅振荡，达不到稳态值。$\xi > 1$ 为过阻尼，无超调也无振荡，但达到稳态值所需时间较长。$0 < \xi < 1$ 为欠阻尼，衰减振荡，达到稳态值所需时间随 ξ 的减小而加长。$\xi = 1$ 时响应时间最短。但实际应用中常按稍欠阻尼调整，ξ 取 $0.7 \sim 0.8$ 较好。

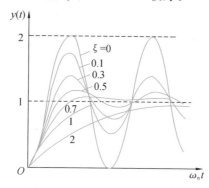

图 1-15　二阶传感器的单位阶跃响应曲线

（2）瞬态响应特性指标

①时间常数 τ：一阶传感器时间常数 τ 越小，响应速度越快。

②延时时间：传感器输出达到稳态值的 50% 所需时间。

③上升时间：传感器输出达到稳态值的 90% 所需时间。

④超调量：传感器输出超过稳态值的最大值。

项目实施

■ 实施要求

（1）通过本项目的实施，在掌握传感器的基本结构和工作原理的基础上了解各种传感器件及其实际应用。

（2）本项目需要传感器实训台和测量设备、导线若干、万用表、示波器及相关的仪表等。

■ **实施步骤**

(1)找出各种传感器在实训电路中的位置,并判断是什么类型的传感器。

(2)分析测量电路的工作原理,观察传感器工作过程中的现象。

(3)找出各个单元电路,记录其电路组成形式。

(4)按照原理图用导线将电路连接好,检查确认无误后,启动电源。

(5)观察各单元电路的工作情况,记录其在工作过程中不同状态下的数据。

 知识拓展

一、屏蔽、隔离与干扰抑制

传感器大都应用在生产现场,现场的条件往往是难以充分预料的,有时是极其恶劣的。各种外界因素都会对传感器的精度和性能产生一定的影响。为了减小测量误差,保证其原有性能,就应设法削弱或消除外界因素对传感器的影响。其方法有:

(1)减小传感器对影响因素的灵敏度。

(2)降低外界因素对传感器实际作用的程度。对于电磁干扰,可以采用屏蔽、隔离措施,也可采用滤波等方法抑制。对于如温度、湿度、机械振动、气压、声压、辐射甚至气流等,可采用相应的隔离措施,如隔热、密封、隔振等,或者在变换成为电量后对干扰信号进行分离或抑制,减小其影响。

二、传感器的发展方向

1. 开发新型传感器

新型传感器的开发方向为采用新原理,在仿生传感器等方面填补空白。传感器的工作机理是基于各种效应和定律的,由此启发人们进一步探索具有新效应的敏感功能材料,并以此研制出具有新原理的新型物性型传感器件,这是发展高性能、多功能、低成本和小型化传感器的重要途径。结构型传感器发展得较早,目前日趋成熟,但其结构复杂,体积偏大,价格偏高。物性型传感器则与之相反,具有不少诱人的优点,加之过去发展也不够,世界各国都在物性型传感器方面投入大量的人力和物力来加强研究,从而使它成为一个值得注意的发展动向。

2. 开发新材料

传感器材料是传感器技术的重要基础,由于材料科学的进步,人们在制造时,可任意控制它们的成分,从而设计制造出用于各种传感器的功能材料。利用新材料来制造性能更加优良的传感器是今后的发展方向之一。采用半导体氧化物可以制造各种气体传感器,但半导体的工作温度不高,在某些环境下不适用。而陶瓷传感器工作温度远高于半导体,可以工作在较高的环境温度中。光导纤维的应用是传感器材料的重大突破,用它研制的传感器与传统的传感器相比有突出的特点。有机材料作为传感器材料的研究也引起了国内外学者的极大兴趣。

3. 采用新工艺

新工艺的含义范围很广,这里主要指与发展新型传感器联系特别密切的微细加工技术,该技术又称为微机械加工技术,是近年来随着集成电路工艺发展起来的,它是离子束、电子束、分子束、激光束和化学刻蚀等用于微电子加工的技术,目前已越来越多地用于传感器领域。

例如,利用半导体技术制造压阻式传感器;利用薄膜工艺制造快速响应的气敏、湿敏传感器;利用各向异性腐蚀技术进行半导体的高精度三维加工,制造出全硅谐振式压力传感器。

4. 集成化、多功能化

为同时测量几种不同的被测参数,可将几种不同的传感器元件复合在一起,做成集成块。例如,一种温、气、湿三功能陶瓷传感器已经研制成功。它把多个功能不同的传感器件集成在一起,除可同时进行多种参数的测量外,还可对这些参数的测量结果进行综合处理和评价,可反映出被测系统的整体状态。

多功能化即将传感器与放大、运算以及温度补偿等环节一体化,组装成一个器件。

5. 智能化

智能传感器是对外界信息具有检测、数据处理、逻辑判断、自诊断和自适应能力的集成一体化多功能传感器。这种传感器具有与主机相互对话的功能,可以自行选择最佳方案,能将已获得的大量数据进行分割处理,实现远距离、高速度、高精度传输等。

智能传感器是传感器技术与大规模集成电路技术相结合的产物,它的实现取决于传感技术与半导体集成化工艺水平的提高与发展。这种传感器具有多功能、高性能、体积小、适宜大批量生产和使用方便等优点,是传感器重要的发展方向之一。

 技能实训

了解 THSRZ-1 型传感器系统综合实验装置

THSRZ-1 型传感器系统综合实验装置适应不同类别、不同层次专业教学实验、培训、考核的需求,是一套多功能、全方位、综合性、动手型的实验装置,可以与"物理""传感器技术""工业自动化控制""非电测量技术与应用""工程检测技术与应用"等课程的教学实验配套。

THSRZ-1 型传感器系统综合实验装置主要由实验台、三源板、处理(模块)电路和数据采集通信装置等部分组成。

1. 实验台

实验台由 1 Hz～10 kHz 音频信号发生器、1～30 Hz 低频信号发生器、4 组直流稳压电源(±15 V、+5 V、±2～±10 V、+2～+24 V)、数字式电压表、频率/转速表、定时器以及高精度温度调节仪组成。

2. 三源板

热源:0～220 V 交流电源加热,温度范围为 0～120 ℃,控制精度为 ±1 ℃。

转动源:2～24 V 直流电源驱动,转速范围为 0～4 500 r/min。

振动源:振动频率范围为 1～30 Hz。

3. 处理(模块)电路

处理(模块)电路包括电桥、电压放大器、差动放大器、电荷放大器、电容放大器、低通滤波器、涡流变换器、相敏检波器、移相器、温度检测与调理、压力检测与调理共 11 个模块。

4. 数据采集通信装置

为了加深对自动检测系统的认识,本实验装置增设了 USB 数据采集卡及微处理器组成的微机数据采集系统(含微机数据采集系统软件),14 位 A/D 转换,采样速度达 300 kHz。利用该系统软件,可在实验现场采集数据,对数据进行动态或静态处理和分析,并在屏幕上生成曲线和表格数据,对数据进行求平均值、列表、作曲线图以及对数据进行分析、存盘、打印等处理,实现软件为硬件服务、软件与硬件互动、软件与硬件组成系统的功能,更注重考虑根据不同数据设定采集的速率。

本实验装置作为教学实验仪器,器件大多都做成透明的,以便学生有直观的认识。测量连接线用定制的接触电阻极小的选插式联机插头连接。

结合本实验装置的微机数据采集系统,不需要另配示波器,可以完成大部分常用传感器的实验及应用,包括金属箔应变传感器、差动变压器、差动电容、霍耳位移、霍耳转速、磁电转速、扩散硅压力传感器、压电式传感器、电涡流式传感器、光纤式位移传感器、光电式转速传感器、集成温度传感器(AD590)、K 型热电偶、E 型热电偶、PT100 铂电阻、湿敏传感器、气敏传感器 17 种共三十多个实验。

巩固练习

（1）简述传感器的定义及作用。

（2）什么是测量？测量的方法有哪些？

（3）测量系统由哪些部分组成？简述测量系统的工作原理。

（4）开环测量系统与闭环测量系统的特点各是什么？它们都有哪些优、缺点？

（5）测量的目的是什么？

（6）测量误差的表示方法有哪几种？分别写出其表达式。

（7）根据测量数据中误差所呈现的规律，可将误差分成哪几种？

（8）传感器由哪些部分组成？各部分的作用是什么？

（9）传感器的分类方法有哪几种？

（10）分别简述传感器的静态特性和动态特性。

（11）衡量传感器静态特性的主要指标有哪些？说明其含义。

（12）提高传感器性能指标的方法有哪些？

项目2 了解温度传感器

项目要求

温度是国际单位制给出的基本物理量之一。它是工农业生产和科学实验中需要经常测量和控制的主要参数,也是与人们日常生活紧密相关的一个重要的物理量。在工业生产自动化流程中,温度测量点占全部测量点的一半左右。温度传感器是应用最广泛、种类最多的传感器之一。在半导体技术的支持下,相继开发了热电偶、热敏电阻和集成型温度传感器等。

■ **知识要求**

(1)了解温度传感器的作用、分类和发展方向。

(2)掌握热电偶相关定律及计算。

(3)掌握热敏电阻不同类型的特点及应用场合。

(4)掌握集成型温度传感器的使用方法。

(5)了解其他温度传感器的工作原理。

重点:热电偶、热电阻、热敏电阻的工作原理、特点及其应用。

难点:温度传感器电路的分析及调试。

■ **能力要求**

(1)能够正确地识别各种温度传感器,明确其在整个工作系统中的作用。

(2)在设计中,能够根据工作系统的特点及温度要求,找出匹配的温度传感器。

(3)能够准确地判断温度传感器的好坏,熟练掌握温度传感器的测量方法。

(4)能够设计一个简单的测量电路。

知识梳理

一、温度概述

1. 温度与温标

温度是表征物体冷热程度的物理量,是工业生产和科学实验中一个非常重要的参数。许多生产过程都是在一定的温度范围内进行的,需要对温度进行测量和控制。从热平衡的观点来看,温度是物体内部分子无规则热运动剧烈程度的标志,温度高的物体,其内部分子平均动能大;温度低的物体,其内部分子的平均动能小。温度不能直接测量,只能借助于冷热不同的物体之间的热交换,以及物体的某些物理性质随着冷热程度不同而变化的特性间接测量。随着科学技术的发展,对温度的测量越来越普遍,而且对温度测量的准确度也有了更高的要求。

为了定量地描述温度的高低,必须建立温度标尺,即温标。温标是衡量温度的标准尺度,它保证了温度量值的统一和准确的数值表示方法。各种温度计和温度传感器的温度数值均由温标确定。热力学温标确定的温度数值为热力学温度,单位为开尔文(K),1 K 等于水的三相点的热力学温度的 1/273.16。水的三相点是指纯水在固态、液态及气态三相平衡时的温度。热力学温标规定水的三相点的温度为 273.16 K,这是建立热力学温标的唯一基准点。

热力学温度是国际上公认的最基本温度,国际温标最终以它为标准而不断完善。我国目前实行的是 1990 年国际温标(ITS-90)。按照该温标定义,与热力学温度和摄氏温度相应的量分别用 T_{90} 和 t_{90} 表示,它们之间的关系为

$$t_{90} = T_{90} - 273.16 \qquad (2-1)$$

在实际应用中,一般直接用 T 和 t 代替 T_{90} 和 t_{90}。

2. 温度传感器

(1)温度传感器的组成

在工程中,无论是简单的还是复杂的温度传感器,就测量系统的功能而言,通常由现场的感温元件和控制室的显示装置两部分组成,如图 2-1 所示。简单的温度传感器往往是由感温元件和显示装置组成一体的,一般在现场使用。各种温度传感器因测量范围不同而被使用在不同的场合,其测温范围分类见表 2-1。

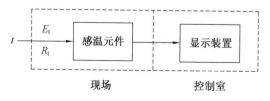

图 2-1　温度传感器的组成

表 2-1　　　　　　　　　温度传感器测温范围分类

按测温范围分类	特　征	温度传感器名称
超高温用传感器	1 500 ℃以上	光学高温计、辐射传感器
高温用传感器	1 000～1 500 ℃	光学高温计、辐射传感器、热电偶
中高温用传感器	500～1 000 ℃	光学高温计、辐射传感器、热电偶
中温用传感器	0～500 ℃	热电偶、测温电阻、热敏电阻、感温铁氧体、石英晶体振动器、双金属温度计、压力式温度计、玻璃制温度计、辐射传感器、集成型温度传感器、可控硅
低温用传感器	−250～0 ℃	晶体管、热敏电阻、压力式玻璃制温度计
极低温用传感器	−250 ℃以下	$BaSrTiO_3$ 陶瓷

（2）温度测量方法及分类

温度测量（测温）方法按感温元件是否与被测介质接触，可以分为接触式与非接触式两大类。

接触式测温时，温度敏感元件直接和被测温度对象相接触，当被测温度与感温元件达到热平衡时，温度敏感元件与被测温度对象的温度相等。这类温度传感器具有结构简单、工作可靠、精度高、稳定性好、价格低廉等优点。使用这类测温方法的温度传感器主要有膨胀式温度传感器、电阻式温度传感器、热电偶温度传感器。

常用的接触式温度传感器的材料有以下几种。

①热电阻：测温范围为−260～850 ℃，精度为 0.12 级。改进后可连续工作 2 000 h，失效率小于 1‰，使用期为 10 年。

②管缆热电阻：测温范围为−20～500 ℃，最高上限为 1 000 ℃，精度为 0.5 级。

③陶瓷热电阻：测温范围为−200～500 ℃，精度为 0.3 级、0.15 级。

④超低温热电阻：两种碳电阻，可分别测量−268.8～253 ℃和−272.9～272.9 ℃的温度。

⑤热敏电阻：适用于高灵敏度的微小温度测量场合，经济性好，价格便宜。

非接触式测温方法是应用物体的热辐射能量随温度的变化而变化的原理。物体辐射能量的大小与温度有关，并且以电磁波形式向四周辐射。当选择合适的接收检测装置时，便可测得被测对象发出的热辐射能量并且转换成可测量和显示的各种信号，实现温度的测量。非接触式温度传感器理论上不存在接触式温度传感器的测量滞后和在温度范围上的限制，可测高温、腐蚀、有毒、运动物体及固体、液体表面的温度，不干扰被测温场，但精度较低，使用不太方便。

常用的非接触式温度传感器的材料有以下几种。

①辐射高温计：用来测量 1 000 ℃以上高温。一般分为光学高温计、比色高温计、辐射高温计和光电高温计。

②光谱高温计：测量范围为 400～6 000 ℃。它采用电子化自动跟踪系统，保证有足够准确的精度进行自动测量。

③超声波温度传感器：特点是响应快（约为 10 ms），方向性强。目前国外有可测到 5 000 ℃的产品。

④激光温度传感器：适用于远程和特殊环境下的温度测量。例如，NBS 公司用氦氖激光源的激光作为光反射计可测很高的温度，精度为 1%；美国麻省理工学院研制的一种激光温度计，最高测量温度可达 8 000 ℃，专门用于核聚变研究；瑞士一家研究中心用激光温度传感器可测几千开的高温。

（3）温度传感器的发展方向

①超高温与超低温传感器，如 3 000 ℃以上和－250 ℃以下的温度传感器。

②提高温度传感器的精度和可靠性。

③研制家用电器、汽车及农畜业所需要的价廉的温度传感器。

④发展新型产品，扩展和完善管缆热电偶与热敏电阻；发展薄膜热电偶；研究节省镍材和贵金属以及厚膜铂的热电阻；研制系列晶体管测温元件、快速高灵敏度 CA 型热电偶以及各类非接触式温度传感器。

⑤发展适应特殊测温要求的温度传感器。

⑥发展数字化、集成化和自动化的温度传感器。

二、热电偶

热电偶是目前温度测量中使用较为普遍的传感元件之一。它除了具有结构简单，测量范围宽，精度高，热惯性小，输出信号为电信号，便于远传或信号转换等优点外，还能用来测量流体的温度、测量固体以及固体壁面的温度。微型热电偶可用于测量快速及动态温度。

1. 热电偶的工作原理

将两种不同的导体或半导体 A 和 B 组合成如图 2-2 所示回路，若导体 A 和 B 的连接处温度不同（设 $T > T_0$），则在测量仪表上显示有电流产生，由此说明闭合回路中有电动势存在，这种现象称为热电效应。这种现象早在 1821 年首先由德国科学家赛贝克（Seeback）发现，所以又称为赛贝克效应。

热电效应

这样的两种不同导体的组合称为热电偶，相应的电动势和电流称为热电动势和热电流。热电动势由两部分组成，即温差电动势和接触电动势。导体 A、B 称为热电极，被测温度（T）的一端称为工作端（热端），另一端（T_0）称为参考端（冷端）。实验证明，热电动势与热电偶两端的温度差成正比例，即

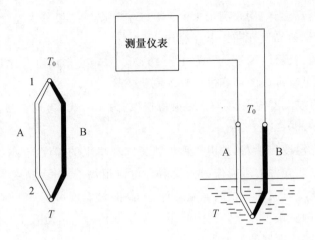

图 2-2   热电偶的工作原理

$$E_{AB}(T,T_0)=K(T-T_0) \tag{2-2}$$

热电偶的基本定律

式中 $E_{AB}(T,T_0)$——热电偶的热电动势,其中 $E_{AB}(T)$ 为热端的热电动势,$E_{AB}(T_0)$ 为冷端的热电动势;

K——与导体的电子浓度有关。

在冷端温度保持不变的情况下,用测量仪表测得电动势数值后,便可知被测温度的大小。

由式(2-2)可得

$$\begin{aligned}
E_{AB}(T,T_0)&=E_{AB}(T)-E_{AB}(T_0)\\
&=E_{AB}(T)-E_{AB}(0)-[E_{AB}(T_0)-E_{AB}(0)]\\
&=E_{AB}(T,0)-E_{AB}(T_0,0)
\end{aligned} \tag{2-3}$$

也就是说,热电偶的热电动势等于两端温度分别为 T 和 0 以及 T_0 和 0 的热电动势之差。

当热电偶的材料均匀时,热电偶的热电动势大小与电极的几何尺寸无关,仅与热电偶材料的成分及冷、热两端的温度差有关。但是,热电偶的使用温度与线径有关,线径越粗,使用温度越高。若冷端温度恒定,热电动势就与被测温度呈单值关系。同时也应指出,同种金属导体不能构成热电偶,热电偶两端温度相同则不能测温。

2. 热电偶的常用材料与结构类型

理论上讲,任何两种不同材料的导体都可以组成热电偶,但为了准确可靠地测量温度,对组成热电偶的材料必须经过严格的选择。工程上用于热电偶的材料应满足以下条件:热电动势变化尽量大,热电动势与温度关系尽量接近线性关系,物理、化学性能稳定,易加工,复现性好,便于成批生产,有良好的互换性。

（1）热电偶常用材料

热电偶常用材料见表2-2。

表 2-2　　　　　　　　　　　热电偶常用材料

名称	分度号	线径/mm（工业用）	正极材料	负极材料	温度/℃		特　点
					长期	短期	
铂-铂铑	LB-3	0.5	铂铑合金丝	铂丝	1 300	1 600	材料性能稳定,测量准确度较高,可做成标准热电偶或基准热电偶。用于实验室或校验其他热电偶。材料属贵金属,成本较高。热电动势较弱
镍铬-镍硅（K 型）	EU-2	1.2～2.5	镍铬合金	2%～3%硅,0.4%～0.7%钴,其余镍	1 000	1 300	价格比较便宜,在工业上广泛应用。高温下抗氧化能力强,复现性好,热电动势大
镍铬-考铜	EA-2	1.2～2	镍铬合金	56%铜,44%镍	600	800	价格比较便宜,工业上广泛应用。在常用热电偶中它产生的热电动势最大。考铜易氧化变质,适于在还原性或中性介质中使用
铱和铱铑$_{40}$			100%铱	40%铑,其余铱	2 000	2 100	如铱$_{50}$铑-铱$_{10}$钌热电偶,能在氧化气体中测量 2 100 ℃的高温
钨铼$_5$-钨铼$_{26}$			5%铼,其余钨	26%铼,其余钨	2 400	3 000	目前一种较好的高温热电偶,可使用在真空惰性气体介质或氢气介质中,但高温抗氧化能力差
铁-康铜	TK		铁	铜镍合金	600	800	灵敏度高,线性度好,价格便宜。主要缺点是铁极易氧化,采用发蓝处理后可提高抗锈蚀能力
铜-康铜	MK		铜	铜镍合金	300	350	热电动势略高于镍铬-镍硅热电偶,复现性好,稳定性好,精度高,价格便宜。缺点是铜易氧化

（2）热电偶的结构类型

尽管热电偶的热电动势与热电偶的结构类型无关,但是根据使用要求不同,热电偶的结构类型又分为普通型、铠装型、薄膜型等。与普通型热电偶相比,铠装型热电偶具有体积小、响应快、精度高、强度好、可挠性好、抗震性好等优点。薄膜型热电偶又称为表面热电偶,专门用于测量物件的表面温度,使用时用胶水贴附于被测物表面,它的热惯性极小,响应极快。另有快速热电偶用于测量高温熔融物质的温度,通常是一次性使用,故又称为消耗式热电偶。

①普通型热电偶:如图 2-3 所示,普通型热电偶由热电偶丝、绝缘套管、保护套管和接线盒等部分组成。实验室用时,也可不装保护套管,以减小热惯性。

②铠装型热电偶:铠装型热电偶又称为套管热电偶。它是由热电偶丝、绝缘材料和金属套管等经拉伸加工而成的坚实组合体,如图 2-4 所示。它

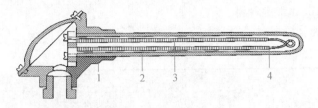

图 2-3　普通型热电偶

1—接线盒；2—保护套管；3—绝缘套管；4—热电偶丝

可以做得很细很长，使用中随需要能任意弯曲。铠装型热电偶的主要优点是测温端热容量小，动态响应快，机械强度高，挠性好，可安装在结构复杂的装置上，因此被广泛用在工业生产中。

③薄膜型热电偶：薄膜型热电偶是由两种薄膜热电极材料，用真空蒸镀、化学涂层等办法镀到绝缘基板上而制成的一种特殊热电偶，如图 2-5 所示。薄膜型热电偶的热接点可以做得很小（可薄到 $0.01\sim0.10\ \mu m$），其具有热容量小、反应速度快等特点，热响应时间达到微秒级，适用于微小面积上的表面温度测量以及快速变化的动态温度测量。

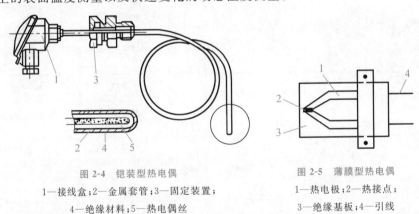

图 2-4　铠装型热电偶

1—接线盒；2—金属套管；3—固定装置；
4—绝缘材料；5—热电偶丝

图 2-5　薄膜型热电偶

1—热电极；2—热接点；
3—绝缘基板；4—引线

3.热电偶的使用

在使用热电偶测温时，需要能够熟练地运用热电偶的冷端温度处理、安装及测温电路等实用技术。

（1）热电偶的冷端温度处理

热电偶工作时，必须保持冷端温度恒定，并且热电偶的分度表是以冷端温度为 0 ℃ 做出的，因而在工程测量中冷端距离热源近，且暴露于空气中，易受被测对象温度和环境波动的影响，使冷端温度难以恒定而产生测量误差。为了消除这种误差，可采取下列温度补偿或修正措施。

①冷端恒温法：将热电偶的冷端放在冰水混合的保温瓶中，可使热电偶输出的热电动势与分度值一致，测量精度高，常用于实验室中。工业现场可将冷端置于盛油的容器中，利用油的热惯性使冷端保持接近室温，用于精度不太高的测量。

②补偿导线法：采用补偿导线将热电偶延伸到温度恒定或温度波动较

小处。为了节约贵重金属,热电偶电极不能做得很长,但在 0～100 ℃,可以用与热电偶电极有相同热电特性的廉价金属制作成补偿导线来延伸热电偶。在使用补偿导线时,必须根据热电偶型号选配补偿导线。补偿导线与热电偶两接点处温度必须相同,极性不能接反,不能超出规定使用温度范围。常用补偿导线的特性见表 2-3。

表 2-3　　　　　　　　　　常用补偿导线的特性

补偿导线型号	配用热电偶型号	补偿导线		绝缘层颜色	
		正　极	负　极	正　极	负　极
SC	S	SPC(铜)	SNC(铜镍)	红	绿
KC	K	KPC(铜)	KNC(康铜)	红	蓝
KX	K	KPX(镍铬)	KNX(镍硅)	红	黑
EX	E	EPX(镍铬)	ENX(铜镍)	红	棕

③热电动势修正法:由于热电偶的热电动势与温度的关系曲线(刻度特性或分度表)是冷端保持在 $T_0=0$ ℃时获得的,当冷端温度 $T_n\neq0$ ℃时,热电偶的输出热电动势将不等于 $E_{AB}(T,T_0)$,而等于 $E_{AB}(T,T_n)$。如不加以修正,则所得的温度值必然小于实际值。为求得真实温度,则根据热电偶中间温度定律有

热电偶测量温度

$$E_{AB}(T,T_0)=E_{AB}(T,T_n)+E_{AB}(T_n,T_0) \tag{2-4}$$

将测得的电动势 $E_{AB}(T,T_n)$ 加上一个修正电动势 $E_{AB}(T_n,T_0)$,算出 $E_{AB}(T,T_0)$,再查分度表,方得实测温度值。$E_{AB}(T_n,T_0)$ 可从分度表中查出。

④电桥补偿法:利用不平衡电桥产生的电动势可以补偿热电偶冷端因温度变化而产生的热电动势,称为电桥补偿法。如图 2-6 所示,在热电偶与仪表之间接入一个直流电桥(常称为冷端补偿器),四个桥臂由 R_1、R_2、R_3(均由电阻温度系数很小的锰铜丝绕制)及 R_{Cu}(由电阻温度系数较大的锰铜丝绕制)组成,阻值都是 1 Ω。由图可知电路的输出电压为 $U_o=E(T,T_0)+U_c$,R_{Cu} 和冷端感受相同的温度,当环境温度发生变化时,引起 R_{Cu} 的变化,使电桥产生的不平衡电压 U_c 的大小和极性随着环境温度而变化,达到自动补偿的目的。

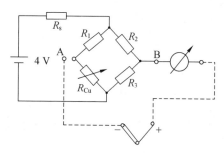

直流电桥电路

图 2-6　补偿电桥

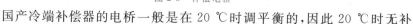

国产冷端补偿器的电桥一般是在 20 ℃时调平衡的,因此 20 ℃时无补

偿,必须进行修正或将仪表的机械零点调到 20 ℃处。当环境温度高于 20 ℃时,热电偶输出的热电动势减小,R_{Cu}增大,电桥输出电压左正右负;当环境温度低于 20 ℃时,R_{Cu}减小,电桥输出电压左负右正。设计好电桥参数,可在 0~50 ℃实现补偿。

(2)热电偶的安装

应该根据被测介质的温度、压力、介质性质、测温时间长短来选择热电偶。热电偶的安装地点要有代表性,安装方法要正确,如图 2-7 所示是热电偶在管道上安装常用的两种方法。在工业生产中,热电偶常与毫伏计(XCZ 型动圈式仪表)或与电子电位差计连用,后者精度较高,且能自动记录。另外也可通过温度变送器放大后再接指示仪表,或作为控制信号。

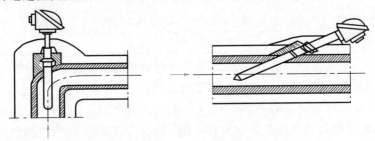

图 2-7 热电偶在管道上的安装方法

热电偶的安装要领及注意事项:

①注意插入深度。热电偶的插入深度有以下几种情形:对于金属保护管应为直径的 15~20 倍;对于非金属保护管应为直径的 10~15 倍。对细管道内流体的温度测量应尤为注意。

②如果被测物体很小,安装时应注意不要改变原来的热传导及对流条件。

③含有大量粉尘气体温度的测量,最好选用铠装型热电偶。

(3)热电偶的测温电路

热电偶测温时,它可以直接与测量仪表(如电子电位差计、数字表等)配套使用,也可与温度变送器配套,转换成标准电流信号。如图 2-8 所示为典型的热电偶测温线路。

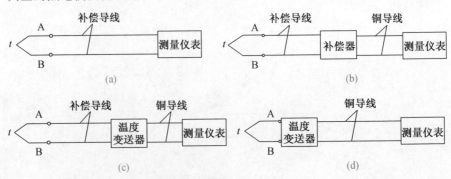

图 2-8 典型的热电偶测温线路

利用热电偶测量大型设备的平均温度时,可将热电偶串联或并联使用,如图 2-9 所示。

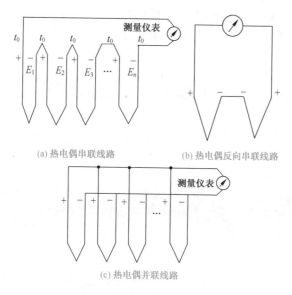

(a) 热电偶串联线路　　　(b) 热电偶反向串联线路

(c) 热电偶并联线路

图 2-9　热电偶串联并联线路

串联时热电动势大,精度高,可测较小的温度信号或者配用灵敏度较低的仪表。其缺点是只要一个热电偶发生断路,则整个电路不能正常工作,而个别热电偶的短路将会导致示值偏低。

并联时总电动势为各个热电偶热电动势的平均值,可以不必更改仪表的分度。其缺点是若有一个热电偶断路,仪表反映不出来。

三、热电阻

热电阻是利用导体或半导体的电阻值随温度变化而变化的原理来进行测温的。热电阻分为金属热电阻和半导体热电阻两大类,一般把金属热电阻称为热电阻,而把半导体热电阻称为热敏电阻。热电阻广泛用来测量－200～850 ℃的温度,少数情况下,低温可测量至 1 K,高温可测量至 1 000 ℃。标准铂电阻温度计的精度高,并作为重现国际温标的标准仪器。

热电阻

1. 热电阻的工作原理和材料

纯金属具有正的温度系数,可以作为测温元件。作为测温用的热电阻应具有下列要求:电阻温度系数大,以获得较高的灵敏度;电阻率高,元件尺寸小;电阻值随温度变化,尽量是线性关系;在测温范围内,物理、化学性能稳定;材料质纯、加工方便和价格便宜等。铂、铜、铁和镍是常用的热电阻材料,其中铂和铜最常用。

(1)铂热电阻

铂热电阻的统一型号为 WZP,其物理、化学性能非常稳定,长期复现性最好,测量精度高。铂热电阻主要用作标准电阻温度计。国际标准有Pt100,测温范围为－200～850 ℃,电阻温度系数为 $3.9 \times 10^{-3}/℃$,0 ℃时的电阻值为 100 Ω,但铂在高温下,易受还原性介质污染,使铂丝变脆并改变铂丝电阻与温度间的关系,因此使用时应装在保护套管中。

（2）铜热电阻

由于铂是贵重金属，因此，在一些测量精度要求不高且温度较低的场合，可采用铜热电阻进行测温，它的测温范围为$-50\sim150$ ℃。

铜热电阻在测温范围内其电阻值与温度的关系几乎是线性的，可近似地表示为

$$R_t=R_0(1+\alpha t) \tag{2-5}$$

式中，α 为铜热电阻的电阻温度系数，取 $\alpha=4.28\times10^{-3}/℃$。铜热电阻的两种分度号为 $Cu_{50}(R_0=50\ \Omega)$ 和 $Cu_{100}(R_0=100\ \Omega)$。

铜热电阻线性好，价格便宜，但它易氧化，不适宜在腐蚀性介质或高温下工作。

（3）薄膜铂热电阻

一般铂热电阻的时间常数为几秒至几十秒，在测量表面温度和动态温度时精度不高。薄膜铂热电阻的热响应时间特别短，一般为 $0.1\sim0.3$ s，适用于表面温度和动态温度的测量。

2. 热电阻的结构及测量方法

热电阻的结构如图 2-10 所示。它由电阻体、绝缘套管、保护套管、接线盒等部分组成。

电阻体由电阻丝和电阻支架组成。电阻丝采用双线无感绕法绕制在具有一定形状的云母、石英或陶瓷塑料支架上，支架起支撑和绝缘作用。引线通常采用直径 1 mm 的银丝或镀银铜丝，与接线盒柱相接，以便与外接线路相连而测量显示温度。用热电阻进行测温时，测量电路经常采用电桥电路。而热电阻与测量仪表相隔一段距离，因此热电阻的引线对测量结果有较大的影响。

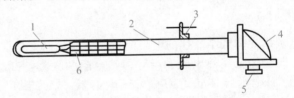

图 2-10　热电阻的结构

1—电阻体；2—保护套管；3—安装固定件；
4—接线盒；5—引线口；6—绝缘套管

热电阻内部引线方式有两线制、三线制和四线制三种，如图 2-11 所示。两线制中引线电阻对测量影响大，用于测温精度不高的场合。三线制可以减小热电阻与测量仪表之间连接导线的电阻因环境温度变化所引起的测量误差。四线制可以完全消除引线电阻对测量的影响，用于高精度温度检测。

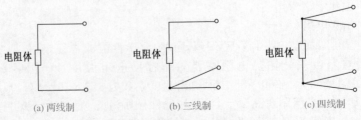

(a) 两线制　　　　(b) 三线制　　　　(c) 四线制

图 2-11　热电阻内部引线方式

　　热电阻的测量方法有恒压法和恒流法两种。恒压法就是保持热电阻两端的电压恒定,测量电流随之变化的方法。恒流法就是保持流经热电阻的电流恒定,测量其两端电压的方法。恒压法的电路简单,并且组成桥路就可进行温漂补偿,使用广泛。但电流与铂热电阻的阻值变化成反比,当用于很宽的测温范围时,要特别注意线性化问题。恒流法的电流与铂热电阻的阻值变化成正比,线性化方法简便,但要获得准确的恒流源,电路比较复杂。

四、热敏电阻

　　热敏电阻是利用某种半导体材料的电阻率随温度变化而变化的性质制成的,其材料的分类见表 2-4。

表 2-4　　　　　　　　　　　热敏电阻材料的分类

分　类		代表例子
NTC	单晶　金刚石、Ge、Si	金刚石
	多晶　迁移金属氧化物复合烧结体、无缺陷型金属氧化烧结体多结晶单体、固溶体型多结晶氧化物、SiC 系	Mn、Co、Ni、Cu、Al 氧化物烧结体、ZrY 氧化物烧结体,还原性 TiO$_3$、Ge、Si、Ba、Co、Ni 氧化物、溅射 SiC 薄膜
	玻璃　Ge、Fe、V 氧化物、S、Se、Te 化合物	V、P、Ba 氧化物,Fe、Ba、Cu 氧化物, Ge、Na、K 氧化物, $(As_2Se_3)_{0.8}$、$(Sb_2SeI)_{0.2}$
	有机物　芳香族化合物、聚酰亚胺	表面活性添加剂
	液体　电解质溶液,熔融 S、Se、Te 化合物	水玻璃、As、Se、Ge 系
PTC	无机物　BaTiO$_3$ 系、Zn、Ti、Ni 氧化物系、Si 系、S、Se、Te 化合物	$(Ba、Sr、Pb)TiO_3$ 烧结体
	有机物　石墨系有机物	石墨、塑料、石蜡、聚乙烯、石墨
	液体　三乙烯醇混合物	三乙烯醇、水、NaCl
CTR	氧化物　V、Ti 氧化物系、Ag$_2$S、(ZnCdHg) BaTiO$_3$ 单晶	V、P、(Ba·Sr) 氧化物、Ag$_2$S-CuS

　　在温度传感器中,热敏电阻发展最为迅速,由于其性能得到不断改进,稳定性已大为提高,在许多场合下(-40~350 ℃)热敏电阻已逐渐取代了传统的温度传感器。

1. 热敏电阻的特点与分类

　　(1)热敏电阻的特点

　　①电阻温度系数的范围非常宽。有正、负温度系数和在某一特定温度区域内阻值突变的三种热敏电阻。电阻温度系数的绝对值比金属大 10~100 倍。

热敏电阻

②材料加工容易、性能好。可根据使用要求加工成各种形状,特别是能够做到小型化。目前,最小的珠状热敏电阻直径仅为 0.2 mm。

③阻值在 $1\sim10$ MΩ 可供自由选择。使用时,一般可不必考虑线路引线电阻的影响。由于其功耗小,故不需采取冷端温度补偿,所以适合用于远距离测温和控温。

④稳定性好。商品化产品已有 30 多年历史,加之近年来在材料与工艺上不断得到改进。据报道,在 0.01 ℃ 的小温度分辨率,其稳定性可达 0.000 2 ℃ 的精度。相比之下,优于其他各种温度传感器。

⑤原料资源丰富,价格低廉。烧结表面均已经玻璃封装,故可用于较恶劣的环境条件。另外,由于热敏电阻材料的迁移率很小,故其性能受磁场影响很小,这是十分可贵的特点。

(2)热敏电阻的分类

热敏电阻的种类很多,分类方法也不相同。按热敏电阻的阻值与温度关系这一重要特性可将热敏电阻分为以下几种。

①正温度系数(PTC)热敏电阻:电阻值随温度升高而增大的热敏电阻。它的主要材料是掺杂 $BaTiO_3$ 的半导体陶瓷。

②负温度系数(NTC)热敏电阻:电阻值随温度升高而减小的热敏电阻。它的主要材料是一些过渡金属氧化物半导体陶瓷。

③突变型负温度系数(CTR)热敏电阻:电阻值在某特定温度范围内随温度升高而降低 $3\sim4$ 个数量级,即具有很大的负温度系数。它的主要材料是 VO_2 并添加一些金属氧化物。

2. 热敏电阻的基本参数

(1)标称电阻值(R_{25})

标称电阻值是热敏电阻在 25 ℃±0.2 ℃ 时的阻值。

(2)材料常数(B_N)

材料常数是表征 NTC 热敏电阻材料的物理特性常数。B_N 值取决于材料的激活能 ΔE,具有 $B_N=\Delta E/(2k)$ 的函数关系,式中 k 为波尔兹曼常数。一般 B_N 值越大,则电阻值越大,绝对灵敏度越高。在工作温度范围内,B_N 值并不是一个常数,而是随温度的升高略有增大的。

(3)电阻温度系数

电阻温度系数是指热敏电阻的温度变化 1 ℃ 时电阻值的变化率,单位为 %/℃。

(4)耗散系数(H)

耗散系数是指热敏电阻温度变化 1 ℃ 所耗散的功率变化量。在工作温度范围内,当环境温度变化时,H 值随之变化,其大小与热敏电阻的结构、形状和所处介质的种类及状态有关。

（5）最高工作温度（T_{max}）

最高工作温度是指热敏电阻在规定的技术条件下长期连续工作所允许的最高温度，可表示为

$$T_{max} = T_0 + P_E / H \tag{2-6}$$

式中　　T_0——环境温度；

　　　　P_E——环境温度为 T_0 时的额定功率；

　　　　H——耗散系数。

（6）最低工作温度（T_{min}）

最低工作温度是指热敏电阻在规定的技术条件下能长期连续工作的最低温度。

（7）转变点温度（T_C）

转变点温度是指热敏电阻的电阻-温度特性曲线上的拐点温度，主要指 PTC 热敏电阻和临界温度热敏电阻。

（8）稳定性

稳定性是指热敏电阻在各种气候、机械、电气等使用环境中，保持原有特性的能力。它可用热敏电阻的主要参数变化率来表示。最常用的是以电阻值的年变化率或对应的温度变化率来表示。

（9）最大加热电流（I_{max}）

最大加热电流是指旁热式热敏电阻上允许通过的最大电流。

（10）标称工作电流（I）

标称工作电流是指在环境温度 25 ℃时，旁热式热敏电阻的电阻值被稳定在某一规定值时加热器内的电流。

（11）标称电压

标称电压是指稳压热敏电阻在规定温度下标称工作电流所对应的电压值。

（12）元件尺寸

元件尺寸是指热敏电阻的截面积 A、电极间距离 L 和直径 d。

3. 热敏电阻主要特性

（1）热敏电阻的电阻-温度特性（R_T-T）

热敏电阻的电阻-温度特性曲线如图 2-12 所示，ρ_T-T 与 R_T-T 特性曲线一致。

①NTC 热敏电阻的电阻-温度关系的一般数学表达式为

$$R_T = R_{T_0} \exp\left[B_N \left(\frac{1}{T} - \frac{1}{T_0} \right) \right] \tag{2-7}$$

$$\ln R_T = B_N \left(\frac{1}{T} - \frac{1}{T_0} \right) + \ln R_{T_0} \tag{2-8}$$

式中　　R_T，R_{T_0}——温度为 T、T_0 时的电阻值；

　　　　B_N——NTC 热敏电阻的材料常数。

测试结果表明，不管是由氧化物材料，还是由单晶体材料制成的 NTC

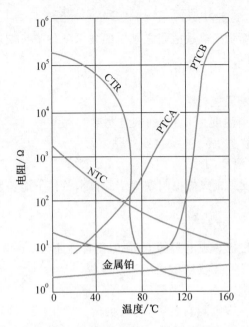

图 2-12　热敏电阻的电阻-温度特性曲线

热敏电阻,在不太宽的温度范围(小于 450 ℃)内,都能利用式(2-8),它仅是一个经验公式。

如果以 $\ln R_T$、$1/T$ 分别作为纵坐标和横坐标,则式(2-8)是一条斜率为 B_N 且通过点 $(1/T, \ln R_T)$ 的直线,如图 2-13 所示。

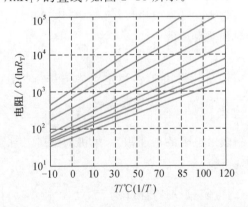

图 2-13　NTC 热敏电阻器电阻-温度特性曲线

材料不同或配方比例和方法不同,则 B_N 也不同。用 $\ln R_T$-$1/T$ 表示 NTC 热敏电阻电阻-温度特性,在实际应用中比较方便。

为了使用方便,常取环境温度为 25 ℃ 作为参考温度(即 $T_0 = 25$ ℃),则 NTC 热敏电阻的电阻-温度关系式可表示为

$$\frac{R_T}{R_{25}} = \exp\left[B_N \left(\frac{1}{T} - \frac{1}{298} \right) \right] \tag{2-9}$$

R_T/R_{25}-T 特性曲线如图 2-14 所示。

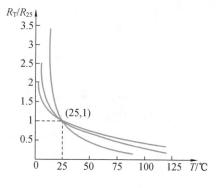

图 2-14　R_T/R_{25}-T 特性曲线

②PTC 热敏电阻的电阻-温度特性是利用 PTC 热敏材料,在居里点(也称居里温度或磁性转变点,是指材料可以在铁磁体和顺磁体之间改变的温度,即铁电体从铁电相转变成顺电相的相变温度)附近结构发生相变引起导电率突变来取得的,其特性曲线如图 2-15 所示。

PTC 热敏电阻的工作温度范围较窄,在工作区两端,电阻-温度特性曲线上有两个拐点,即 T_{P_1} 和 T_{P_2}。当温度低于 T_{P_1} 时,温度灵敏度低;当温度升高到 T_{P_1} 后,电阻随温度剧烈增大(按指数规律迅速增大);当温度升到 T_{P_2} 时,PTC 热敏电阻在工作温度范围内存在温度 T_C,对应有较大的温度系数 αT_P。

经实验证实,在工作温度范围内,PTC 热敏电阻的电阻-温度特性可近似表示为

$$R_T = R_{T_0} \exp[B_P(T-T_0)] \tag{2-10}$$

式中　R_T,R_{T_0}——温度为 T、T_0 时的电阻值;

B_P——PTC 热敏电阻的材料常数。

若对式(2-10)取对数,则有

$$\ln R_T = B_P(T-T_0) + \ln R_{T_0} \tag{2-11}$$

若以 $\ln R_T$、T 分别作为纵坐标和横坐标,如图 2-16 所示,则 $\ln R_T$ 和 T 呈线性关系。

若对式(2-11)进行微分,可得 PTC 热敏电阻的电阻温度系数 α_{T_P} 为

$$\alpha_{T_P} = \frac{1}{R_T} \cdot \frac{dR_T}{dT} = \frac{B_P R_{T_0} \exp[B_P(T-T_0)]}{R_{T_0} \exp[B_P(T-T_0)]} = B_P \tag{2-12}$$

可见,PTC 热敏电阻的电阻温度系数 α_{T_P} 正好等于它的材料常数 B_P 的值。

温度自动控制系统

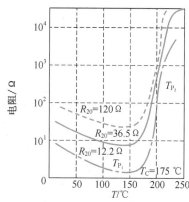

图 2-15　PTC 热敏电阻的电阻-温度特性曲线

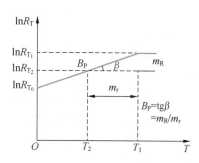

图 2-16　$\ln R_T$-T 特性曲线

（2）热敏电阻的伏安特性

热敏电阻的伏安特性表示加在其两端的电压和通过的电流，在热敏电阻和周围介质热平衡（即加在元件上的电功率和耗散功率相等）时的互相关系。

①NTC 热敏电阻的伏安特性：在环境温度为 T_0 时的静态介质中测出的静态伏安特性曲线如图 2-17 所示。它可分为三个特性区：

峰值电压降 U_m 左侧（a 区）适用于检测温度及电路的温度补偿。可见，用 NTC 热敏电阻测温时一定要限制偏置范围，使其工作在线性区。

峰值电压降 U_m 附近（b 区）适用于电路保护、报警等开关元件。

峰值电压降 U_m 右侧（c 区）适用于检测与耗散系数有关的流速、流量、真空度及自动增益电路、RC 振荡器稳幅电路等。

NTC 热敏电阻的端电压 U_T 和通过它的电流 I 间的关系为

$$U_T = IR_T = IR_0 \exp\left[B_N \left(\frac{1}{T} - \frac{1}{T_0} \right) \right] = IR_0 \exp\left[B_N \left(\frac{\Delta T}{T - T_0} \right) \right] \quad (2\text{-}13)$$

式中　T_0——环境温度；

ΔT——热敏电阻的温升。

②PTC 热敏电阻的伏安特性：如图 2-18 所示。它与 NTC 热敏电阻一样，曲线的起始段为直线，其斜率与环境温度下的电阻值相等。这是因为流过电阻的电流很小时，耗散功率引起的温升可以忽略不计的缘故。当电阻温度超过环境温度时，引起电阻增大，曲线开始弯曲。当电压增至 U_m 时，存在一个电流最大值 I_m；如电压继续增大，由于温升引起电阻增大的速度超过电压增大的速度，电流反而减小，即曲线斜率由正变负。

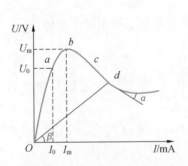

图 2-17　NTC 热敏电阻的静态伏安特性曲线

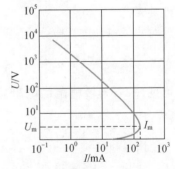

图 2-18　PTC 热敏电阻的静态伏安特性曲线

（3）功率温度特性（$P_T\text{-}T$）

描述热敏电阻的电阻体与外加功率之间的关系，与电阻所处的环境温度、介质种类和状态等相关。

（4）热敏电阻的动态特性

热敏电阻的电阻值的变化完全是由热现象引起的。因此，它的变化必然有时间上的滞后现象。这种电阻值随时间变化的特性称为热敏电阻的动态特性。

动态特性可分为由周围温度变化所引起的加热特性、由周围温度变化所引起的冷却特性、由热敏电阻通电加热所引起的自热特性。

当热敏电阻温度由 T_0 增大到 T_u 时，其电阻值 R_{T_t} 随时间 t 的变化规律

为

$$\ln R_{T_t} = \frac{B_N}{T_u - (T_u - T_0)\exp(-t/\tau)} - \frac{B_N}{T_a} + \ln R_{T_a} \qquad (2\text{-}14)$$

式中　　R_{T_t}——时间为 t 时，热敏电阻的电阻值；

　　　　T_0——环境温度；

　　　　T_u——介质温度（$T_u > T_0$）；

　　　　R_{T_a}——温度为 T_a 时，热敏电阻的电阻值。

当热敏电阻由温度 T_u 冷却至 T_0 时，其电阻值 R_{T_t} 与时间 t 的关系为

$$\ln R_{T_t} = \frac{B_N}{(T_u - T_0)\exp(-t/\tau)} - \frac{B_N}{T_a} + \ln R_{T_a} \qquad (2\text{-}15)$$

4. 热敏电阻的应用

（1）测温用的热敏电阻

各种热敏电阻的探头如图 2-19 所示。测量物体表面温度时热敏电阻的安装方式如图 2-20 所示。热敏电阻测温电桥如图 2-21 所示。

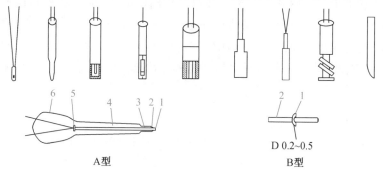

图 2-19　各种热敏电阻的探头

1—热敏电阻；2—铂丝；3—银焊；4—钍镁丝；5—绝缘柱；6—玻璃

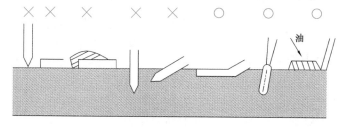

图 2-20　测量物体表面温度时热敏电阻的安装方式

×—错误；○—正确

（2）温度补偿用的热敏电阻

晶体管的主要参数，如电流放大倍数、基极-发射极电压、集电极电流等，都与环境温度密切相关。因此，在晶体管电路中需要采取必要的温度补偿措施，才能获得较高的稳定性和较宽的环境温度范围。

由热敏电阻 R_T 和与温度无关的线性电阻 R_1、R_2 串、并联组成温度补偿网络，如图 2-22 所示。偏置电路的温度补偿元件还可采用二极管、压敏电阻等非线性元件。

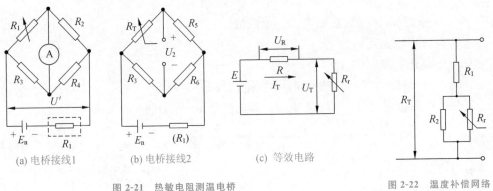

图 2-21　热敏电阻测温电桥　　　　　　　　　图 2-22　温度补偿网络

(a) 电桥接线1　　　(b) 电桥接线2　　　(c) 等效电路

五、集成型温度传感器

集成型温度传感器是利用晶体管 PN 结的电流、电压特性与温度的关系，把感温 PN 结及有关电子线路集成在一个小硅片上，构成一个小型化、一体化的专用集成电路片。集成温度传感器具有体积小、反应快、线性好、价格低等优点，由于 PN 结受耐热性能和特性范围的限制，它只能用来测量 150 ℃以下的温度。

1. 基本工作原理

目前在集成型温度传感器中，都采用一对非常匹配的差分对管作为温度敏感元件。图 2-23 是集成型温度传感器的基本原理。其中 VT_1 和 VT_2 是互相匹配的晶体管，I_1 和 I_2 分别是 VT_1 和 VT_2 的集电极电流，由恒流源提供。VT_1 和 VT_2 的两个发射极和基极电压之差 ΔU_{be} 可表示为

$$\Delta U_{be} = \frac{KT}{q}\ln\left(\frac{I_1}{I_2}\cdot\frac{AE_2}{AE_1}\right) = \frac{KT}{q}\ln\left(\frac{I_1}{I_2}\cdot\gamma\right) \tag{2-16}$$

式中　K——波尔兹曼常数；

q——电子电荷量；

T——绝对温度；

AE_1，AE_2——VT_1、VT_2 发射结的面积；

γ——VT_1 和 VT_2 发射结的面积之比。

从式(2-16)中看出，如果保证 I_1/I_2 恒定，则 ΔU_{be} 就与温度 T 成单值线性函数关系。这就是集成型温度传感器的基本工作原理，在此基础上还可设计出各种不同电路以及不同输出类型的集成型温度传感器。

2. 集成型温度传感器的信号输出方式

集成型温度传感器按输出方式可分为电压输出型温度传感器和电流输

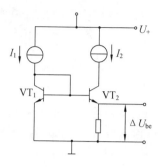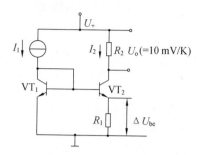

图 2-23　集成型温度传感器的基本原理

出型温度传感器两种。电压输出型温度传感器一般以 0 ℃为零点,温度系数为 10 mV/K;电流输出型温度传感器一般以 0 K 为零点,温度系数为 1 μA/K。电流输出型温度传感器适用于远距离测量。

(1)电压输出型温度传感器

电压输出型温度传感器的原理如图 2-24 所示。当电流 I_1 恒定时,通过改变 R_1 的阻值,可实现 $I_1=I_2$,当晶体管的 $\beta\geqslant1$ 时,电路的输出电压为

$$U_{\mathrm{o}}=I_2R_2=\frac{\Delta U_{\mathrm{be}}}{R_1}=\frac{R_2}{R_1}\cdot\frac{KT}{q}\ln\gamma \qquad (2\text{-}17)$$

若取 $R_1=940\ \Omega,R_2=30\ \mathrm{k}\Omega,\gamma=37$,则电路输出的温度系数为

$$C_{\mathrm{T}}=\frac{\mathrm{d}U_{\mathrm{o}}}{\mathrm{d}T}=\frac{R_2}{R_1}\cdot\frac{K}{q}\ln\gamma=10\ \mathrm{mV/K} \qquad (2\text{-}18)$$

(2)电流输出型温度传感器

如图 2-25 所示为电流输出型温度传感器的原理。VT_1 和 VT_2 是结构对称的两个晶体管,作为恒流源负载,VT_3 和 VT_4 是测温用的晶体管,其中 VT_3 的发射结面积是 VT_4 的 8 倍,即 $\gamma=8$。流过电路的总电流 I_{T} 为

$$I_{\mathrm{T}}=2I_1=\frac{2\Delta U_{\mathrm{be}}}{R}=\frac{2KT}{qR}\cdot\ln\gamma \qquad (2\text{-}19)$$

当式(2-19)中的 R 和 γ 一定时,电路的输出电流与温度有良好的线性关系。

若取 $R=358\ \Omega$,则电路输出的温度系数为

$$C_{\mathrm{T}}=\frac{\mathrm{d}I_{\mathrm{T}}}{\mathrm{d}T}=\frac{2K}{qR}\cdot\ln\gamma=1\ \mu\mathrm{A/K} \qquad (2\text{-}20)$$

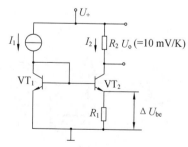
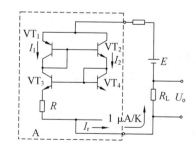

图 2-24　电压输出型温度传感器的原理　　　图 2-25　电流输出型温度传感器的原理

典型的电流输出型温度传感器有美国 AD 公司生产的 AD590,其电源

电压为 4~30 V,可测温度范围为−50~150 ℃。我国生产的 SG590 也属于同类型产品,其原理与图 2-25 一样,只是增加了启动电路,防止电源反接以及使左右两支路对称的附加电路,以进一步提高性能。

3. AD590 集成型温度传感器应用实例

AD590 是一种应用广泛的集成型温度传感器,如图 2-26 所示。由于它内部有放大电路,再配上相应外电路,可方便地构成各种应用电路。下面介绍 AD590 的几种简单的应用线路。

(1)测温电路

如图 2-27 所示是测温电路。AD590 在 25 ℃(298.2 K)时,理想输出电流为 298.2 μA,但实际上存在一定误差,可以在外电路中进行修正。将 AD590 串联一个可调电阻,在已知温度下调整电阻值,使输出电压 U_T 满足 1 mV/K 的关系(如 25 ℃时,U_T 应为 298.2 mV)。调整好以后,固定可调电阻,即可由输出电压 U_T 读出 AD590 处的热力学温度。

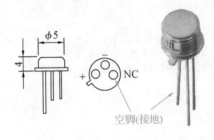
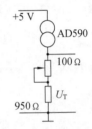

图 2-26 AD590

图 2-27 测温电路

(2)控温电路

控温电路如图 2-28 所示。AD311 为比较器,它的输出控制加热器电流,调节 R_1 可改变比较电压,从而改变了控制温度。AD581 是稳压器,为 AD590 提供了一个合理的稳定电压。

(3)热电偶冷端补偿电路

热电偶冷端补偿电路如图 2-29 所示。AD590 应与热电偶冷端处于同一温度下。AD580 是一个三端稳压器,其输出电压 $U_o=2.5$ V。电路工作时,调整电阻 R_2,使得

$$I_1=t_0\times10^{-3} \text{ mA} \tag{2-21}$$

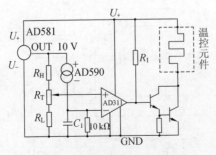
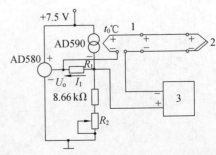

图 2-28 控温电路

图 2-29 热电偶冷端补偿电路

这样在电阻 R_1 上将产生一个随冷端温度 t_0 变化而变化的补偿电压,即 $U_1 = I_1 R_1$。

当热电偶冷端温度为 t_0,其热电动势 $E_{AB}(t_0,0) \approx St_0$,$S$ 为赛贝克系数 $(\mu V/^\circ C)$。补偿时应使 U_1 与 $E_{AB}(t_0,0)$ 近似相等,即 R_1 与 S 相等。不同分度号的热电偶,其 R_1 的阻值也不同。

热电偶冷端补偿电路灵敏、准确、可靠、调整方便,温度变化为 15～35 ℃,可获得±5 ℃的补偿精度。

项目实施

■ 实施要求

(1)通过本项目的实施,在掌握温度传感器的基本结构和工作原理的基础上掌握温度传感器的器件识别、故障判断、测量方法和实际应用。

(2)本项目需要温度传感器实训台或相关设备、导线若干、万用表、示波器及相关的仪表等。

■ 实施步骤

(1)找出电路中的温度传感器,并判断是什么类型的温度传感器。

(2)分析测量电路的工作原理,观察温度传感器工作过程中的现象。

(3)找出各个单元电路,记录其电路组成形式。

(4)按照原理图用导线将电路连接好,检查确认无误后,启动电源。

(5)观察各单元电路的工作情况,记录其在工作过程中不同状态下的数据,并绘出温度与其他相关量的曲线关系。

知识拓展

一、双金属温度传感器

双金属温度传感器是将两种不同的热膨胀系数的金属用压延的方法贴合在一起,当它受热时,就会因为伸长不一样而发生弯曲变形,从而使接点开关接通和断开。

双金属片常用镍铁合金和黄铜来制作,并要求其弯曲度均匀且具有良好的弹性,以保证温控精度和重复使用性。如图 2-30 所示,双金属片的变形量、接点压力为

$$x = \frac{K_1 \Delta T L^2}{h} \tag{2-22}$$

$$F = \frac{K_2 x b h^3}{L^3} \tag{2-23}$$

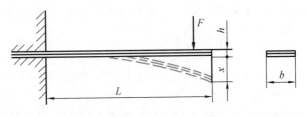

图 2-30 双金属片参数

式中　x——变形量；

　　　F——接点压力；

　　　ΔT——温度变化量；

　　　L——双金属片的长度；

　　　h——双金属片的厚度；

　　　b——双金属片的宽度；

双金属温度传感器

　　　K_1——由两种金属热膨胀系数之差、弹性系数之比和厚度比所确定的系数；

　　　K_2——与双金属片弹性系数成正比的系数。

　　恒温箱控温用双金属温度传感器的原理如图 2-31 所示。它由双金属片、接电簧片及调温旋钮等组成。控温用的电开关信号从双金属片和接电簧片输出。由于双金属片和接电簧片上装有大容量银质触点，故可以直接控制执行机构工作。

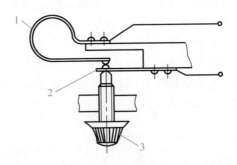

图 2-31 恒温箱控温用双金属温度传感器的原理
1—双金属片；2—接电簧片；3—调温旋钮

　　双金属温度传感器具有结构简单、成本低等优点，又比水银温度计坚固耐用、耐震，因此广泛应用于工农业生产中的温度检测、控制及报警。近年来，又利用双金属片的特性开发出了双金属型过热保护器。这种保护器结构小巧，最大尺寸仅有$\phi 7.5 \text{ mm} \times 33 \text{ mm}$，且耐冲击电压能力强，安全性也好，可用于恒温箱的过热保护和温度控制。除此之外，还可在电动机、变压器等电路中起过热和过电流保护作用。

　　双金属温度传感器的缺点是精度不高，可靠性较低。这主要是由于接点老化所造成的。如果使接点处在无损耗的电流下工作，则其可靠性会得到保证。

　　双金属温度传感器的测温范围为$-30 \sim 300 \text{ ℃}$，接点的电压为 24~220 V，容量小于 24 V·A。

二、热电偶在火药燃烧气体温度的测量中的应用

　　火药燃烧气体温度测量原理如图 2-32 所示。其中温度传感器选用 $\phi 0.05\ mm$ 镍铬-镍硅热电偶,该热电偶测量最高温度为 $900\ ℃$,响应时间为 $10\sim20\ ms$。为防止燃烧气体损坏热电偶,热电偶应良好地固定并距气体喷口有一定的距离。热电偶调试前应进行标定。由振子示波器测得的燃烧气体的温度曲线如图 2-33 所示。

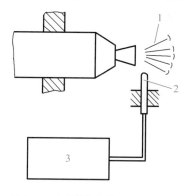

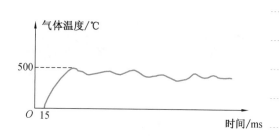

图 2-32　火药燃烧气体温度测量原理
1—燃烧气体;2—传感器(热电偶);
3—振子示波器

图 2-33　燃烧气体的温度曲线

三、热敏电阻在谷物温度测量中的应用

　　在粮食存储和运输过程中,常常把谷物装在麻袋中,为检查谷物的情况,需要对袋内谷物的温度进行测量。该测量仪是一个专门用于袋内谷物温度测量的简单仪器,其测温范围为 $-10\sim70\ ℃$,精度为 $\pm2\ ℃$。

　　谷物温度测量仪由探针、电桥及电源组成,其结构如图 2-34 所示。作为温度传感器的热敏电阻装在探针的头部,由铜保护帽将被测谷物的温度传给热敏电阻,为保证测量的精度,在探针的头部还装有绝热套。热敏电阻通过引线和连接件与测温直流电桥进行电路连接。电桥和电池装在一个不大的电路盒内,电路盒和探针通过连接件又组合在一起。

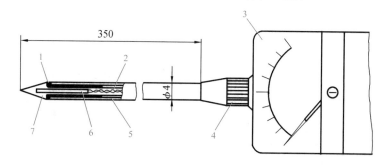

图 2-34　谷物温度测量仪的结构
1—绝热套;2—引线;3—电路盒;4—连接件;
5—护套;6—热敏电阻;7—铜保护帽

　　谷物温度测量仪的基本工作原理是,在温度改变时,接在电桥一个臂中的热敏电阻的阻值将会发生变化,使电桥失去平衡,接于电桥一条对角线上的直流微安表即指示出相应的温度。

　　谷物温度测量仪的电路如图 2-35 所示。热敏电阻 R_T 构成测量电桥的一个臂(开关置在测量位置),在其他桥臂中接入电阻 R_3、R_4、R_2 和 R_{P1}。电桥的一条对角线接入电流表,另一条对角线经电阻 R_5 和 R_{P2} 和开关 S_1 接入电源。可变电阻 R_{P1} 的作用是在 $-10\ ℃$ 时调整电桥的平衡。电阻 R_1 的阻值等于 $70\ ℃$ 时热敏电阻 R_T 的阻值,用于校准仪器。校准时将开关 S_2 放置在校准挡,调节电位器 R_{P2},使表头指针对准 $70\ ℃$ 的刻度。

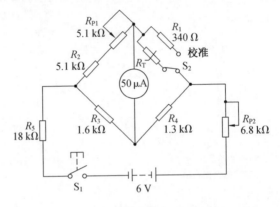

图 2-35　谷物温度测量仪的电路

四、采用集成型温度传感器的液位报警器

　　液位报警器的电路如图 2-36 所示。它由两个 AD590 集成型温度传感器、运算放大器及报警电路等组成。其中传感器 B_2 设置在警戒液面的位置,而传感器 B_1 设置在外部。平时两个传感器在相同的温度条件下。调节电位器 R_P,使运算放大器的输出为零。当液面升高时,传感器 B_2 将会被液体淹没,由于液体温度与环境温度不同,运算放大器输出控制信号,经报警电路报警。

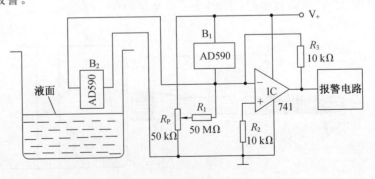

图 2-36　液位报警器的电路

技能实训

一、K 型热电偶测温实验

1. 实验目的

了解 K 型热电偶的特性与应用。

2. 实验仪器

智能调节仪、PT100、K 型热电偶、温度源、温度传感器实验模块等。

3. 实验原理

（1）热电偶的工作原理

热电偶是一种使用最多的温度传感器，它的原理是基于热电效应，即两种不同的导体，或者半导体 A 或 B 组成一个回路，其两端相互连接，只要两结点处的温度不同，一端温度为 T，另一端温度为 T_0，则回路中就有电流产生，如图 2-37（a）所示，即回路中存在热电动势。

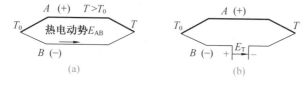

图 2-37　热电偶的工作原理

当回路断开时，在断开处 a、b 之间便有一电动势 E_T，其极性和量值与回路中的热电动势一致，如图 2-37（b）所示，并规定在冷端，当电流由 A 流向 B 时，称 A 为正极，B 为负极。实验表明，当 E_T 较小时，热电动势 E_T 与温度差（$T-T_0$）成正比，即

$$E_T = S_{AB}(T-T_0) \tag{2-24}$$

式中，S_{AB} 为赛贝克系数，又称为热电动势率，它是热电偶最重要的特征量，其符号和大小取决于热电极材料的相对特性。

（2）热电偶的基本定律

①均质导体定律：由一种均质导体组成的闭合回路，不论导体的截面积和长度如何，也不论各处的温度分布如何，都不能产生热电动势。

②中间导体定律：用两种金属导体 A、B 组成热电偶测量时，在测温回路中必须通过连接导线接入仪表测量温差电动势 $E_{AB}(T, T_0)$，而这些导体材料和热电偶导体 A、B 的材料并不相同。在这种引入了中间导体的情况下，回路中的温差电动势是否发生变化呢？热电偶中间导体定律指出：在热电偶回路中，只要中间导体 C 两端温度相同，那么接入中间导体 C 对热电偶回路总热电动势 $E_{AB}(T, T_0)$ 没有影响。

③中间温度定律:如图 2-38 所示,热电偶的两个结点温度为 T_1、T_2 时,热电动势为 $E_{AB}(T_1,T_2)$,两结点温度为 T_2、T_3 时,热电动势为 $E_{AB}(T_2,T_3)$,那么当两结点温度为 T_1、T_3 时的热电动势则为

$$E_{AB}(T_1,T_2)+E_{AB}(T_2,T_3)=E_{AB}(T_1,T_3) \tag{2-25}$$

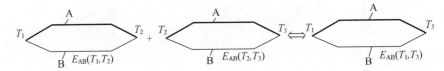

图 2-38　中间温度定律

式(2-25)就是中间温度定律的表达式。例如,$T_1=100\ ℃$,$T_2=40\ ℃$,$T_3=0\ ℃$,则 $E_{AB}(100,40)+E_{AB}(40,0)=E_{AB}(100,0)$。

(3)热电偶的分度号

热电偶的分度号是其分度表的代号,一般用大写字母 S、R、B、K、E、J、T、N 表示。其分度表是在热电偶的冷端为 0 ℃ 的条件下,以列表的形式表示热电动势与热端温度的关系。

4.实验内容与步骤

K型热电偶
测温实验

(1)将智能调节仪上的"控制对象"选择"温度",将温度控制在 50 ℃,在另一个温度传感器插孔中插入 K 型热电偶。

(2)将 ±15 V 直流稳压电源接入温度传感器实验模块中。温度传感器实验模块的输出 U_{o2} 接主控台直流电压表。

(3)将温度传感器实验模块上差动放大器的输入端 U_i 短接,调节 R_{W3} 到最大位置,再调节 R_{W4} 使直流电压表显示为零。

(4)拿掉短路线,按图 2-39 所示接线,并将 K 型热电偶的两根引线,热端(红色)接 a,冷端(绿色)接 b。记下 U_{o2} 的值。

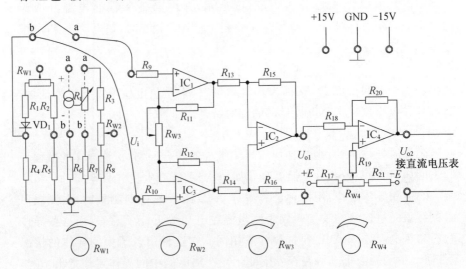

图 2-39　K 型热电偶测温实验电路

（5）改变温度源的温度，每隔 5 ℃记下 U_{o2} 的值，直到温度升至 120 ℃，并将实验数据填入表 2-5 中。

表 2-5　　　　　　　　　　　　　　实验数据

$T/$℃									
$U_{o2}/$V									

5. 实验报告

（1）根据表 2-5 的实验数据，作出 $U_{o2}\text{-}T$ 曲线，分析 K 型热电偶的温度特性曲线，计算其非线性误差。

（2）根据中间温度定律和 E 型热电偶分度表，用平均值计算出差动放大器的放大倍数 A。

二、铂热电阻温度特性实验

1. 实验目的

了解铂热电阻的特性与应用。

2. 实验仪器

智能调节仪、PT100（2 个）、温度源、温度传感器实验模块等。

3. 实验原理

利用导体电阻随温度变化的特性，热电阻用于测量时，要求其材料电阻温度系数大，稳定性好，电阻率高，电阻与温度之间最好有线性关系。当温度变化时，感温元件的电阻值随温度而变化，这样就可将变化的电阻值通过测量电路转换成电信号，即可得到被测温度。

4. 实验内容与步骤

（1）将智能调节仪上的"控制对象"选择"温度"，将温度控制在 500 ℃，在另一个温度传感器插孔中插入一个铂热电阻 PT100。

（2）将±15 V 直流稳压电源接入温度传感器实验模块中。温度传感器实验模块的输出 U_{o2} 接主控台直流电压表。

（3）将温度传感器实验模块上差动放大器的输入端 U_i 短接，调节 R_{W4} 使直流电压表显示为零。

（4）按图 2-40 所示接线，并将 PT100 的 3 根引线插入温度传感器实验模块中 R_t 两端（其中颜色相同的两个接线端是短路的）。

（5）拿掉短路线，将 R_6 两端接到差动放大器的输入 U_i，记下 U_{o2} 的值。

（6）改变温度源的温度，每隔 50 ℃记下 U_{o2} 的值，直到温度升至 1 200 ℃，并将实验数据填入表 2-6。

铂热电阻温度
特性实验

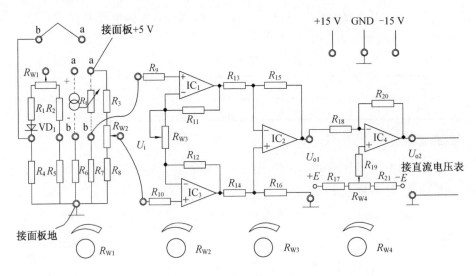

图 2-40   铂热电阻温度特性实验电路

表 2-6   实验数据

$T/℃$								
U_{o2}/V								

5.实验报告

根据表 2-6 的实验数据,作出 U_{o2}-T 曲线,分析 PT100 的温度特性曲线,计算其非线性误差。

 巩固练习

(1)热力学温标与摄氏温标的数值关系是什么?

(2)简述金属导体的热电效应。

(3)简述热电偶测温的基本原理。

(4)简述常用的几种热电偶冷端处理方法。

(5)用镍铬-镍硅热电偶测炉温时,其冷端温度 $T_0=30\ ℃$,在直流电位计上测得的热电动势 $E(T,T_0)=30.839\ mV$。求实际炉温是多少度。

(6)已知铬合金-铂热电偶的 $E(100\ ℃,0\ ℃)=3.13\ mV$,铝合金-铂热电偶的 $E(100\ ℃,0\ ℃)=-1.02\ mV$。求铬合金-铝合金组成热电偶材料的热电动势 $E(100\ ℃,0\ ℃)$。

(7)热敏电阻的主要优、缺点是什么?按温度特性可将热敏电阻分为哪几种类型?

(8)热电阻内部引线方式有哪几种?与只是仪表之间接线主要采用哪种接线方式?为何采用这种接线方式?

(9)集成型温度传感器分为哪两大类?集成型温度传感器的感温元件是什么?

项目3 了解应变式传感器

 项目要求

应变式传感器是应用比较广泛的传感器之一。它是利用电阻应变片将应变转换为电阻变化的传感器,由在弹性敏感元件上粘贴电阻应变片构成。当被测物理量作用在弹性敏感元件上时,弹性敏感元件的变形引起电阻应变片的阻值变化,通过转换电路将其转变成电量输出,电量变化的大小反映了被测物理量的大小。将电阻应变片粘贴到各种弹性敏感元件上,可构成测量位移、加速度、力、力矩、压力、重量等参数的应变式传感器,它是目前测量应用最广泛的传感器。

虽然新型传感器不断出现并为检测技术开拓了新的领域。但是,由于电阻应变调试技术具有很多独特优点,可以预见在今后它仍将是一种非电量电测技术中非常重要的测试手段。

应变式传感器具有以下优点:

(1)结构简单,尺寸小,使用方便,性能稳定、可靠。因此电阻应变片粘贴在被测试件上对其工作状态和应力分布影响都很小,使用和维修都比较方便。

(2)易于实现测试过程自动化和多点同步测量、远距测量和遥测。

(3)灵敏度高,测量速度快,适合静态、动态测量。

(4)可以测量多种物理量。它可在高(低)温、高压、高速、核辐射、强磁场及强烈振动和化学腐蚀等恶劣条件下正常工作。

(5)价格低廉,品种多样,便于选择。

(6)易于实现小型化、固态化。随着大规模集成电路工艺的发展,目前已有将测量电路甚至 A/D 转换器与传感器组成一个整体,传感器可直接接入计算机进行数据处理。

(7)精度高,测量范围广。对测力传感器而言,量程从零点几牛至几百千牛,精度可达 0.05%FS(FS表示满量程);对测压传感器,量程从几十帕到上亿帕,精度为 0.1%FS。应变测量范围一般可由数 $\mu\varepsilon$(微应变)至数千 $\mu\varepsilon$(1 $\mu\varepsilon$

相当于长度为 1 m 的试件，其变形为 $-1\ \mu m$ 时的相对变形量，即 $1\ \mu\varepsilon = 1\times 10^{-6}\varepsilon$）。

（8）频率响应特性较好。一般应变式传感器的响应时间为 10^{-7} s，半导体应变式传感器可达 10^{-11} s，若能在弹性元件设计上采取措施，则应变式传感器可测几十赫兹甚至几十万赫兹的动态过程。

但是应变式传感器也存在一些问题：在大应变状态中具有较明显的非线性，半导体应变式传感器的非线性更为严重；应变式传感器输出信号微弱，故它的抗干扰能力较差，因此信号线要采取屏蔽措施；应变式传感器测出的只是一点或应变栅范围内的平均应变，不能显示应力场中应力梯度的变化等。

尽管应变式传感器存在这些问题，但采取一定的补偿手段，仍不失为非电量电测技术中应用最广和最有效的敏感元件。它已广泛应用于许多领域，如医学、航空、机械、电力、化工、建筑等。

■ 知识要求

（1）掌握金属应变效应、电阻应变片的工作原理。

（2）了解电阻应变片的分类及其特点。

（3）掌握电阻应变片的测量电路的几种形式。

（4）了解测量线路的补偿方法。

（5）了解应变式传感器的应用。

重点：应变式传感器的工作原理、性能特点、常用结构的形式及应用。

难点：应变式传感器的测量原理、温度误差及其补偿。

■ 能力要求

（1）能够正确地识别各种应变式传感器，明确其在整个工作系统中的作用。

（2）在设计中，能够根据工作系统的特点，找出匹配的应变式传感器。

（3）能够准确判断应变式传感器的好坏，熟练掌握应变式传感器的测量方法。

（4）能够设计一个简单的测量电路。

 知识梳理

一、应变式传感器工作原理

应变式传感器由弹性敏感元件与电阻应变片构成。弹性敏感元件在感受被测量时将产生变形，其表面产生应变。而粘贴在弹性敏感元件表面的电阻应变片将随着弹性敏感元件产生应变，因此电阻应变片的电阻值也产生相应的变化。这样,通过测量电阻应变片的电阻值变化,就可以确定被测量的大小了。

弹性敏感元件的作用就是传感器组成中的敏感元件,要根据被测参数来设计或选择它的结构形式。电阻应变片的作用就是传感器中的转换元件,是应变式传感器的核心元件,关于它的工作原理、基本性能以及应用方法等将在下面详细论述。

1. 金属的应变效应

电阻应变片的工作原理是基于金属的应变效应。金属丝的电阻随着它所受的机械变形(拉伸或压缩)的大小而发生相应的变化的现象称为金属的电阻应变效应。

金属的电阻为什么会随着其发生的应变而变化呢? 道理很简单,因为金属的电阻($R=\rho L/S$)与材料的电阻率(ρ)及其几何尺寸(长度 L 和截面积 S)有关,而金属在承受机械变形的过程中,这三者都要发生变化,因而引起金属的电阻变化。

2. 电阻应变片的工作原理

电阻应变片品种繁多,形式各样,但其基本大体相同。按其材料可划分成金属电阻应变片和半导体电阻应变片两大类。下面以金属电阻丝为例来说明电阻应变片的工作原理。如图 3-1 所示,金属电阻丝的电阻与其长度 L 成正比,而与其截面积 S 成反比,即一根金属电阻丝在其未受力时,原始电阻值为

电阻应变片原理

$$R=\rho \frac{L}{S} \tag{3-1}$$

式中　ρ——金属电阻丝的电阻率;

　　　L——金属电阻丝的长度;

　　　S——金属电阻丝的截面积。

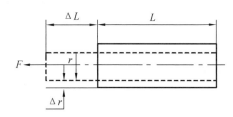

图 3-1　金属电阻丝的应变效应

当金属电阻丝受到拉力 F 作用时,将伸长 ΔL,横截面积相应减小 ΔS,电阻率将因晶格发生变形等因素而改变 $\Delta \rho$,故引起电阻相对变化量为

$$\frac{\Delta R}{R}=\frac{\Delta L}{L}-\frac{\Delta S}{S}+\frac{\Delta \rho}{\rho} \tag{3-2}$$

式中,$\Delta L/L$ 是长度相对变化量,用应变 ε 表示,即

$$\varepsilon=\frac{\Delta L}{L} \tag{3-3}$$

$\Delta S/S$ 为金属电阻丝的截面积相对变化量,即

$$\frac{\Delta S}{S} = \frac{2\Delta r}{r} \tag{3-4}$$

由材料力学可知,在弹性范围内,金属电阻丝受拉力时,沿轴向伸长,沿径向缩短,那么轴向应变和径向应变的关系可表示为

$$\frac{\Delta r}{r} = -\mu \frac{\Delta L}{L} = -\mu\varepsilon \tag{3-5}$$

式中,μ 为金属电阻丝材料的泊松比,负号表示与应变方向相反。

将式(3-3)~式(3-5)代入式(3-2),可得

$$\frac{\Delta R}{R} = (1+2\mu)\varepsilon + \frac{\Delta\rho}{\rho} \tag{3-6}$$

或

$$\frac{\frac{\Delta R}{R}}{\varepsilon} = (1+2\mu) + \frac{\frac{\Delta\rho}{\rho}}{\varepsilon} \tag{3-7}$$

通常把单位应变能引起的电阻值变化称为灵敏度系数。其物理意义是单位应变所引起的电阻相对变化量,其表达式为

$$K = (1+2\mu) + \frac{\frac{\Delta\rho}{\rho}}{\varepsilon} \tag{3-8}$$

灵敏度系数受两个因素影响,一个是受力后材料几何尺寸的变化,即 $1+2\mu$,另一个是受力后材料的电阻率发生的变化,即 $(\Delta\rho/\rho)/\varepsilon$。对金属电阻丝来说,灵敏度系数表达式中 $1+2\mu$ 的值要比 $(\Delta\rho/\rho)/\varepsilon$ 大得多,而半导体材料的 $(\Delta\rho/\rho)/\varepsilon$ 的值比 $1+2\mu$ 大得多。大量实验证明,在电阻丝拉伸极限内,电阻相对变化量与应变成正比,即 K 为常数。

用电阻应变片测量应变或应力时,根据上述特点,在外力作用下,被测对象产生微小机械变形,电阻应变片随之发生相同的变化,同时电阻应变片的电阻也发生相应变化。当测得电阻应变片的电阻变化量为 ΔR 时,便可得到被测对象的应变值。根据应力与应变的关系,可得到应力 σ 为

$$\sigma = E\varepsilon \tag{3-9}$$

式中　ε——试件的应变;

　　　E——试件材料的弹性模量。

由此可知,应力值 σ 正比于应变 ε,而应变 ε 正比于电阻变化量,所以应力 σ 正比于电阻变化量,这就是利用电阻应变片测量应变的基本原理。

二、电阻应变片的种类及特性

1. 电阻应变片的种类

电阻应变片可分为金属电阻应变片和半导体电阻应变片两类。

(1)金属电阻应变片

金属电阻应变片由敏感栅、基片、覆盖层和引线等部分组成,如图 3-2 所示。它以直径为 0.025 mm 左右的高电阻率的合金电阻丝绕成形如栅栏

的敏感栅。敏感栅为应变片的敏感元件,它的作用是敏感应变变化和大小。敏感栅粘贴在基底上,基底除能固定敏感栅外,还有绝缘作用;敏感栅上面粘贴有覆盖层,敏感栅电阻丝两端焊接引线用以和外接导线相连。图 3-2 中,l 称为应变片的标距或基长,它是敏感栅沿轴方向测量变形的有效长度。对具有圆弧端的敏感栅,是指圆弧外侧之间的距离;对具有较宽横栅的敏感栅,是指两横栅内侧之间的距离。敏感栅的宽度 b 是指最外两敏感栅外侧之间的距离。敏感栅的基长 l 和宽度 b 切勿同基底的长、宽尺寸相混淆,后者只表明应变片的外形尺寸,并不反映其工作特性。

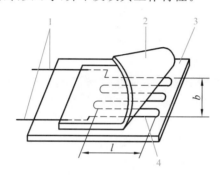

图 3-2　金属电阻应变片的结构

1—引线;2—覆盖层;3—基片;4—敏感栅

敏感栅是金属电阻应变片的核心部分,它粘贴在绝缘的基片上,其上再粘贴起保护作用的覆盖层,两端焊接引出导线。金属电阻应变片按敏感栅的形式分为丝式电阻应变片、箔式电阻应变片和薄膜式电阻应变片。

①丝式电阻应变片:丝式电阻应变片又分为回线式电阻应变片和短接式电阻应变片。

·回线式电阻应变片:回线式电阻应变片是将电阻丝绕制成敏感栅粘贴在各种绝缘基底上而制成的。它是一种常用的电阻应变片,如图 3-3(a)所示。其敏感栅材料直径为 $0.012\sim0.05$ mm,以 0.025 mm 左右最为常用。其基底很薄(一般为 0.03 mm 左右),黏结性能好,能保证有效地传递变形。引线多用直径为 $0.15\sim0.3$ mm 的镀锡铜线与敏感栅相接。

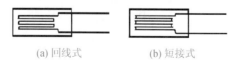

(a) 回线式　　　　　(b) 短接式

图 3-3　丝式电阻应变片

·短接式电阻应变片:短接式电阻应变片是将敏感栅平行安放,两端用直径比栅丝直径大 $5\sim10$ 倍的镀银丝短接起来而构成的,如图 3-3(b)所示。这种电阻应变片的突出优点是克服了回线式电阻应变片的横向效应。但由于焊点多,在冲击、振动条件下,易在焊接点处出现疲劳破坏,制造工艺要求高。

②箔式电阻应变片:箔式电阻应变片是利用照相制版、光刻、腐蚀等工

艺制成的一种很薄的金属箔栅,其厚度一般为 0.003～0.010 mm,如图 3-4 所示。它具有很多优点,在检测中得到了日益广泛的应用,在常温条件下,已逐步取代了丝式电阻应变片。

箔式电阻应变片的主要优点如下:

· 散热性能好,允许电流密度大,从而增大输出信号,灵敏度系数大,工作范围广。

· 敏感栅截面为矩形,其表面积对截面积之比远比圆断面的大,故黏结面积大。

· 敏感栅薄而宽,黏结情况好,传递试件应变性能好。

· 制造技术能保证敏感栅尺寸准确、线条均匀,可以制成任意形状以适应不同的测量要求,便于批量生产。

· 敏感栅弯头横向效应可以忽略。

· 蠕变、机械滞后较小,疲劳寿命高。

图 3-4　箔式电阻
应变片

③薄膜式电阻应变片:薄膜式电阻应变片是薄膜技术发展的产物,其厚度在 0.1 μm 以下。它采用真空蒸发或真空沉积等方法,将电阻材料在基底上制成一层各种形式敏感栅而形成应变片。这种电阻应变片灵敏度系数高,易实现工业化生产,是一种很有前途的新型电阻应变片。

目前实际使用中的主要问题,是尚难控制其电阻对温度和时间的变化关系。

(2)半导体电阻应变片

半导体电阻应变片是用半导体材料制成的,其工作原理是基于半导体材料的电阻率随应力而变化的压阻效应。所有材料在某种程度都呈现压阻效应,但半导体的这种效应特别显著,能直接反映出很微小的应变。所谓压阻效应,是指半导体材料在某一轴向受外力作用时,其电阻率 ρ 发生变化的现象。常见的半导体电阻应变片采用锗和硅等半导体材料作为敏感栅,其结构一般为单根状,如图 3-5 所示。

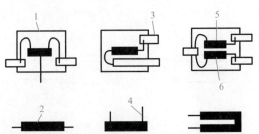

图 3-5　半导体电阻应变片的结构

1—基片 2—Si 片;3—带状引线;4—金线;5—P-Si;6—N-Si

根据压阻效应,半导体和金属丝一样可以把应变转换成电阻的变化。半导体电阻应变片受轴向力作用时,其电阻相对变化量可表示为

$$\frac{\Delta R}{R}=(1+2\mu)\varepsilon_x+\frac{\Delta\rho}{\rho} \tag{3-10}$$

式中,$\Delta\rho/\rho$ 为半导体电阻应变片的电阻率相对变化量,其值与半导体敏感元件在轴向所受的应变力关系为

$$\frac{\Delta\rho}{\rho} = \sigma\pi = \pi E\varepsilon_x \qquad (3\text{-}11)$$

式中,π 为半导体材料的压阻系数,它与半导体材料种类及应力方向与晶轴方向之间的夹角有关。

将式(3-11)代入式(3-10)中,得

$$\frac{\Delta R}{R} = (1 + 2\mu + \pi E)\varepsilon_x \qquad (3\text{-}12)$$

式中,$1 + 2\mu$ 随半导体几何形状而变化,πE 随电阻率而变。实验表明,πE 比 $1 + 2\mu$ 大上百倍,所以 $1 + 2\mu$ 可以忽略。因而半导体电阻应变片的灵敏度系数为

$$K_{\mathrm{S}} = \frac{\dfrac{\Delta R}{R}}{\varepsilon_x} = \pi E \qquad (3\text{-}13)$$

半导体电阻应变片的突出优点是灵敏度高,动态响应好。尺寸、横向效应、机械滞后都很小,灵敏度系数极大,比金属电阻应变片高 50~80 倍,因而输出也大,可以不需放大器直接与记录仪器连接,使得测量系统简化。它的缺点是电阻值和灵敏度系数的温度稳定性差;测量较大应变时非线性严重;灵敏度系数随受拉或压而变,且分散度大,一般为 3%~5%,因而使测量结果有 ±(3%~5%)的误差。

2. 横向效应

当将如图 3-6(a)所示的电阻应变片粘贴在被测试件上时,由于其敏感栅是由 n 条长度为 l_1 的直线段和 $(n-1)$ 个半径为 r 的半圆组成,直线金属丝受单向力拉伸时,在任一微段上所感受的应变都是相同的,而且每段都是伸长的。因而每一段电阻都将增大,总电阻的增量为各微段电阻增量的总和。同样长度的金属丝弯成敏感栅做成电阻应变片之后,将其粘贴在单向拉伸试件上,这时各直线段上的金属丝只感受沿其轴向拉应变 ε_x,故其各微段电阻都将增大。但在圆弧段上,沿各微段轴向(即微段圆弧的切向)的应变却并非是 ε_x,如图 3-6(b)所示。因此与直线段上同样长的微段所产生的电阻变化就不相同。但在半圆弧段则受到从 ε_x 到 $-\mu\varepsilon_x$ 变化的应变,圆弧段电阻的变化将小于沿轴向安放的同样长度电阻丝电阻的变化。最明显地在 $\theta=\pi/2$ 微圆弧段处。由于单向拉伸时,除了沿轴向(水平方向)产生拉应变外,按泊松关系同时在垂直方向上也产生负的压应变 ε_y,因此该段上的电阻不仅不增大,反而是减小的。而在圆弧的其他各微段上,其轴向感受的应变是由 ε_y 变化到 $-\varepsilon_y$ 的,因此圆弧段部分的电阻变化,显然将小于其同样长度沿轴向安放的金属丝的电阻变化。综上所述,将直的电阻丝绕成敏感栅后,虽然长度不变,但应变状态不同,由于敏感栅的电阻变化较小,因此灵敏度系数有所减小,这种现象称为横向效应。

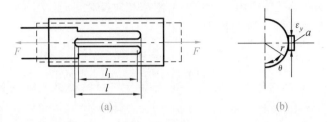

图 3-6　横向效应

因此,电阻应变片感受应变时,其电阻变化应由两部分组成,一部分与纵向应变有关,另一部分与横向应变有关,对于如图 3-6 所示的电阻应变片,其电阻相对变化量的理论计算式为

$$\frac{\Delta R}{R}=\left[\frac{2nl+(n-1)\pi r}{2l}K_{\mathrm{S}}\right]\varepsilon_x+\left[\frac{(n-1)\pi r}{2l}K_{\mathrm{S}}\right]\varepsilon_y \qquad (3-14)$$

式中　l——金属电阻丝总长度;

　　　r——圆弧部分半径;

　　　n——敏感栅直线段数目。

　　　设

$$K_x=\frac{2nl+(n-1)\pi r}{2l}K_{\mathrm{S}}$$

$$K_y=\frac{(n-1)\pi r}{2l}K_{\mathrm{S}}$$

$$c=\frac{K_y}{K_x} \qquad (3-15)$$

式(3-14)可写为对其他形式电阻应变片也适用的一般形式,即

$$\frac{\Delta R}{R}=K_x\varepsilon_x+K_y\varepsilon_y=K_x(\varepsilon_x+c\varepsilon_y) \qquad (3-16)$$

$$K_x=\frac{\Delta R/R}{\varepsilon_x}\Big|_{\varepsilon_y=0} \qquad (3-17)$$

$$K_y=\frac{\Delta R/R}{\varepsilon_y}\Big|_{\varepsilon_x=0} \qquad (3-18)$$

式中　K_x——电阻应变片对轴向应变的灵敏度系数,它代表 $\varepsilon_y=0$ 时,敏感栅电阻相对变化量与 ε_x 之比;

　　　K_y——电阻应变片对横向应变的灵敏度系数,它代表 $\varepsilon_x=0$ 时,敏感栅电阻相对变化量与 ε_y 之比;

　　　c——电阻应变片横向灵敏度,它表示横向应变对电阻应变片电阻相对变化量的影响程度,通常可以用实验方法来测定 K_x 和 K_y,然后再求出 c。

当实际使用电阻应变片的条件与其灵敏度系数的标定条件不同时,如 $\mu\neq0.285$ 或受非单向应力状态,由于横向效应的影响,实际 K 值要改变,如仍按标称灵敏度系数来进行计算,可能造成较大误差。当不能满足测量精度要求时,应进行必要的修正,为了减小横向效应产生的测量误差,现在多采用箔式应变片。

三、黏合剂和电阻应变片的粘贴技术

1. 黏合剂

电阻应变片工作时,总是被粘贴到试件上或传感器的弹性元件上。在测试被测量时,黏合剂所形成的胶层起着非常重要的作用,它应准确无误地将试件或弹性元件的应变传递到应变片的敏感栅上去。所以黏合剂与粘贴技术对于测量结果有直接影响,不能忽视它们的作用。

对黏合剂应有以下几点要求:有一定的黏结强度;能准确传递应变;蠕变小;机械滞后小;耐疲劳性能好,韧性好;长期稳定性好;具有足够的稳定性能;对弹性元件和应变片不产生化学腐蚀作用;有适当的储存期;有较大的使用温度范围。

选用黏合剂时要根据电阻应变片的工作条件、工作温度、潮湿程度、有无化学腐蚀、稳定性要求、加温加压、固化的可能性、粘贴时间长短要求等因素考虑,并要注意黏合剂的种类是否与电阻应变片基底材料相适应。

2. 电阻应变片粘贴工艺

质量优良的电阻应变片和黏合剂,只有在正确的粘贴工艺基础上才能得到良好的测试结果,因此正确的粘贴工艺对保证粘贴质量、提高测试精度关系很大。

(1)电阻应变片检查

根据测试要求而选用的电阻应变片要做外观和电阻值的检查,对精度要求较高的测试还应复测电阻应变片的灵敏度系数和横向灵敏度。

①外观检查:线栅或箔栅的排列是否整齐均匀,是否有造成短路、断路的部位或有锈蚀斑痕;引线焊接是否牢固;上、下基底是否有破损部位。

②电阻值检查:对经过外观检查合格的电阻应变片,要逐个进行电阻值测量,其值要求准确到 0.05 Ω,配对桥臂用的电阻应变片电阻值应尽量相同。

(2)修整电阻应变片

①对没有标出中心线标记的电阻应变片,应在其上基底上标出中心线。

②如有需要应对电阻应变片的长度和宽度进行修整,但修整后的电阻应变片的长度和宽度不可小于规定的最小长度和宽度。

③对基底较光滑的胶基电阻应变片,可用细砂布将基底轻轻地稍许打磨,并用溶剂洗净。

(3)试件表面处理

为了使电阻应变片牢固地粘贴在试件表面上,必须使粘贴电阻应变片的试件表面部分平整光洁且无油漆、锈斑、氧化层、油污和灰尘等。

(4)划粘贴电阻应变片的定位线

为了保证电阻应变片粘贴位置的准确性,可用划笔在试件表面划出定位线。粘贴时电阻应使应变片的中心线与定位线对准。

（5）粘贴电阻应变片

在处理好的粘贴位置上和电阻应变片基底上，各涂抹一层薄薄的黏合剂，稍待一段时间（视黏合剂种类而定），然后将电阻应变片粘贴到预定位置上。在电阻应变片上面放一层玻璃纸或一层透明的塑料薄膜，然后用手滚压挤出多余的黏合剂，使黏合剂层的厚度尽量减薄。

（6）黏合剂的固化处理

对粘贴好的电阻应变片，依黏合剂固化要求进行固化处理。

（7）电阻应变片粘贴质量的检查

①外观检查：最好用放大镜观察黏合层是否有气泡，整个电阻应变片是否全部粘贴牢固，有无短路、断路等危险的部位，还要观察电阻应变片的位置是否正确。

②电阻值检查：电阻应变片的电阻值在粘贴前后不应有较大的变化。

③绝缘电阻检查：电阻应变片电阻丝与试件之间的绝缘电阻一般应大于 200 MΩ。用于检查绝缘电阻的兆欧表，其电压一般不应高于 250 V，而且检查通电时间不宜过长，以防电阻应变片击穿。

（8）引线的固定保护

粘贴好的电阻应变片引线与测量用导线焊接在一起，为了防止电阻应变片电阻丝和引线被拉断，用胶布将导线固定于试件表面，但固定时要考虑使引线呈弯曲形的余量和引线与试件之间的良好绝缘。

（9）电阻应变片的防潮处理

电阻应变片粘贴好固化以后，要进行防潮处理，以免潮湿引起绝缘电阻和黏合强度降低，影响调试精度。简单的方法是在电阻应变片上涂一层中性凡士林。最好的方法是将石蜡或蜂蜡熔化后涂在电阻应变片表面上（厚约 2 mm），这样可长时间防潮。

四、电阻应变片的温度误差及补偿

1. 电阻应变片的温度误差

电阻应变片由于温度变化所引起的电阻变化与试件（弹性敏感元件）应变所造成的电阻变化几乎有相同的数量级，如果不采取必要的措施克服温度的影响，测量精度将无法保证。由于测量现场环境温度的改变而给测量带来的附加误差，称为电阻应变片的温度误差。下面分析电阻应变片的温度误差产生的原因。

（1）温度变化引起电阻应变片敏感栅电阻变化而产生附加应变。

敏感栅的电阻丝阻值随温度变化的关系可表示为

$$R_t = R_0(1 + \alpha\Delta t) = R_0 + R_0\alpha\Delta t \tag{3-19}$$

式中　R_t——温度为 t 时的电阻值；

　　　R_0——温度为 t_0 时的电阻值；

　　　α——敏感栅材料的电阻温度系数；

Δt——温度变化值，$\Delta t = t - t_0$。

当温度变化 Δt 时，电阻丝电阻的变化值为

$$\Delta R_{t\alpha} = R_t - R_0 = R_0 \alpha \Delta t \tag{3-20}$$

将温度变化 Δt 时的电阻变化折合成应变 $\varepsilon_{t\alpha}$，则

$$\varepsilon_{t\alpha} = \frac{\Delta R_{t\alpha}/R_0}{K} = \frac{\alpha \Delta t}{K} \tag{3-21}$$

式中，K 为电阻应变片的灵敏度系数。

（2）试件材料与敏感栅电阻丝材料的线膨胀系数不同，使电阻应变片产生附加应变。

当试件与电阻丝材料的线膨胀系数相同时，无论环境温度如何变化，电阻丝的变形仍和自由状态一样，不会产生附加变形。当试件和电阻丝线膨胀系数不同时，由于环境温度的变化，电阻丝将会产生附加变形，从而产生附加电阻。

如果粘贴在试件上一段长度为 l_0 的电阻丝，当温度变化 Δt 时，电阻丝受热膨胀至 l_{t1}，而在电阻丝 l_0 受热膨胀情况下的试件伸长为 l_{t2}，则有

$$l_{t1} = l_0(1 + \beta_{丝} \Delta t) = l_0 + l_0 \beta_{丝} \Delta t \tag{3-22}$$

$$\Delta l_{t1} = l_{t1} - l_0 = l_0 \beta_{丝} \Delta t \tag{3-23}$$

$$l_{t2} = l_0(1 + \beta_{试} \Delta t) = l_0 + l_0 \beta_{试} \Delta t \tag{3-24}$$

$$\Delta l_{t2} = l_{t2} - l_0 = l_0 \beta_{试} \Delta t \tag{3-25}$$

式中　l_0——温度为 t_0 时的电阻丝长度；

　　　l_{t1}——温度为 t 时的电阻丝长度；

　　　l_{t2}——温度为 t 时电阻丝下试件的长度；

　　　$\beta_{丝}$——电阻丝的线膨胀系数；

　　　$\beta_{试}$——试件的线膨胀系数。

由式（3-23）和式（3-25）可知，如果 $\beta_{丝}$ 和 $\beta_{试}$ 不相等，则 Δl_{t1} 和 Δl_{t2} 也就不等。但是电阻丝和试件是黏结在一起的，若 $\beta_{丝} < \beta_{试}$，则电阻丝被迫从 Δl_{t1} 拉长至 Δl_{t2}，这就使电阻丝产生附加变形 $\Delta l_{t\beta}$，即

$$\Delta l_{t\beta} = \Delta l_{t2} - \Delta l_{t1} = l_0(\beta_{试} - \beta_{丝})\Delta t \tag{3-26}$$

折算为应变

$$\varepsilon_{t\beta} = \frac{\Delta l_{t\beta}}{l_0} = (\beta_{试} - \beta_{丝})\Delta t \tag{3-27}$$

引起电阻的变化为

$$\Delta R_{t\beta} = R_0 K_{\varepsilon_{t\beta}} = R_0 K(\beta_{试} - \beta_{丝})\Delta t \tag{3-28}$$

因此，由于温度变化 Δt 而引起的总电阻变化为

$$\Delta R_t = \Delta R_{t\alpha} + \Delta R_{t\beta} = R_0 \alpha \Delta t + R_0 K(\beta_{试} - \beta_{丝})\Delta t \tag{3-29}$$

总附加应变量为

$$\varepsilon_t = \frac{\Delta R_t/R_0}{K} = \frac{\alpha \Delta t}{K} + (\beta_{试} - \beta_{丝})\Delta t \tag{3-30}$$

由式（3-30）可知，由于温度变化引起了附加电阻变化或造成了虚假应变，从而给测量带来误差。这个误差除与环境温度变化有关外，还与电阻应

变片本身的性能参数(K、α、$\beta_{\text{丝}}$)以及试件的线膨胀系数($\beta_{\text{试}}$)有关。然而,温度对电阻应变片特性的影响,不只上述两个因素,还受其他因素影响。但在一般常温下,上述两个因素是造成电阻应变片温度误差的主要原因。

2. 电阻应变片的温度补偿方法

电阻应变片的温度补偿方法通常有桥路补偿法、自补偿法和热敏电阻补偿法三大类。

(1)桥路补偿法

桥路补偿法是最常用的且效果较好的线路补偿法,也称补偿片法。电阻应变片通常是作为平衡电桥的一个臂测量应变的。如图 3-7 所示,R_1 为工作电阻应变片,R_2 为补偿电阻应变片。R_1 粘贴在试件上需要测量应变的地方。R_2 粘贴在一块不受力的与试件相同材料上,这块材料自由地放在试件上或附近,如图 3-7(b)所示。当温度发生变化时,R_1 和 R_2 的电阻都发生变化,而 R_1 与 R_2 为同类应变片,又粘贴在相同的材料上,因此 R_1 和 R_2 的温度变化也相同,即 $\Delta R_1 = \Delta R_2$。如图 3-7(a)所示,R_1 和 R_2 分别接入电桥的相邻两桥臂,则因温度变化引起的电阻变化 ΔR_1 和 ΔR_2 相互抵消,这样就起到温度补偿的作用。

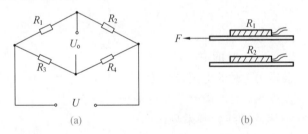

图 3-7 桥路补偿法

电桥输出电压 U_{o} 与桥臂参数的关系为

$$U_{\text{o}} = A(R_1 R_4 - R_2 R_3) \tag{3-31}$$

式中,A 为由桥臂电阻和电源电压决定的常数。

由式(3-31)可知,当 R_3 和 R_4 为常数时,R_1 和 R_2 对电桥输出电压 U_{o} 的作用方向相反。利用这一基本关系可实现对温度的补偿。测量应变时,R_1 粘贴在被测试件表面上,R_2 粘贴在与被测试件材料完全相同的补偿块上,且仅 R_1 承受应变。

当被测试件不承受应变时,R_1 和 R_2 又处于同一环境温度为 t 的温度场中,调整电桥参数,使之达到平衡,有

$$U_{\text{o}} = A(R_1 R_4 - R_2 R_3) = 0 \tag{3-32}$$

工程上,一般按 $R_1 = R_2 = R_3 = R_4$ 选取桥臂电阻。当温度升高或降低 $\Delta t = t - t_0$ 时,两个电阻应变片因温度而引起的电阻变化量相等,电桥仍处于平衡状态,即

$$U_{\text{o}} = A[(R_1 + \Delta R_{1t}) R_4 - (R_2 + \Delta R_{2t}) R_3] = 0 \tag{3-33}$$

若此时被测试件有应变 ε 的作用,则 R_1 又有新的增量 $\Delta R_1 = R_1 K \varepsilon$,而

R_2 因不承受应变，故不产生新的增量，此时电桥输出电压为

$$U_o = AR_1R_4K\varepsilon \tag{3-34}$$

由式(3-34)可知，电桥的输出电压 U_o 仅与被测试件的应变 ε 有关，而与环境温度无关。

应当指出，若实现完全补偿，上述分析过程必须满足以下条件：

①在电阻应变片工作过程中，保证 $R_3 = R_4$。

②R_1 和 R_2 两个电阻应变片应具有相同的电阻温度系数 α、线膨胀系数 β、灵敏度系数 K 和初始电阻值 R_0。

③粘贴补偿电阻应变片的补偿块材料和粘贴工作电阻应变片的被测试件材料必须一样，两者线膨胀系数相同。

④两个电阻应变片应处于同一温度场。

桥路补偿法的优点是方法简单、方便，在常温下补偿效果较好。其缺点是在温度变化梯度较大的条件下，很难做到工作电阻应变片与补偿电阻应变片处于温度完全一致的情况，因而影响补偿效果。

（2）自补偿法

这种温度补偿法是利用自身具有温度补偿作用的电阻应变片，粘贴在被测部位上的一种特殊应变片。当温度变化时，产生的附加应变为零或相互抵消，这种特殊应变片称为温度自补偿应变片。利用温度自补偿应变片来实现温度补偿的方法称为自补偿法。

温度自补偿应变片要实现温度自补偿，必须有

$$\alpha_0 = -K_0(\beta_g - \beta_s) \tag{3-35}$$

式(3-35)表明，当被测试件的线膨胀系数 β_g 已知时，如果合理选择敏感栅材料，即其电阻温度系数 α_0、灵敏度系数 K_0 和线膨胀系数 β_s，使式(3-35)成立，则不论温度如何变化，均有 $\Delta R_t/R_0 = 0$，从而达到温度自补偿的目的。

下面介绍两种自补偿应变片。

①选择式自补偿应变片：由式(3-30)可知，实现温度补偿的条件为

$$\varepsilon_t = \frac{\alpha \Delta t}{K} + (\beta_{试} - \beta_{丝})\Delta t = 0$$

则

$$\alpha = -K(\beta_{试} - \beta_{丝}) \tag{3-36}$$

被测试件材料确定后，就可以选择适合的敏感栅材料满足式(3-36)，达到温度自补偿。这种方法的缺点是一种 α 值的应变片只能用在一种材料上，因此局限性很大。

②双金属丝敏感栅自补偿应变片：这种应变片也称组合式补偿应变片。它是利用两种电阻丝材料的电阻温度系数不同（一个为正，一个为负）的特性，将两者串联绕制成敏感栅，如图3-8所示。若两段敏感栅 R_1 和 R_2 由于温度变化而产生的电阻变化 ΔR_{1t} 和 ΔR_{2t} 的大小相等而符号相反，就可以实现温度补偿。R_1 与 R_2 的比值关系可为

$$\frac{R_1}{R_2} = \frac{\Delta R_{2t}/R_2}{\Delta R_{1t}/R_1} \tag{3-37}$$

而其中 $\Delta R_{1t} = -\Delta R_{2t}$。这种应变片的补偿效果比选择式自补偿应变片好，在工作温度范围内通常可达到 $\pm 0.14\ ℃$。

(3)热敏电阻补偿法

如图 3-9 所示，热敏电阻 R_t 处在与电阻应变片相同的温度条件下，当电阻应变片的灵敏度随温度升高而减小时，R_t 的阻值也减小，使电桥的输入电压随温度升高而增大，从而增大电桥的输出，补偿因电阻应变片引起的输出减小。选择分流电阻及 R_S 的值，可以得到良好的补偿。

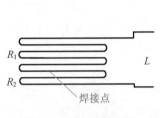

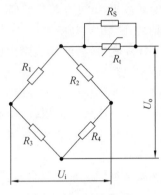

图 3-8　双金属丝敏感栅　　　　　图 3-9　热敏电阻补偿法

五、电阻应变片的测量电路

电阻应变片可以把应变的变化转换为电阻的变化，由于机械应变一般都很小，要把微小应变引起的微小电阻变化测量出来，还要把电阻的变化再转换为电压或电流的变化，完成上述作用的电路称为应变式传感器的信号调节电路。因此，需要用专用测量电路来测量应变变化而引起电阻变化的测量电路，通常采用测量电桥，包括平衡电桥和不平衡电桥。

1. 平衡电桥的工作原理

平衡电桥多用直流供电，如图 3-10 所示。四臂中任一电阻可用电阻应变片代替，因为电阻应变片工作过程中阻值变化很小，所以可认为电源供出的电流 I 在工作过程中是不变的，即加在节点 3 和 4 之间的电压是一个定值。假定电源为电动势源 E，内阻为零，则在检流计中流过的电流 I_g 和电桥各参数间的关系为

$$I_g = E\frac{R_1 R_4 - R_2 R_3}{R_g(R_1+R_2)(R_3+R_4)+R_1 R_2(R_3+R_4)+R_3 R_4(R_1+R_2)}$$

$$(3-38)$$

式中，R_g 为检流计的内阻，电阻应变片的阻值变化量可以用 I_g 的大小来表示（偏转法），也可以用桥臂阻值的改变量来表示（零读法）。若采用零读法，则电桥的平衡条件为流过检流计的电流等于零。此时式(3-38)要满足条件

$$R_1 R_4 - R_2 R_3 = 0 \qquad (3-39)$$

即　　　　　　　　　　$R_1 R_4 = R_2 R_3$　　或　　$\dfrac{R_1}{R_2} = \dfrac{R_3}{R_4}$

若第一桥臂用电阻应变片代替,电阻应变片由应变引起的电阻变化为 ΔR,使式(3-39)的关系被破坏,检流计有电流流过,此时可调节其余臂的电阻,使其重新满足式(3-39)的关系。若调节 R_2,使其变为 $R_2+\Delta R_2$,则有

$$(R_1+\Delta R_1)R_4=(R_2+\Delta R_2)R_3$$
$$R_1R_4+\Delta R_1R_4=R_2R_3+\Delta R_2R_3$$
$$\Delta R_1=\frac{R_3}{R_4}\Delta R_2 \qquad (3-40)$$

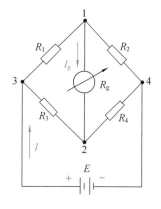

若 R_3 和 R_4 为定值,可用 ΔR_2 表示 ΔR_1 的大小,一般将 R_3 和 R_4 称为比例臂,改变它们的

图 3-10　平衡电桥电路

比值,可以改变 ΔR_1 的测量范围,而 R_2 称为调节臂,用它来调节被测应变值。平衡电桥和一般电桥的不同点是在测量前和测量时需要做两次平衡。静态应变仪的电桥多采用这种原理制成。若应变为动态量,则电阻变化较快,平衡电桥已经来不及了,此时只能采取偏转法,即采用不平衡电桥。

2. 不平衡电桥的工作原理

不平衡电桥是利用电桥输出电流或电压与电桥各参数间的关系进行工作的。此时在电桥的输出端接入检流计或放大器。在输出电流时,为了使电桥有最大的电流灵敏度,希望电桥的输出电阻应尽量和指示器内阻相等。

实际上电桥后面连接的放大器的输入阻抗都很高,比电桥的输出电阻大得多,此时必须要求电桥具有较高的电压灵敏度,当有小的 $\Delta R/R$ 变化时,能产生较大的 ΔU 值。

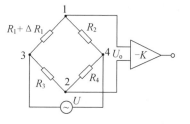

如图 3-11 所示是由交流电压 U 供电的不平衡电桥电路,第一臂是电阻应变片,其

图 3-11　不平衡电桥电路

他三臂为固定电阻。电阻应变片未承受应变,此时阻值为 R_1。电桥处于平衡状态,电桥输出电压为 0。当承受应变时,产生 ΔR_1 的变化,电桥变化,不平衡电压输出 U_o。由图 3-11 可知

$$U_o=U_1-U_2=\frac{R_1+\Delta R_1}{R_1+\Delta R_1+R_2}U-\frac{R_3}{R_3+R_4}U=\frac{\Delta R_1R_4}{(R_1+\Delta R_1+R_2)(R_3+R_4)}U$$

$$=\frac{\dfrac{R_4}{R_3}\cdot\dfrac{\Delta R_1}{R_1}}{\left(1+\dfrac{\Delta R_1}{R_1}+\dfrac{R_2}{R_1}\right)\left(1+\dfrac{R_4}{R_3}\right)}U \qquad (3-41)$$

假设 $n=R_2/R_1$,并考虑电桥初始时条件 $R_2/R_1=R_4/R_3$,以及略去分母中的微小项 $\Delta R_1/R_1$,则有

$$U_o=U\frac{n}{(1+n)^2}\cdot\frac{\Delta R_1}{R_1} \qquad (3-42)$$

电桥的电压灵敏度为

$$K_U = \frac{U_o}{\dfrac{\Delta R_1}{R_1}} = U\,\frac{n}{(1+n)^2} \tag{3-43}$$

分析式(3-43)可以发现：

(1)电桥的电压灵敏度正比于电桥供电电压，电桥电压越高，电压灵敏度越高。但是电桥电压的提高受两方面的限制：一方面是电桥电阻的温度误差，另一方面是电阻应变片的允许温升，所以一般供给电桥的电压为 1～3 V。

(2)电桥电压灵敏度是桥臂电阻比值 n 的函数，即和电桥各臂的初始比值有关。当 U 一定时，对式(3-43)求一阶偏导数，令 $\partial K_U/\partial n = 0$，可求得 $n=1$ 时，电压灵敏度 K_U 最大，此时 $R_1=R_2$，$R_3=R_4$，这种对称情况正是我们进行温度补偿所需的电路，所以它在非电量电测量电路中得到广泛的应用。此时，式(3-42)和式(3-43)可以分别简化为

$$U_o = \frac{1}{4}U\,\frac{\Delta R_1}{R_1} \tag{3-44}$$

$$K_U = \frac{1}{4}U \tag{3-45}$$

根据平衡电桥分析可知，由于测量电桥输出电压很小，一般都要加放大器，而直流放大器易产生零漂，因此测量电桥多采用不平衡电桥。

3. 电桥电路的非线性误差及其补偿

在以上研究电桥工作状态时，都是假定电阻应变片的参数变化很小，所以在分析电桥输出电流或电压与各参数关系时，都忽略了分母中的 ΔR，最后得到的刻度特性 $U=f(\varepsilon,R)$ 都是线性关系。但是当电阻应变片所承受的应变太大，使它的阻值变化和本身的初始电阻可以比拟时，分母中的 ΔR 就不能忽略，此时得到的刻度特性 $U=f(\varepsilon,R)$ 是非线性的。实际的非线性特性曲线与理想的线性特性曲线的偏差称为绝对非线性误差。下面我们以 $R_1=R_2$，$R_3=R_4$ 对称情况为例来求非线性误差 γ 的大小。设理想情况下有

$$U_o' = \frac{1}{4}U\,\frac{\Delta R_1}{R_1} \tag{3-46}$$

则

$$\gamma = \frac{U_o - U_o'}{U_o'} = \frac{U_o}{U_o'} - 1 = \frac{1}{\left(1 + \dfrac{1}{2}\cdot\dfrac{\Delta R_1}{R_1}\right)} - 1$$

$$\approx 1 - \frac{1}{2}\cdot\frac{\Delta R_1}{R_1} - 1 = -\frac{1}{2}\cdot\frac{\Delta R_1}{R_1} \tag{3-47}$$

对于一般电阻应变片，其灵敏度系数 $K=2$，当承受的应变 $\varepsilon < 5\,000$ 微应变时，$\Delta R_1/R_1 = K\varepsilon = 0.01$，根据式(3-47)计算，非线性误差为 $\gamma = 0.5\%$，还不算太大。但是当要求测量精度较高时或电阻相对变化量 $\Delta R_1/R_1$ 较大时，非线性误差就不能忽略了。例如，半导体电阻应变片的灵敏度系数 $K=100$，当电阻应变片承受 $1\,000$ 微应变时，它的电阻相对变化量为 $\Delta R_1/R_1 = K\varepsilon = 0.1$，此时电桥的非线性误差将达到 5%，所以对半导体电阻应变片的

测量电路要做特殊处理,以减小非线性误差。一般消除非线性误差的方法有以下两种。

(1)采用差动电桥

正如前面所述,根据被测零件的受力情况,两个电阻应变片一个受拉,一个受压,应变符号相反,工作时将两个电阻应变片接入电桥的相邻臂内。如图 3-12(a)所示,称为半桥差动电路,在传感器中经常使用这种接法。有时工作电阻应变片也可能是四个,其中两个受拉,两个受压。接入桥路时,将两个变形符号相同的电阻应变片接在相对臂内,符号不同的接在相邻臂内,如图 3-12(b)所示,称为全桥差动电路。

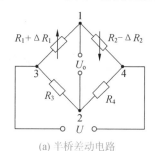
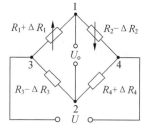

(a) 半桥差动电路   (b) 全桥差动电路

图 3-12   差动电桥电路

半桥差动电路的输出电压为

$$U_o = U_1 - U_2 = \left(\frac{R_1 + \Delta R_1}{R_1 + \Delta R_1 + R_2 - \Delta R_2} - \frac{R_3}{R_3 + R_4} \right) U \qquad (3\text{-}48)$$

若电桥初始处于平衡状态,则 $R_1/R_2 = R_3/R_4$。在对称情况下,$R_1 = R_2$,$R_3 = R_4$,$\Delta R_1 = \Delta R_2$,则式(3-48)可简化为

$$U_o = \frac{1}{2} U \left(\frac{R_1 + \Delta R_1}{R_1} - 1 \right) = \frac{1}{2} U \frac{\Delta R_1}{R_1} \qquad (3\text{-}49)$$

比较式(3-49)和式(3-44),可知半桥差动电路不仅没有非线性误差,而且电压灵敏度($K_U = U/2$)也比单一工作电阻应变片工作时提高一倍,同时还能起温度补偿作用。

同理,全桥差动电路的输出电压为

$$U_o = U_1 - U_2 = \frac{\Delta R_1}{R_1} U \qquad (3\text{-}50)$$

其电桥的电压灵敏度比单一工作电阻应变片的电压灵敏度提高了 4 倍,故全桥差动电路得到了广泛的应用。

(2)采用恒流源电桥

产生非线性的原因之一是在工作过程中通过桥臂的电流不恒定,所以有时用恒流源供电,如图 3-13 所示。一般半导体电桥都采用恒流源供电,供电电流为 I,通过各臂的电流为 I_1 和 I_2,若测量电路的输入阻抗较高,则有

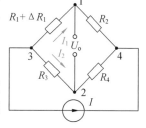

图 3-13   恒流源电桥电路

$$I_1 = \frac{R_3 + R_4}{R_1 + R_2 + R_3 + R_4} I$$

$$I_2 = \frac{R_1 + R_2}{R_1 + R_2 + R_3 + R_4} I$$

$$U_o = I_1 R_1 - I_2 R_3 = \frac{R_1 R_4 - R_2 R_3}{R_1 + R_2 + R_3 + R_4} I \tag{3-51}$$

若电桥初始处于平衡状态,则 $R_1 R_3 = R_2 R_4$,而且 $R_1 = R_2 = R_3 = R_4 = R$。当第一臂电阻 R_1 变为 $R_1 + \Delta R_1$ 时,电桥输出电压为

$$U_o = \frac{R \Delta R}{4R + \Delta R} I = \frac{1}{4} I \Delta R \frac{1}{1 + \dfrac{\Delta R}{4R}} \tag{3-52}$$

由式(3-52)可知,分母中的 ΔR 被 $4R$ 整除,与恒压源电路相比,它的非线性误差减少一半。

项目实施

■ 实施要求

(1)通过本项目的实施,在掌握应变式传感器的基本结构和工作原理的基础上掌握应变式传感器的器件识别、故障判断、测量方法和实际应用。

(2)本项目需要应变式传感器实训台或相关设备、导线若干、示波器及相关的仪表等。

■ 实施步骤

(1)找出应变式传感器在电路中的位置,并判断是什么类型的应变式传感器。

(2)分析测量电路的工作原理,观察应变式传感器工作过程中的现象。

(3)找出各个单元电路,记录其电路组成形式。

(4)按照原理图用导线将电路连接好,检查确认无误后,启动电源。

(5)观察各单元电路的工作情况,记录其在工作过程中不同状态下的数据。

知识拓展

一、应变式力传感器

被测物理量为荷重或力的应变式传感器,统称为应变式力传感器。其主要用作各种电子秤与材料试验机的测力元件、发动机的推力测试、水坝坝体承载状况监测等。

应变式力传感器要求有较高的灵敏度和稳定性，当传感器在受到侧向作用力或力的作用点发生轻微变化时，不应对输出有明显的影响。

1. 柱式、筒式力传感器

如图 3-14(a)、图 3-14(b)所示分别为柱式、筒式力传感器，电阻应变片粘贴在弹性体外壁应力分布均匀的中间部分，对称地粘贴多个，电桥接线时应尽量减小载荷偏心和弯矩的影响，电阻应变片在圆柱面上的位置及桥路连线如图 3-14(c)、图 3-14(d)所示，R_1 和 R_3 串接，R_2 和 R_4 串接，并置于桥路对臂上以减小弯矩影响，横向贴片作温度补偿用。

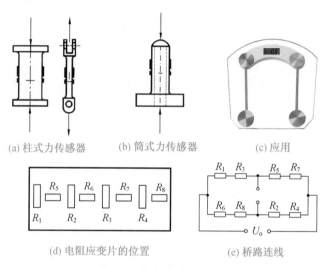

(a) 柱式力传感器   (b) 筒式力传感器   (c) 应用

(d) 电阻应变片的位置   (e) 桥路连线

图 3-14 柱式、筒式力传感器

2. 环式力传感器

如图 3-15 所示为环式力传感器。与柱式力传感器相比，环式力传感器应力分布变化较大，且有正有负。

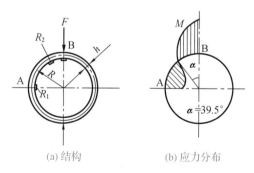

(a) 结构   (b) 应力分布

图 3-15 环式力传感器

对 $R/h > 5$ 的小曲率圆环，可用式(3-53)及式(3-54)计算出 A、B 两点的应变。

$$\varepsilon_A = \frac{1.09FR}{bh^2 E} \qquad (3-53)$$

$$\varepsilon_B = \frac{1.91FR}{bh^2 E} \qquad (3-54)$$

式中 h——圆环厚度；

　　　　b——圆环宽度；

　　　　E——材料弹性模量。

这样，测出 A、B 处的应变，即可确定载荷 F。

由图 3-15(b)所示的应力分布可以看出，电阻应变片 R_2 所在位置应变为零，故它起温度补偿作用。

二、应变式压力传感器

应变式压力传感器主要用来测量流动介质的动态或静态压力，如动力管道设备的进出口气体或液体的压力、发动机内部的压力、枪管及炮管内部的压力、内燃机管道压力等。应变式压力传感器大多采用膜片式或筒式弹性元件。

如图 3-16 所示为膜片式压力传感器，电阻应变片贴在膜片内壁，在压力 F 作用下，膜片产生径向应变 ε_r 和切向应变 ε_t，表达式分别为

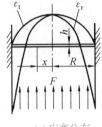

(a) 应变分布　　　　　　　　　　(b) 电阻应变片的位置

图 3-16　膜片式压力传感器

$$\varepsilon_r = \frac{3F(1-\mu^2)(R^2-3x^2)}{8h^2E} \tag{3-55}$$

$$\varepsilon_t = \frac{3F(1-\mu^2)(R^2-x^2)}{8h^2E} \tag{3-56}$$

式中 F——膜片上均匀分布的压力；

　　　　R,h——膜片的半径和厚度；

　　　　x——离圆心的径向距离；

　　　　μ——弹性元件的泊松比。

由应力分布可知，膜片弹性元件承受压力 F 时，其应变变化曲线的特点为：当 $x=0$ 时，$\varepsilon_{rmax}=\varepsilon_{tmax}$；当 $x=R$ 时，$\varepsilon_t=0$，$\varepsilon_r=2\varepsilon_{tmax}$。

根据以上特点，一般在平膜片圆心处切向粘贴 R_1、R_4 两个电阻应变片，在边缘处沿径向粘贴 R_2、R_3 两个电阻应变片，如图 3-16(b)所示，然后接成全桥测量电路。

三、应变式容器内液体重量传感器

如图 3-17 所示是应变式容器内液体重量传感器。该传感器有一根压杆，上端安装微压传感器，为了提高灵敏度，共安装了两个；下端安装感压膜，感压膜感受上面液体的压力。当容器中溶液增多时，感压膜感受的压力

就增大。将其上两个传感器 R_t、R_0 的电桥接成正向串接的双电桥电路,则输出电压为

$$U_o = U_1 - U_2 = (A_1 - A_2)h\rho g \qquad (3\text{-}57)$$

式中,A_1、A_2 为传感器传输系数。

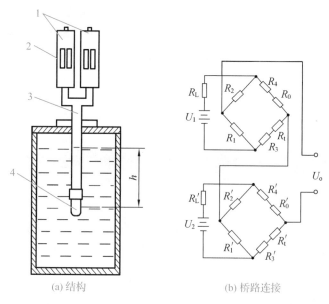

(a) 结构　　　　　　(b) 桥路连接

图 3-17　应变式容器内液体重量传感器

1—微压传感器;2—电阻应变片;3—传压杆;4—感压膜

由于 $h\rho g$ 表征感压膜上面液体的重量,对于等截面的柱形容器有

$$h\rho g = \frac{Q}{S} \qquad (3\text{-}58)$$

式中　Q——容器内感压膜上面溶液的重量;

　　　S——柱形容器的截面积。

将式(3-57)和式(3-58)联立,得到容器内感压膜上面溶液重量与电桥输出电压之间的关系式

$$U_o = \frac{(A_1 - A_2)Q}{S} \qquad (3\text{-}59)$$

式(3-59)表明,电桥输出电压与柱形容器内感压膜上面溶液的重量呈线性关系,因此用此种方法可以测量容器内储存的溶液重量。

四、应变式加速度传感器

应变式加速度传感器主要用于物体加速度的测量。其基本工作原理是:物体运动的加速度与作用在它上面的力成正比,与物体的质量成反比,即 $a = F/m$。如图 3-18 所示,等强度梁的自由端上安装质量块,另一端固定在壳体上。等强度梁上

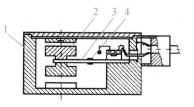

图 3-18　应变式加速度传感器

1—壳体;2—质量块;

3—等强度梁;4—电阻应变片

粘贴 4 个电阻应变片。为了调节振动系统阻尼系数，在壳体内充满硅油。测量时，将壳体与被测对象刚性连接，当被测物体以加速度 a 运动时，质量块受到一个与加速度方向相反的惯性力作用，使等强度梁变形，该变形被粘贴在等强度梁上的电阻应变片感受到并随之产生应变，从而使电阻应变片的电阻发生变化。电阻的变化引起电阻应变片组成的桥路出现不平衡，从而输出电压，即可得出加速度 a 值的大小。应变式加速度传感器不适用于频率较高的振动和冲击，一般适用频率为 $10 \sim 60$ Hz。

技能实训

一、箔式电阻应变片单臂电桥性能实验

1. 实验目的

了解箔式电阻应变片的应变效应、单臂电桥的工作原理和性能。

2. 实验仪器

应变式传感器实验模块、托盘、砝码、数显电压表、± 15 V 和 ± 4 V 电源、万用表等。

3. 实验原理

电阻丝在外力作用下发生机械变形时，其电阻值发生变化，这就是电阻应变效应。描述电阻应变效应的关系式为 $\Delta R / R = K \varepsilon$，式中 $\Delta R / R$ 为电阻丝电阻相对变化量，K 为应变灵敏度系数，$\varepsilon = \Delta l / l$ 为电阻丝长度相对变化量。箔式电阻应变片就是通过光刻、腐蚀等工艺制成的应变敏感元件，如图 3-19 所示，4 个箔式电阻应变片分别粘贴在弹性体的上、下两侧，弹性体受到压力发生形变，箔式电阻应变片随弹性体形变被拉伸或被压缩。

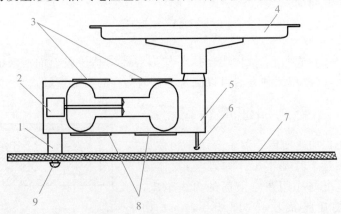

图 3-19   单臂电桥性能实验原理

1—固定垫圈；2—引出线；3—箔式电阻应变片；4—托盘；

5—弹性体；6—限程螺丝；7—模板；8—箔式电阻应变片；9—固定螺丝

通过这些应变片可以转换被测部位受力状态变化,完成电阻到电压的比例变化。如图 3-20 所示,R_5、R_6、R_7 为固定电阻,与箔式电阻应变片一起构成一个单臂电桥,其输出电压

$$U_{\circ} = \frac{E}{4} \cdot \frac{\Delta R/R}{1 + \frac{1}{2} \cdot \frac{\Delta R}{R}} \tag{3-60}$$

式中　E——电桥电源电压;

　　　R——固定电阻值。

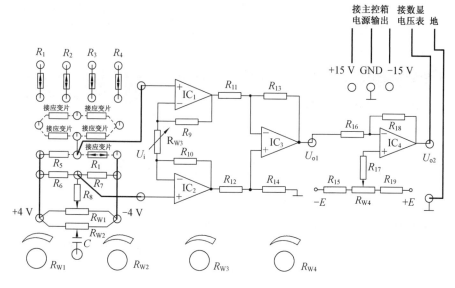

图 3-20　单臂电桥性能实验电路

式(3-60)表明单臂电桥输出为非线性,非线性误差为

$$L = -\frac{1}{2} \cdot \frac{\Delta R}{R} \cdot 100\% \tag{3-61}$$

4. 实验内容与步骤

(1)应变式传感器上的各应变片已分别接到应变式传感器实验模块左上方的 R_1、R_2、R_3、R_4 上,可用万用表测量判别,$R_1 = R_2 = R_3 = R_4 = 350\ \Omega$。

(2)差动放大器调零。从主控台接入 ±15 V 电源,检查无误后,合上主控台电源开关,将差动放大器的输入端 U_i 短接并与地短接,输出端 U_{o2} 接数显电压表(选择 2 V 挡)。将电位器 R_{W3} 调到增益最大位置(顺时针转到底),调节电位器 R_{W4} 使电压表显示为 0。关闭主控台电源(R_{W3}、R_{W4} 的位置确定后不能改动)。

(3)按图 3-20 所示连线,将应变式传感器的其中一个应变电阻(如 R_1)接入电桥与 R_5、R_6、R_7 构成一个单臂直流电桥。

(4)加托盘后电桥调零。电桥输出接到差动放大器的输入端 U_i,检查接线无误后,合上主控台电源开关,预热 5 min,调节 R_{W1} 使电压表显示为零。

(5)在应变式传感器托盘上放置一个砝码,读取数显表数值,依次增加

箔式电阻应变片
单臂电桥性能实验

砝码和读取相应的数显表值,直到 200 g 砝码加完,记下实验数据,填入表 3-1 中,关闭电源。

表 3-1   实验数据

质量/g								
电压/mV								

5. 实验报告

根据表 3-1 计算:系统灵敏度 $K = \Delta U/\Delta W$,式中 ΔU 为输出电压变化量,ΔW 为重量变化量;非线性误差 $\delta_{fl} = \Delta m/y_{FS} \times 100\%$,式中 Δm 为输出值(多次测量时为平均值)与拟合直线的最大偏差,y_{FS} 为满量程(200 g)输出平均值。

6. 注意事项

加在应变式传感器上的压力不应过大,以免造成应变式传感器的损坏。

二、箔式电阻应变片半桥性能实验

1. 实验目的

比较半桥与单臂电桥的不同性能,了解其特点。

2. 实验仪器

应变式传感器实验模块、托盘、砝码、数显电压表、±15 V 和 ±4 V 电源、万用表等。

3. 实验原理

不同受力方向的两个箔式电阻应变片接入电桥作为邻边,如图 3-21 所示。电桥输出灵敏度提高,非线性得到改善,当两个应变片的阻值相同、应变数也相同时,半桥的输出电压为

$$U_o = \frac{EK\varepsilon}{2} = \frac{E}{2} \cdot \frac{\Delta R}{R} \tag{3-62}$$

式中,E 为电桥电源电压。

式(3-62)表明,半桥输出与应变片阻值变化率呈线性关系。

4. 实验内容与步骤

(1)应变式传感器已安装在应变式传感器实验模块上,可参考图 3-19。

(2)差动放大器调零。从主控台接入 ±15 V 电源,检查无误后,合上主控台电源开关,将差动放大器的输入端 U_i 短接并与地短接,输出端 U_{o2} 接数显电压表(选择 2 V 挡)。将电位器 R_{W3} 调到增益最大位置(顺时针转到底),调节电位器 R_{W4} 使电压表显示为 0。关闭主控台电源(R_{W3}、R_{W4} 位置确定后不能改动)。

(3)按图 3-21 所示接线,将受力相反(一个受拉,一个受压)的两个箔式电阻应变片接入电桥的邻边。

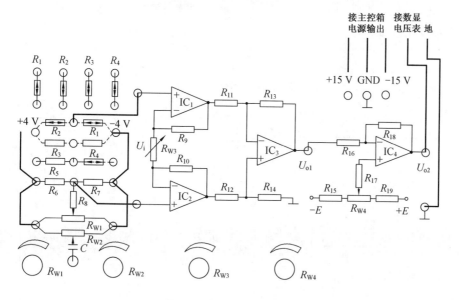

图 3-21　半桥性能实验电路

（4）加托盘后电桥调零。电桥输出接到差动放大器的输入端 U_i，检查接线无误后，合上主控台电源开关，预热 5 min，调节 R_{W1} 使电压表显示为零。

（5）在应变式传感器托盘上放置一个砝码，读取数显表数值，依次增加砝码和读取相应的数显表值，直到 200 g 砝码加完，记下实验数据，填入表 3-2，关闭电源。

表 3-2　　　　　　　　　　　　　　　实验数据

质量/g								
电压/mV								

5. 实验报告

根据表 3-2 计算灵敏度 K 和非线性误差 δ_{f2}。

6. 思考题

引起半桥测量时非线性误差的原因是什么？

三、箔式电阻应变片全桥性能实验

1. 实验目的

了解全桥测量电路的优点。

2. 实验仪器

应变式传感器实验模块、托盘、砝码、数显电压表、±15 V 和 ±4 V 电源、万用表等。

3. 实验原理

全桥测量电路中，将受力性质相同的两个箔式电阻应变片接到电桥的

对边,不同的接入邻边,如图 3-22 所示,当两个箔式电阻应变片初始值相等,变化量也相等时,其桥路输出电压为

$$U_o = KE\varepsilon \qquad\qquad (3-63)$$

式中,E 为电桥电源电压。

式(3-63)表明,全桥输出灵敏度比半桥又提高了一倍,非线性误差得到进一步改善。

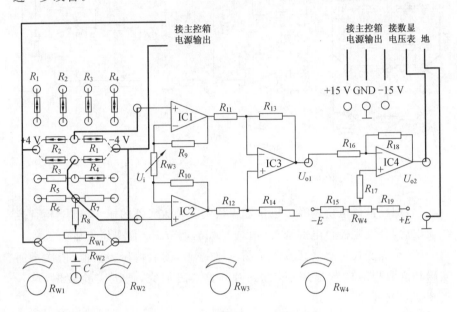

图 3-22　全桥性能实验电路

4. 实验内容与步骤

箔式电阻应变片
全桥性能实验

(1)应变式传感器已安装在应变传感器实验模块上,可参考图 3-19。

(2)差动放大器调零。从主控台接入 ±15 V 电源,检查无误后,合上主控台电源开关,将差动放大器的输入端 U_i 短接并与地短接,输出端 U_{o2} 接数显电压表(选择 2 V 挡)。将电位器 R_{W3} 调到增益最大位置(顺时针转到底),调节电位器 R_{W4} 使电压表显示为 0。关闭主控台电源(R_{W3}、R_{W4} 的位置确定后不能改动)。

(3)按图 3-22 所示接线,将受力相反(一个受拉,一个受压)的两个箔式电阻应变片分别接入电桥的邻边。

(4)加托盘后电桥调零。电桥输出接到差动放大器的输入端 U_i,检查接线无误后,合上主控台电源开关,预热 5 min,调节 R_{W1} 使电压表显示为零。

(5)在应变式传感器托盘上放置一个砝码,读取数显表数值,依次增加砝码和读取相应的数显表值,直到 200 g 砝码加完,记下实验数据,填入表 3-3,关闭电源。

表 3-3　　　　　　　　　　　　实验数据

质量/g								
电压/mV								

5. 实验报告

根据表 3-3 计算灵敏度 K 和非线性误差 δ_{f3}。

6. 思考题

比较单臂电桥、半桥、全桥测量电路的灵敏度和非线性度,得出相应的结论。

 巩固练习

(1)什么是金属的应变效应?

(2)电阻应变片有哪几种类型? 分别简述其特性。

(3)电阻应变片为何要进行温度补偿? 温度补偿的方法有哪些?

(4)某试件受力后,应变为 2×10^{-3},已知电阻应变片的灵敏度系数为 2,初始值为 $120\ \Omega$,若不考虑温度的影响,求电阻的变化量 ΔR。

(5)什么是平衡电桥? 在传感器测量中,平衡电桥电路的工作原理是什么?

项目4　了解电容式传感器

 项目要求

电容式传感器是用电容器作为敏感元件,将被测物理量的变化转换为电容量变化的传感器。电容式传感器测量技术近年来有很大发展,在力学量的测量中占有重要地位。它不但广泛地用于荷重、位移、振动、角度、加速度等机械量的精密测量,而且还逐步地用于压力、差压、液面、料面、成分含量等方面的测量。

电容式传感器的特点如下:

(1)小功率、高阻抗,本身发热影响小。电容式传感器电容量很小,一般为几十到几百微法,因此具有高阻抗输出。

(2)小的静电引力和良好的动态特性。电容式传感器极板间的静电引力很小,工作时需要的作用能量极小且它有很小的可动质量,因而有较高的固有频率和良好的动态响应特性。

(3)可进行非接触测量。

(4)结构简单,灵敏度高,分辨率高。

随着电子技术的迅速发展,特别是集成电路的出现,它存在的分布电容和非线性等方面的缺点将得到解决。这些技术问题的解决,为电容式传感器在非电测量和自动检测中的应用开辟了新的广阔的前景。本项目将重点介绍电容式传感器的工作原理、测量方法以及常用电容式传感器。

■ 知识要求

(1)了解电容式传感器的结构及工作原理。

(2)掌握电容式传感器的功能及工作特点。

(3)掌握电容式传感器的测量方法。

(4)了解电容式传感器的发展方向与应用。

重点:电容式传感器的结构、原理、功能及应用。

难点:电容式传感器原理分析及应用。

■ 能力要求

(1)能够正确地识别各种电容式传感器,明确其在整个工作系统中的作用。

(2)在设计中,能够根据工作系统的特点,找出匹配的电容式传感器。

(3)能够准确地判断电容式传感器的好坏,熟练掌握电容式传感器的测量方法。

(4)能够设计一个简单的测量电路。

 知识梳理

一、电容式传感器的工作原理及分类

电容式传感器以可变参数的电容器作为传感元件,通过电容传感元件,将被测物理量的变化转换为电容量的变化。多数场合下,电容由两个金属平行板组成并且以空气为介质,因此电容式传感器的基本工作原理可以用如图 4-1 所示的平板电容器来说明。当忽略边缘效应时,平板电容器的电容量为

$$C=\frac{\varepsilon S}{d}=\frac{\varepsilon_r \varepsilon_0 S}{d} \tag{4-1}$$

式中　S——极板面积;

　　　d——极板间隙;

　　　ε_r——介质相对介电常数;

　　　ε_0——真空介电常数,$\varepsilon_0=8.85\times10^{-12}$ F/m;

　　　ε——介质的介电常数。

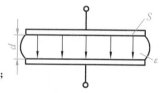

图 4-1　平板电容器

当被测物理量使得式(4-1)中 d、S 和 ε_r 中的某一项或某几项有变化时,就改变了电容量 C。电容量 C 变化的大小与被测参数的大小成比例。在交流工作时,就改变了容抗 X_c,从而使输出电压或电流发生变化,这就是电容式传感器的工作原理。

实际应用中,保持其中两个参数不变,而仅改变其中一个参数,就可把该参数的变化转换为电容量的变化,通过测量电路就可转换为电量输出。所以电容式传感器可以分为三种类型:改变极板间隙的变间隙式、改变极板面积的变面积式、改变介电常数 ε_r 的变介电常数式。

1. 变间隙电容式传感器

如图 4-2 所示是变间隙电容式传感器的原理。当动极板因被测参数改变而引起移动时,就改变了极板间隙 d,从而改变了两极板间的电容量 C。从式(4-1)可知,电容量 C 与极板间隙 d 不是线性关系,其关系曲线如图 4-3 所示。

变间隙电容式
传感器的原理

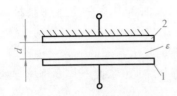

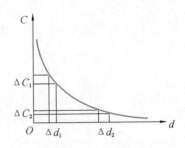

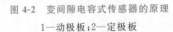

图 4-2　变间隙电容式传感器的原理

1—动极板；2—定极板

图 4-3　C-d 关系曲线

设极板面积为 S，初始极板间隙为 d_0，以空气为介质（$\varepsilon_r = 1$）的电容器的电容量为

$$C_0 = \frac{\varepsilon_0 S}{d_0} \tag{4-2}$$

当 d_0 减小 Δd 时（设 $\Delta d \ll d_0$，$1 - \frac{\Delta d^2}{d_0^2} \approx 1$），则电容量增大 ΔC，即

$$C_1 = C_0 + \Delta C = \frac{\varepsilon_0 S}{d_0 - \Delta d} = C_0 \frac{1}{1 - \frac{\Delta d}{d_0}} \tag{4-3}$$

由式（4-3）得，电容相对变化量 $\Delta C / C_0$ 为

$$\frac{\Delta C}{C_0} = \frac{\Delta d}{d_0} \left(1 - \frac{\Delta d}{d_0}\right)^{-1} \tag{4-4}$$

因为 $\Delta d / d_0 < 1$，按泰勒级数展开得

$$\frac{\Delta C}{C_0} = \frac{\Delta d}{d_0} \left[1 + \frac{\Delta d}{d_0} + \left(\frac{\Delta d}{d_0}\right)^2 + \left(\frac{\Delta d}{d_0}\right)^3 + \cdots\right] \tag{4-5}$$

由式（4-5）可见，输出电容相对变化量 $\Delta C / C_0$ 与输入位移变化量 Δd 之间的关系是非线性的，当 $\Delta d / d_0 \ll 1$ 时，可略去非线性项（高次项），则得线性关系为

$$\frac{\Delta C}{C_0} \approx \frac{\Delta d}{d_0} \tag{4-6}$$

而电容式传感器的灵敏度为

$$K = \frac{\Delta C}{\Delta d} = \frac{C_0}{d_0} \tag{4-7}$$

说明了单位输入位移能引起输出电容变化的大小。

如考虑式（4-5）中线性项与二次项，则得

$$\frac{\Delta C}{C_0} = \frac{\Delta d}{d_0} \left(1 + \frac{\Delta d}{d_0}\right) \tag{4-8}$$

按式（4-6）得到的特性如图 4-4 中直线 1 所示，而按式（4-8）得到的特性如图 4-4 中非线性曲线 2 所示。

式（4-8）的相对非线性误差 δ 为

$$\delta = \frac{\left|(\Delta d / d_0)^2\right|}{\left|\Delta d / d_0\right|} \times 100\% = \left|\Delta d / d_0\right| \times 100\% \tag{4-9}$$

由式(4-7)可以看出,要提高灵敏度,应减小 d_0。但 d_0 的减小容易引起电容器击穿,同时对加工精度要求也提高了。为此,经常在两极板间再加一层云母或塑料膜来改善电容器的耐压性能,如图 4-5 所示,这就构成了平行极板间有固体介质的变间隙电容式传感器。此外,式(4-9)表明,非线性随着相对位移的增大而增大,减小 d_0,相应地增大了非线性。

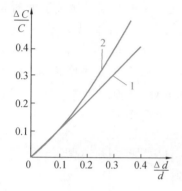

图 4-4　变间隙电容式传感器的非线性特性

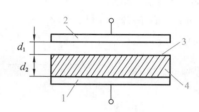

图 4-5　有固体介质的变间隙电容式传感器
1—定极板;2—动极板;
3—空气 $\varepsilon_1=1$;4—固体介质 ε_2

设极板面积为 S,空气隙为 d_1,固体介质(设为云母)的厚度为 d_2,则电容量 C 为

$$C=\frac{\varepsilon_0 S}{d_1/\varepsilon_1+d_2/\varepsilon_2} \tag{4-10}$$

式中,ε_1 和 ε_2 分别是厚度为 d_1 和 d_2 的介质的相对介电常数。因 d_1 为空气隙,所以 $\varepsilon_1=1$。

式(4-10)可简化成

$$C=\frac{\varepsilon_0 S}{d_1+d_2/\varepsilon_2}$$

如果空气隙 d_1 减小了 Δd_1,电容量将增大 ΔC,因此电容量变为

$$C+\Delta C=\frac{\varepsilon_0 S}{d_1-\Delta d_1+d_2/\varepsilon_2}$$

电容相对变化量为

$$\frac{\Delta C}{C}=\frac{\Delta d}{d_1+d_2}\frac{1}{1/N_1-\Delta d_1/(d_1+d_2)} \tag{4-11}$$

式中

$$N_1=\frac{d_1+d_2}{d_1+d_2/\varepsilon_2}=\frac{1+d_2/d_1}{1+d_2/(d_1\varepsilon_2)}$$

对式(4-11)加以整理,则有

$$\frac{\Delta C}{C}=\frac{\Delta d}{d_1+d_2}N_1\frac{1}{1-N_1\Delta d_1/(d_1+d_2)} \tag{4-12}$$

当 $N_1\Delta d_1/(d_1+d_2)<1$ 时,把式(4-12)展开得

$$\frac{\Delta C}{C}=\frac{\Delta d}{d_1+d_2}N_1\left[1+\left(N_1\frac{\Delta d_1}{d_1+d_2}\right)+\left(N_1\frac{\Delta d_1}{d_1+d_2}\right)^2+\cdots\right] \tag{4-13}$$

当 $N_1\Delta d_1/(d_1+d_2)\ll 1$ 时,略去高次项可近似得到

$$\frac{\Delta C}{C} \approx N_1 \frac{\Delta d}{d_1 + d_2} \qquad (4\text{-}14)$$

式(4-13)和式(4-14)表明,N_1 为灵敏度因子,又是非线性因子。N_1 的值取决于介质层的厚度比 d_2/d_1 和固体介质的介电常数 ε_2,增大 N_1,提高了灵敏度,但是非线性度也随着相应提高了。

下面把厚度比 d_2/d_1 作为变量,ε_2 作为参变量。对影响灵敏度和非线性度的因子 N_1 进行一些讨论。由式(4-11)所画出的曲线如图 4-6 所示。因为 ε_2 总是大于 1,所以 N_1 总是大于 1。当 $\varepsilon_2 = 1$ 时,该电容式传感器极板间隙完全变成空气隙了,显然,$N_1 = 1$,因为 $\varepsilon_2 > 1$,所以灵敏度和非线性因子 N_1 随 d_2/d_1 的增大而增大,在 d_2/d_1 很大时(空气隙增加很小)所得 N_1 的极限值为 ε_2。此外,在相同的 d_2/d_1 下,N_1 随 ε_2 增大。

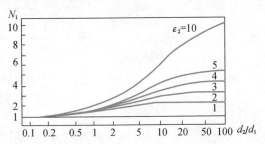

图 4-6 N_1-d_2/d_1 对于不同 ε_2 的关系曲线

在实际应用中,为了提高灵敏度、减小非线性度,大都采用差动式结构,如图 4-7 所示。在差动电容式传感器中,其中一个电容器 C_1 的电容量随位移变化量 Δd 增大时,另一个电容器 C_2 的电容量则减小,它们的特性方程分别为

$$C_1 = C_0 \left[1 + \frac{\Delta d}{d_0} + \left(\frac{\Delta d}{d_0} \right)^2 + \left(\frac{\Delta d}{d_0} \right)^3 + \cdots \right]$$

$$C_2 = C_0 \left[1 - \frac{\Delta d}{d_0} + \left(\frac{\Delta d}{d_0} \right)^2 - \left(\frac{\Delta d}{d_0} \right)^3 + \cdots \right]$$

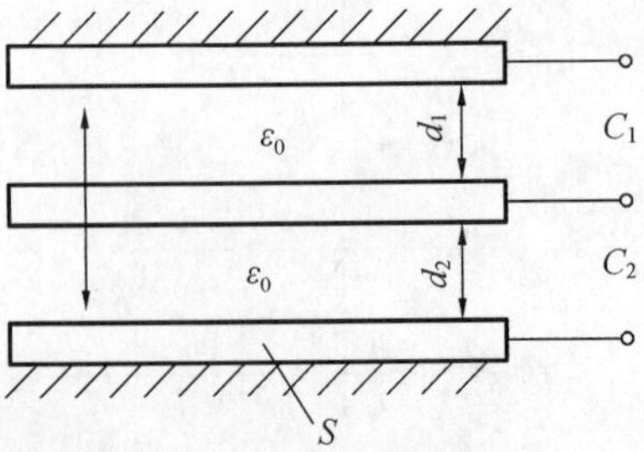

图 4-7   差动电容式传感器结构

电容总变化量为

$$\Delta C = C_1 - C_2 = C_0 \left[2 \frac{\Delta d}{d_0} + 2 \left(\frac{\Delta d}{d_0} \right)^3 + \cdots \right]$$

电容相对变化量为

$$\frac{\Delta C}{C_0} = 2\frac{\Delta d}{d_0}\left[1 + \left(\frac{\Delta d}{d_0}\right)^2 + \left(\frac{\Delta d}{d_0}\right)^4 + \cdots\right] \tag{4-15}$$

略去高次项,则 $\Delta C/C_0$ 与 $\Delta d/d_0$ 近似呈线性关系,即

$$\frac{\Delta C}{C_0} \approx 2\frac{\Delta d}{d_0} \tag{4-16}$$

式(4-16)用曲线来表示时,如图 4-8 所示。图中 $d_1 = d_0 - \Delta d$,$d_2 = d_0 + \Delta d$。

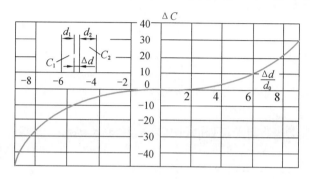

图 4-8　差动电容式传感器的 ΔC-$\Delta d/d_0$ 曲线

差动电容式传感器的相对非线性误差 δ' 近似为

$$\delta' = \frac{\left|2\,(\Delta d/d_0)^3\right|}{\left|2(\Delta d/d_0)\right|} = \left|\frac{\Delta d}{d_0}\right|^2 \times 100\% \tag{4-17}$$

比较式(4-8)与式(4-16)、式(4-17)与式(4-9)可见,电容式传感器做成差动式之后,非线性大大降低了,灵敏度则提高了一倍。与此同时,差动电容式传感器还能减小静电引力给测量带来的影响,并有效地改善了由温度等环境影响所造成的误差。

若采用差动式结构,则式(4-13)中的偶次项被抵消,非线性就得到了改善。

以上分析是在忽略电容元件的极板边缘效应下得到的。为了消除边缘效应的影响,可以采用设置保护环的方法,如图 4-9 所示。保护环与极板 1 具有同一电位,则可将板极间的边缘效应移到保护环与极板 2 的边缘,于是在极板 1 与极板 2 之间得到均匀场强分布。

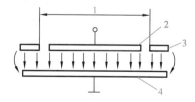

图 4-9　有保护环的平板电容器
1—均匀场面积;2—极板 1;3—保护环;4—极板 2

2. 变面积电容式传感器

变面积电容式传感器在工作时其极板间隙和介电常数保持不变,被测量的变化使极板有效面积 S 发生改变,从而得到电容量的变化。这种传感

器的两个极板中,一个是定极板,另一个是动极板。

如图 4-10 所示是直线位移电容式传感器的原理。当动极板移动 Δx 后,极板有效面积 S 就改变,电容量 C 也随之而变,即

变面积电容式
传感器的原理

$$C_x = \frac{\varepsilon b(a - \Delta x)}{d} = C_0 - \frac{\varepsilon b}{d}\Delta x$$

$$\Delta C = C_x - C_0 = -\frac{\varepsilon b}{d}\Delta x = -C_0\frac{\Delta x}{a} \qquad (4\text{-}18)$$

灵敏度 K 为

$$K = -\frac{\Delta C}{\Delta x} = \frac{\varepsilon b}{d} \qquad (4\text{-}19)$$

如图 4-11 所示是齿形极板线位移电容式传感器的原理。它是直线位移电容式传感器的一种变形。采用齿形极板的目的是为了增大极板有效面积,提高灵敏度。当齿形极板的齿数为 n,移动 Δx 后,其电容量为

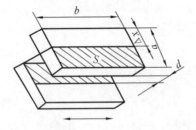

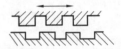

图 4-10　直线位移电容式传感器的原理

图 4-11　齿形极板线位移
电容式传感器的原理

$$C_x = \frac{n\varepsilon b(a - \Delta x)}{d} = n\left(C_0 - \frac{\varepsilon b}{d}\Delta x\right)$$

$$\Delta C = C_x - nC_0 = -\frac{n\varepsilon b}{d}\Delta x \qquad (4\text{-}20)$$

如图 4-12 所示是角位移电容式传感器的原理。当动极板有一个角位移 θ 时,极板有效面积就改变,从而改变了两极板间的电容量。当 $\theta = 0°$ 时,有

$$C_0 = \frac{\varepsilon_0\varepsilon_r S_0}{d_0} \qquad (4\text{-}21)$$

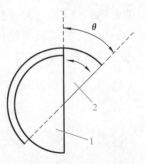

式中　ε_r——介质相对介电常数;

d_0——极板间隙;

S_0——初始极板有效面积。当 $\theta \neq$

$0°$ 时,有

图 4-12　角位移电容式传感器的原理

1—定极板;2—动极板

$$C_1 = \varepsilon_0\varepsilon_r S_0\frac{1 - \dfrac{\theta}{\pi}}{d_0} = C_0 - \frac{C_0\theta}{\pi} \qquad (4\text{-}22)$$

由式(4-18)和式(4-19)可见,变面积电容式传感器的输出特性是线性的,灵敏度 K 为一常数。增大极板边长 b,减小极板间隙 d 可以提高灵敏

度。但极板的另一边长 a 不宜过小,否则会因边缘电场影响的增大而影响线性特性。

变面积电容式传感器和变间隙电容式传感器一般采用空气作介质。空气的介电常数 ε_0 在很宽的频率范围内几乎不变,温度稳定性好,介质的电导率极小,损耗可以忽略不计。

极板间隙 d 和极板有效面积 S 的变化可以反映线位移或角位移的变化,也可以间接反映弹力、压力等的变化;介电常数 ε_r 的变化可反映液面的高度、材料的温度等的变化。改变极板有效面积 S 的传感器只适用于测量厘米数量级的位移,而改变极板间隙 d 的传感器可以测量微米数量级的位移。所以在力学传感器中常使用变间隙电容式传感器。一般变间隙电容式传感器的起始电容为 $20\sim100$ pF,极板间隙为 $25\sim200$ μm,最大位移应小于极板间隙的 $1/10$,故在微位移测量中应用最广。

3. 变介电常数电容式传感器

变介电常数电容式传感器结构形式有很多种。如图 4-13 所示是在电容式液面计中常用的变介电常数电容式传感器的原理。设电容器极板面积为 S,间隙为 d,当有一厚度为 a、相对介电常数为 ε_r 的固体介质通过极板间隙时,电容器的电容量为

变介电常数电容式
传感器的原理

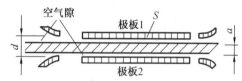

图 4-13　电容式液面计中常用的变介电常数电容式传感器的原理

$$C=\frac{\varepsilon_0 S}{d-a+a/\varepsilon_r} \tag{4-23}$$

若固体介质的相对介电常数增大 $\Delta\varepsilon_r$(如湿度增高),由式(4-23)可知,电容也相应增大 ΔC,即

$$C+\Delta C=\frac{\varepsilon_0 S}{d-a+[a/(\varepsilon_r+\Delta\varepsilon_r)]}$$

电容相对变化量为

$$\frac{\Delta C}{C}=\frac{\Delta\varepsilon_r}{\varepsilon_r}N_2\frac{1}{1+N_3(\Delta\varepsilon_r/\varepsilon_r)} \tag{4-24}$$

$$N_2=\frac{1}{1+[\varepsilon_r(d-a)/a]} \tag{4-25}$$

$$N_3=\frac{1}{1+[a/\varepsilon_r(d-a)]} \tag{4-26}$$

当 $N_3(\Delta\varepsilon_r/\varepsilon_r)<1$ 时,展开式(4-24)得

$$\frac{\Delta C}{C}=\frac{\Delta\varepsilon_r}{\varepsilon_r}N_2\left[1-\left(N_3\frac{\Delta\varepsilon_r}{\varepsilon_r}\right)+\left(N_3\frac{\Delta\varepsilon_r}{\varepsilon_r}\right)^2-\left(N_3\frac{\Delta\varepsilon_r}{\varepsilon_r}\right)^3+\cdots\right] \tag{4-27}$$

由式(4-27)可见,N_2 为灵敏度因子,N_3 为非线性因子。式(4-25)和式(4-26)表明,N_2 和 N_3 的值与间隙比 $a/(d-a)$ 有关,$a/(d-a)$ 越大,则灵敏度

越高,非线性度越小。N_2 和 N_3 的值又与固体介质的相对介电常数 ε_r 有关。介电常数小的材料可以得到较高的灵敏度和较低的非线性。如图 4-14 所示为 N_2 和 N_3 与 $a/(d-a)$ 的关系曲线,曲线以 ε_r 为参变量。

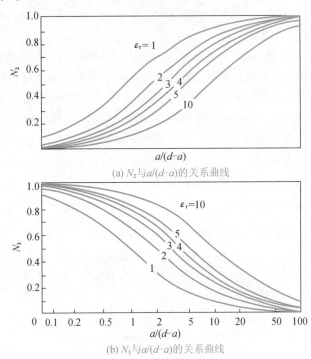

(a) N_2 与 $a/(d-a)$ 的关系曲线

(b) N_3 与 $a/(d-a)$ 的关系曲线

图 4-14 N_2 和 N_3 与 $a/(d-a)$ 的关系曲线

如图 4-13 所示的装置也可以用来测量介质厚度的变化。在这种情况下,介质的相对介电常数 ε_r 为常数,而 a 则为自变量。此时,电容相对变化量为

$$\frac{\Delta C}{C} = \frac{\Delta a}{a} N_4 \frac{1}{1 - N_4(\Delta a/a)} \tag{4-28}$$

式中

$$N_4 = \frac{\varepsilon_r - 1}{1 + [\varepsilon_r(d-a)/a]} \tag{4-29}$$

当 $N_4(\Delta a/a) < 1$ 时,展开式(4-28)得

$$\frac{\Delta C}{C} = \frac{\Delta a}{a} N_4 \left[1 + \left(N_4 \frac{\Delta a}{a} \right) + \left(N_4 \frac{\Delta a}{a} \right)^2 + \left(N_4 \frac{\Delta a}{a} \right)^3 + \cdots \right] \tag{4-30}$$

由式(4-30)可见,N_4 既是反映灵敏度大小程度的灵敏度因子,也是反映非线性程度的非线性因子。仍以 $a/(d-a)$ 为自变量,作出式(4-30)的关系曲线,如图 4-15 所示,它与图 4-6 形状相似。

变介电常数电容式传感器有较多的结构形式,可以用来测量纸张、绝缘薄膜等的厚度,也可用来测量粮食、纺织品、木材或煤等非导电固体介质的湿度。

二、电容式传感器的误差分析

电容式传感器相当于一个可变的电容器,测量的过程中改变其极板间

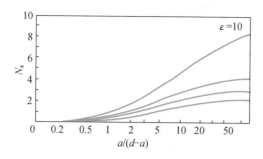

图 4-15　N_4 与 $a/(d-a)$ 的关系曲线

隙、极板有效面积或介电常数,将这些变化转换成相应的电容变化量,具有高灵敏度和高精度。但实际应用中由于受到温度和湿度环境等因素,以及寄生电容的影响,这些干扰因素会使传感器工作不稳定,测量误差大。所以在设计和应用时一定要进行此类误差分析,注意影响其精度的各种因素。

1. 边缘效应与寄生电容的影响

理想电容器的电场线是直线,而实际电容器只有中间有些区域勉强是直线,越往外电场线弯曲得越厉害,到电容器边缘时电场线弯曲最厉害,这种电场线弯曲现象就是边缘效应(只针对平板电容器)。当极板厚度和间隙之比相对较大时,边缘效应的影响就不能忽略,否则将造成边缘电场畸变,使工作不稳定,设计计算复杂化,产生非线性以及降低传感器的灵敏度。

适当减小极板间隙,使电极直径或边长与极板间隙比变大,可降低边缘效应的影响,但这样会产生击穿。消除和减小电容器边缘效应最有效的方法是在结构上增设防护电极,防护电极必须与被防护电极取相同的电位,尽量使它们同为地电位,即前述带有保护环的结构形式。

寄生电容是指除两极板外并接于电容式传感器上的其他附加电容。由于电容式传感器电容量很小,然而寄生电容要大得多,从而导致电容式传感器不能稳定地工作。下面介绍几种消除和减小寄生电容影响的方法。

(1)缩短传感器至测量线路前置级的距离

将集成电路与超小型电容器结合应用于测量电路,可使得部分部件与电容式传感器做成一体,这既可减小寄生电容量,又可使寄生电容量固定不变。但这种电容式传感器不能在高、低温或环境恶劣的场合下使用。

(2)驱动电缆法

这是在测量电路必须和电容式传感器分开时采用的方法。它实际上是一种等电位屏蔽法,其原理如图 4-16 所示。电容式传感器与测量电路前置级间的引线为双屏蔽层电缆,这种接线法使传输电缆的芯线与内层屏蔽等电位,消除了芯线对内层屏蔽的容性漏电,从而消除了寄生电容的影响。由于双层屏蔽电缆上有随电容式传感器输出信号变化而变化的电压,因此称为驱动电缆。此时内、外层屏蔽之间的电容变成了电缆驱动放大器的负载。因此驱动放大器是一个输入阻抗很高、具有容性负载、放大倍数为 1 的同相放大器,从而保证电容式传感器的电容量小于 1 pF 时,也能正常稳定工作。

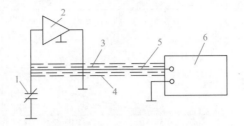

图 4-16　驱动电缆法的原理

1—电容式传感器；2—驱动电缆放大器；3—内层屏蔽；

4—外层屏蔽；5—引出线；6—测量电路

（3）整体屏蔽法

整体屏蔽法将传感器和测量电路、传输电缆等用一个统一屏蔽壳保护起来，选取合适的接地点以减小寄生电容的影响并防止外界的干扰。如图 4-17 所示，C_{x1}、C_{x2} 为差分电容式传感器。公用极板与屏蔽之间（也就是公用极板对地）的寄生电容 C_1 只影响灵敏度，另外两个寄生电容 C_3 和 C_4 在一定程度上影响电桥的初始平衡及总体灵敏度，但并不妨碍电桥的正常工作，因此，基本上排除了寄生电容对电容式传感器的影响。

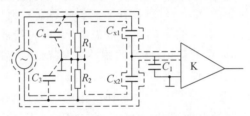

图 4-17　整体屏蔽法

2.温度的影响

环境温度的改变将引起电容式传感器各零件几何尺寸和相互间几何位置的变化，从而导致电容式传感器产生温度附加误差。这个误差在变间隙电容式传感器中尤为严重，因为它的初始间隙都很小，为了减小这种误差一般尽量选取温度系数小和温度系数稳定的材料。例如，极板间的支架材料选用陶瓷，电极材料选用铁镍合金，近年来又采用在陶瓷或石英上进行喷镀金或银的工艺。

电容式传感器的电容量与介质的介电常数成正比，因此，若介质的介电常数有不为零的温度系数，就必然要引起电容式传感器电容量的改变，从而造成温度附加误差。空气及云母介电常数的温度系数可认为等于零，而某些液体介质，如硅油、甲基硅油、煤油等就必须注意由此而引起的误差。这样的温度误差可用后接的测量线路进行一定的补偿，想完全消除是很困难的。

电容式传感器的容抗都很高，特别是当激励频率较低时。若两极板间总的漏电阻与此容抗相近，就必须考虑分路作用对系统总灵敏度的影响，它将使灵敏度减小。因此，应选取绝缘性能好的材料作为极板间的支架，如陶瓷、石英、聚四氟乙烯等。当然,适当地提高激励电源的频率也可以降低对材料绝缘性能的要求。

还应指出,由于电容式传感器的灵敏度与极板间隙成反比,因此初始极板间隙都尽量取得小些,这不仅增大加工工艺的难度,减小了变换器使用的动态范围,也增加了对支架等绝缘材料的要求,这时甚至要注意极板间可能出现的电压击穿现象。

3. 外界因素的影响

电容式传感器是高阻抗传感元件,一般初始电容量很小,只有几微法到几十微法,容易被干扰所淹没。在条件允许情况下,应尽量减小初始极板间隙 d_0 和增大极板有效面积,以增大初始电容量 C_0。但 d_0 减小受加工、装配工艺和空气击穿电压的限制,同时 d_0 小也会影响测量范围。为了防止电压击穿,极板间可插入介质,一般变间隙电容式传感器取 $d_0 = 0.2 \sim 1$ mm。在系统设计时应采用差动电容式传感器,可减小非线性误差,提高传感器灵敏度,减小寄生电容的影响和温度、湿度等其他环境因素导致的测量误差。

三、电容式传感器的测量电路

电容式传感器中的电容量非常微小,为 pF 级,其电容变化量微小到还不能直接被目前的显示仪表所显示和记录,不便于传输。因此,只有借助于测量电路检出这一微小电容变化量,并将其转换成与其成单值函数关系的电压、电流或频率信号。常用的电容式传感器的测量电路有运算放大器测量电路、电桥测量电路、调频测量电路、谐振测量电路、二极管 T 形网络测量电路、脉冲宽度调制测量电路等。

1. 电容式传感器的等效电路

前面对各种类型电容式传感器的线性度和灵敏度的讲述,都是在电容式传感器基于纯电容条件下做出的,这在实际应用中是允许的。对于大多数电容器,除了在高温、高湿度条件下工作,它的损耗通常可以忽略。在低频以及高温、高湿度环境下工作时,电容器的损耗和电感效应不可忽略,电容式传感器的等效电路如图 4-18 所示。图中 R_P 为并联损耗电阻,它代表极板间的泄漏电阻和极板间的介质损耗。这部分损耗的影响通常在低频时较大,随着频率增高,容抗减小,它的影响也就减弱了。串联电阻 R_S 代表引线电阻,电容器支架和极板的电阻在几兆频率下工作时通常是很小的,它随着频率增高而增大,因此,只有在很高的工作频率时,才要加以考虑。

电感 L 是由电容器本身的电感和外部引线的电感所组成的。电容器本身的电感与电容器的结构形式有关,引线电感则与引线长度有关。如果用电缆与电容式传感器相连接,则 L 中应包括电缆的电感。

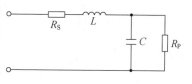

图 4-18 电容式传感器的等效电路

由图 4-18 可见,等效电路有一谐振频率,通常为几十兆赫。在谐振或接近谐振时,它破坏了电容器的正常作用。因此,只有在低于谐振频率时(通常为谐振频率的 $1/3 \sim 1/2$),才能正常运用电容传感元件。同时,由于电路的感抗抵消了一部分容抗,电容传感元件的有效电容量 C_e 将有所增大,C_e 可以近似表示为

$$\frac{1}{\mathrm{j}\omega C_e}=\mathrm{j}\omega L+\frac{1}{\mathrm{j}\omega C}$$

得
$$C_e=\frac{C}{1-\omega^2 LC} \qquad (4\text{-}31)$$

在这种情况下,电容实际相对变化量为

$$\frac{\Delta C_e}{C}=\frac{\Delta C/C}{1-\omega^2 LC} \qquad (4\text{-}32)$$

式(4-32)表明,电容传感元件的电容实际相对变化量与其固有电感(包括引线电感)有关。因此,在实际应用时要保证其与标定时的条件相同。

2. 电容式传感器的测量电路

(1)运算放大器测量电路

运算放大器的放大倍数非常大,而且输入阻抗也很高。运算放大器的这一特点能够克服变间隙电容式传感器的非线性,而使其输出电压与输入位移(间距变化)有线性关系,可以使其作为电容式传感器比较理想的测量电路。如图 4-19 所示是运算放大器测量电路。图中 C_x 为电容式传感器电容,$\dot{U}_i$ 是交流电源电压,$\dot{U}_o$ 是输出电压。现在来求 $\dot{U}_o$ 与 C_x 之间的关系。

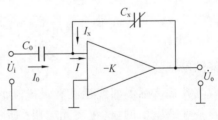

图 4-19　运算放大器测量电路

设 $\dot{U}_o=0, \dot{I}=0$,则

$$\begin{cases} \dot{U}_i=-\dfrac{1}{\mathrm{j}\omega C_0}\dot{I}_0 \\[2mm] \dot{U}_o=-\dfrac{1}{\mathrm{j}\omega C_x}\dot{I}_x \\[2mm] \dot{I}_0=-\dot{I}_x \end{cases} \qquad (4\text{-}33)$$

解式(4-33)得

$$\dot{U}_o=-\dot{U}_i\frac{C_0}{C_x} \qquad (4\text{-}34)$$

而 $C_x=\varepsilon S/d$,将其代入式(4-34),得

$$\dot{U}_o=-\dot{U}_i\frac{C_0}{\omega S}d \qquad (4\text{-}35)$$

由式(4-35)可知,输出电压 $\dot{U}_o$ 与极板间隙 d 呈线性关系,这就从原理上解决了变间隙电容式传感器的非线性问题。这里是假设 $K = \infty$,输入阻抗 $Z_i = \infty$,因此仍然存在一定非线性误差,但在 K 和 Z_i 足够大时,这种误差相当小。

(2)电桥测量电路

如图 4-20 所示为电桥测量电路,电容式传感器包括在电桥内。用稳频、稳定幅度和固定波形的低阻信号源去激励,最后经电流放大及相敏整流检波得到直流输出信号。从图4-20(a)可以看出平衡条件为

$$\frac{Z_1}{Z_1 + Z_2} = \frac{C_1}{C_1 + C_2} = \frac{d_2}{d_1 + d_2} \tag{4-36}$$

此处 C_1 和 C_2 组成差动电容,d_1 和 d_2 为相应的极板间隙。若电容式传感器的动极板移动了 Δd,电桥重新平衡时,有

$$\frac{d_2 + \Delta d}{d_1 + d_2} = \frac{Z_1'}{Z_1 + Z_2}$$

因此
$$\Delta d = \frac{(d_1 + d_2)Z_1' - d_2(Z_1 + Z_2)}{Z_1 + Z_2} \tag{4-37}$$

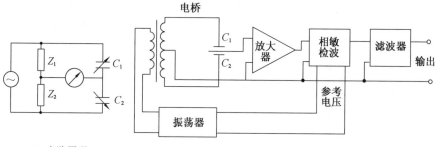

(a) 电路原理　　　　　　　(b) 变压器电桥电路

图 4-20　电桥测量电路

$Z_1 + Z_2$ 通常设计成一线性分压器,分压系数在 $Z_1 = 0$ 时为 0,而在 $Z_2 = 0$ 时为 1,于是 $\Delta d = (b - a)(d_1 + d_2)$,其中 a、b 分别为位移前、后的分压系数。分压器用电阻、电感或电容制作均可。如图 4-20(b)所示为变压器电桥电路,随着电感技术的发展,变压器电桥能够获得精度较高而且长期稳定的分压系数,用于测量小位移。

(3)调频测量电路

电容式传感器作为振荡器谐振回路的一部分,当输入量使电容量发生变化后,就使振荡器的振荡频率发生变化,频率的变化在鉴频器中变换为振幅的变化,经过放大后就可以用仪表指示或用记录仪器记录下来。

调频测量电路可以分为直接放大式和外差式两种类型,如图 4-21 所示。外差式线路比较复杂,但选择性高,特性稳定,抗干扰性能优于直接放大式。

用调频系统作为电容式传感器的测量电路主要具有以下特点:抗外来干扰能力强;特性稳定;能取得高电平的直流信号(伏特数量级)。

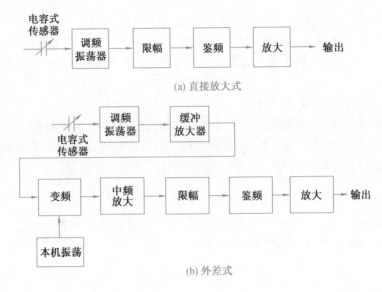

(a) 直接放大式

(b) 外差式

图 4-21 调频测量电路

（4）谐振测量电路

如图 4-22(a)所示为谐振测量电路的原理,电容式传感器的电容 C_3 作为谐振回路(L_2、C_2 和 C_3)调谐电容的一部分。谐振回路通过电感耦合,从稳定的高频振荡器取得振荡电压。当 C_3 发生变化时,使得谐振回路的阻抗发生相应的变化,而这个变化又表现为整流器电流的变化。该电流经过放大后即可指示出输入量的大小。

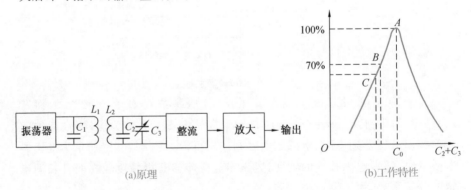

(a)原理

(b)工作特性

图 4-22 谐振测量电路

为了获得较好的线性关系,一般谐振电路的工作点选在谐振曲线的一边且最大振幅 70%附近的地方。如图 4-22(b)所示,其工作范围选在 BC 段内。

这种电路的特点是比较灵敏,但缺点是:工作点不容易选好,变化范围也较窄;传感器与谐振回路要离得比较近,否则电缆的杂散电容对电路的影响较大;为了提高测量精度,振荡器的频率要求具有很高的稳定性。

（5）二极管 T 形网络测量电路

二极管 T 形网络测量电路如图 4-23 所示,S 是高频电源,它提供幅值

为 E_i 的对称方波。当电源为正半周时，二极管 VD_1 导通，于是 C_1 充电。在紧接的负半周时，VD_1 截止，而 C_1 经电阻 R_1、负载电阻 R_f（电表、记录仪等）、电阻 R_2 和二极管 VD_2 放电。此时流过 R_f 的电流为 i_1。在负半周内 VD_2 导通，于是 C_2 充电。在下一个半周中，C_2 通过 R_2、R_f、R_1 和 VD_1 放电，此时流过 R_f 的电流为 i_2，如果 VD_1 和 VD_2 具有相同的特性，且令 $C_1=C_2$，$R_1=R_2$，则电流 i_1 和 i_2 大小相等、方向相反，即流过 R_f 的平均电流为零。C_1 或 C_2 的任何变化都将引起 i_1 和 i_2 的不等，因此在 R_f 上必定有信号电流 I_o 输出。

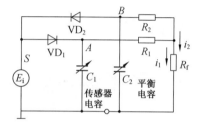

图 4-23　二极管 T 形网络测量电路

当 $R_1=R_2=R$ 时，直流输出信号电流 I_o 可以表示为

$$I_o=E_i\frac{R+2R_f}{(R+R_f)^2}R_f(C_1-C_2-C_1e^{-k_1}+C_2e^{-k_2}) \qquad (4-38)$$

$$k_1=\frac{R+R_f}{2RfC_1(R+2R_f)}$$

$$k_2=\frac{R+R_f}{2RfC_2(R+2R_f)}$$

式中，f 为充电电源的频率。

而输出电压 E_o 为

$$E_o=I_oR_f$$

线路的最大灵敏度发生在 $1/k_1=1/k_2=0.57$ 的情况下。

该电路具有如下特点：

①电源 S、传感器电容 C_1、平衡电容 C_2 以及输出电路都接地。

②工作电平很高，二极管 VD_1 和 VD_2 都工作在特性曲线的线性区内。

③输出电压较高。

④输出阻抗为 R_1 或 R_2，且实际上与电容 C_1 和 C_2 无关。适当选择电阻 R_1 或 R_2，则输出电流就可用毫安表或微安表直接测量。

⑤输出信号的上升时间取决于负载电阻。对于 $1\ k\Omega$ 的负载电阻，上升时间为 $20\ \mu s$ 左右，因此它能用来测量高速机械运动。

（6）脉冲宽度调制测量电路

脉冲宽度调制测量电路如图 4-24 所示。设传感器差动电容为 C_1 和 C_2，当双稳态触发器的输出 A 点为高电位，则通过 R_1 对 C_1 充电，直到 C 点电位高于参照电位 U_f 时，比较器 A_1 将产生脉冲触发，使双稳态触发器翻转。在翻转前，B 点为低电位，电容 C_2 通过二极管 VD_2 迅速放电。一旦双稳态触发器翻转后，A 点成为低电位，B 点成为高电位。这时，在反方向上又重复上述过程，即 C_2 充电，C_1 放电。当 $C_1=C_2$ 时，电路中各点电压波形如图 4-25(a)所示。由图可见，A、B 两点平均电压为零。但是，差动电容 C_1 和 C_2 不相等时，如$C_1>C_2$，则 C_1 和 C_2 充放电时间常数就发生改变。这时电路中各点的电压波形如图 4-25(b)所示。由图可见，A、B 两点平均电压不再是零。

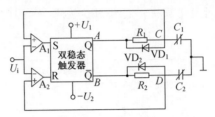

图 4-24　脉冲宽度调制测量电路

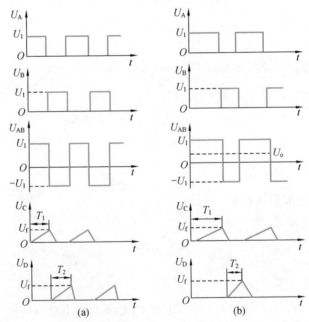

图 4-25　脉冲宽度调制测量电路的电压波形

当矩形电压波通过低通滤波器后，可得直流分量为

$$U_o=U_{AB}=\frac{T_1-T_2}{T_1+T_2}U_1 \qquad (4-39)$$

若 U_1 保持不变，则输出电压的直流分量 U_o 随 T_1、T_2 变化而改变，从而实现了输出脉冲电压的调宽。当然，必须使参照电位 U_f 小于 U_1。

由电路可得

$$T_1=R_1C_1\ln\frac{U_1}{U_1-U_f} \qquad (4-40)$$

$$T_2=R_2C_2\ln\frac{U_1}{U_1-U_f} \qquad (4-41)$$

设电阻 $R_1 = R_2 = R$，将式(4-40)和式(4-41)代入式(4-39)可得

$$U_o = \frac{C_1 - C_2}{C_1 + C_2} U_1 \qquad (4\text{-}42)$$

把平板电容公式代入式(4-42)中，在变极板间隙的情况下可得

$$U_o = \frac{d_1 - d_2}{d_1 + d_2} U_1 \qquad (4\text{-}43)$$

式中，d_1，d_2 分别为 C_1、C_2 极板间隙。

当差动电容 $C_1 = C_2 = C_0$，即 $d_1 = d_2 = d_0$ 时，$U_o = 0$。若 $C_1 \neq C_2$，设 $C_1 > C_2$，即 $d_1 = d_0 - \Delta d$，$d_2 = d_0 + \Delta d$，则式(4-43)为

$$U_o = \frac{\Delta d}{d_0} U_1 \qquad (4\text{-}44)$$

同样，在变极板有效面积的情况下可得

$$U_o = \frac{S_1 - S_2}{S_1 + S_2} U_1 \qquad (4\text{-}45)$$

式中，S_1 和 S_2 分别为 C_1 和 C_2 极板有效面积。

当差动电容 $C_1 \neq C_2$ 时，有

$$U_o = \frac{\Delta S}{S} U_1 \qquad (4\text{-}46)$$

由此可见，对于脉冲宽度调制测量电路，不论是改变平板电容器的极板有效面积还是极板间隙，其变化量与输出量都呈线性关系。脉冲宽度调制测量电路还具有如下一些特点：对元件无线性要求；效率高，信号只要经过低通滤波器就有较大的直流输出；调宽频率的变化对输出无影响；由于低通滤波器作用，对输出矩形波纯度要求不高。

项目实施

■ 实施要求

(1)通过本项目的实施，在掌握电容式传感器的基本结构和工作原理的基础上掌握电容式传感器的器件识别、故障判断、测量方法和实际应用。

(2)本项目需要电容式传感器实训台或相关设备、导线若干、万用表、示波器及相关的仪表等。

(3)通过项目实施掌握电容式传感器的测量方法，使用要求。

■ 实施步骤

(1)找出电容式传感器在电路中的位置，并判断是什么类型的电容式传感器。

(2)分析测量电路的工作原理，观察电容式传感器工作过程中的现象。

(3)找出各个单元电路，记录其电路组成形式。

（4）按照原理图用导线将电路连接好，检查确认无误后，启动电源。

（5）观察各单元电路的工作情况，记录其在工作过程中不同状态下的数据。

知识拓展

电容式传感器可以直接测量的非电量有直线位移、角位移及介质的几何尺寸（或称物位），直线位移和角位移可以是静态的，也可以是动态的。由于上述三类非电参数变换测量的变换器一般说来原理比较简单，无须再做任何预变换。

用来测量金属表面状况、距离尺寸、振幅等量的传感器，往往采用单极式变间隙电容式传感器，使用时常将被测物作为传感器的一个极板，而另一个极板在传感器内。近年来已采用这种方法测量油膜等物质的厚度。这类传感器的动态范围均比较小，为零点几毫米，而灵敏度在很大程度上取决于选材、结构的合理性及寄生电容影响的消除，精度可达 0.1 μm，分辨力为 0.025 μm，可以实现非接触测量，它加给被测对象的力极小，可忽略不计。

测物位的传感器多数是采用电容式传感器作为转换元件。电容式传感器还可用于测量原油中的含水量、粮食中的含水量等。当电容式传感器用于测量其他物理量时，必须进行预变换，将被测参数转换成 d、S 或 ε 的变化。例如，在测量压力时，要用弹性元件先将压力转换成 d 的变化。

一、膜片电极式压力传感器

膜片电极式压力传感器的原理如图 4-26 所示，一个定极板和一个膜片极板形成间隙为 d_0、极板有效面积为 πa^2、改变极板平均间隙的平板电容变换器。在忽略边缘效应时，初始电容量为

$$C_0 = \frac{\varepsilon_0 \pi a^2}{d_0} \tag{4-47}$$

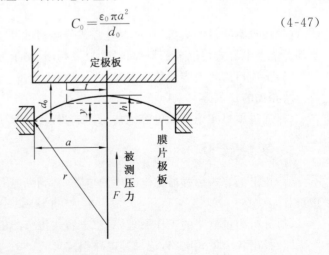

图 4-26　膜片电极式压力传感器的原理

这种传感器中的膜片极板均很薄,使其厚度与直径 $2a$ 相比可以略去不计,因而膜片极板的弯曲刚度也小得可以略去不计,在被测压力 F 的作用下,膜片极板向间隙方向呈球状凸起。下面计算这种传感器的灵敏度。

当被测压力为均匀压力时,在距离膜片极板圆心为 r 的周长上,各点凸起的挠度相等并设为 y,当 $h \ll d_0$ 时,此值可近似为

$$y = \frac{F}{4S}(a^2 - r^2) \tag{4-48}$$

式中,S 为膜片极板的拉伸引力。

球面上宽度为 dr、长度为 $2\pi r$ 的环形带与定极板间的电容量为

$$dC = \frac{\varepsilon_0 2\pi r dr}{d_0 - y} \tag{4-49}$$

由此可求得被测压力为 F 时,传感器的电容量为

$$C_x = \int_0^a dC = \int_0^a \frac{\varepsilon_0 2\pi r dr}{d_0 - y} = \frac{2\pi\varepsilon_0}{d_0} \int_0^a \frac{r}{1 - \frac{y}{d_0}} dr \tag{4-50}$$

当满足条件 $y \ll d_0$ 时,式(4-50)改写为

$$C_x = \frac{2\pi\varepsilon_0}{d_0} \int_0^a \left(1 + \frac{y}{d_0}\right) r dr \tag{4-51}$$

将式(4-48)代入式(4-51)中,可得

$$C_x = \frac{2\pi\varepsilon_0}{d_0} \left[\frac{a^2}{2} + \frac{F}{4d_0 S} \int_0^a r(a^2 - r^2) dr \right]$$

$$= \frac{\varepsilon_0 \pi a^2}{d_0} + \frac{\varepsilon_0 \pi a^4}{8d_0^2 S} \tag{4-52}$$

由式(4-52)可见,$\dfrac{\varepsilon_0 \pi a^4}{8d_0^2 S}$ 即 F 引起的电容增量,因此可得 F 引起传感器电容相对变化量为

$$\frac{\Delta C}{C_0} = \frac{a^2}{8d_0 S} F \tag{4-53}$$

式中

$$S = \frac{t^3 E}{0.85\pi a^2}$$

其中,t 为膜片的厚度。

最后可得

$$\frac{\Delta C}{C_0} = \frac{a^4}{3d_0 t^3 E} F \tag{4-54}$$

膜片极板的基本谐振频率为

$$f_0 = \frac{1.2}{\pi a} \sqrt{\frac{S}{\mu t}} \tag{4-55}$$

应注意,以上推导只适用于静态压力情况下,因为推导过程中未计空气间隙中空气层的缓冲效应。如果考虑这个缓冲效应,将使动刚度增加,而使动态压力灵敏度比式(4-54)低很多。

若膜片极板具有一定的厚度 t(比前述略厚),则弯曲刚度不可忽略,在

被测压力作用下,膜片极板的变形将如图 4-27 所示,这时在半径为 r 的圆周上产生的挠度 y 表示为

$$y = \frac{3}{16} \frac{1-\mu^2}{Et^3} (a^2 - r^2)^2 F \qquad (4\text{-}56)$$

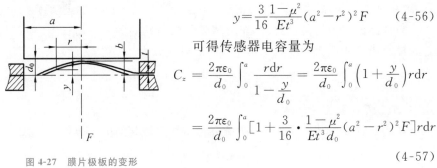

图 4-27 膜片极板的变形

可得传感器电容量为

$$C_z = \frac{2\pi\varepsilon_0}{d_0} \int_0^a \frac{r\mathrm{d}r}{1 - \dfrac{y}{d_0}} = \frac{2\pi\varepsilon_0}{d_0} \int_0^a \left(1 + \frac{y}{d_0}\right) r\mathrm{d}r$$

$$= \frac{2\pi\varepsilon_0}{d_0} \int_0^a \left[1 + \frac{3}{16} \cdot \frac{1-\mu^2}{Et^3 d_0} (a^2 - r^2)^2 F\right] r\mathrm{d}r \qquad (4\text{-}57)$$

灵敏度为

$$\frac{\Delta C / C}{F} = \frac{3(1-\mu^2)a^4}{32 E d_0 t^3} \qquad (4\text{-}58)$$

以上推导也未考虑边缘效应及空气的缓冲作用。

二、电容式加速度传感器

测量振动使用加速度及角加速度传感器,而一般采用惯性式传感器测量绝对加速度。电容式加速度传感器的原理如图 4-28 所示。两个定极板中间有一个用弹簧支撑的质量块,此质量块的两个端面经过磨平抛光后作为动极板。当传感器测量垂直方向上的直线加速度时,质量块在绝对空间中相对静止,而两个定极板将相对质量块产生位移,此位移大小正比于被测加速度,使 C_1、C_2 中一个增大,一个减小。

三、电容式应变计

电容式应变计的原理如图 4-29 所示。在被测量的两个固定点上,装两个薄而低的拱弧,方形电极固定在拱弧的中央,两个拱弧的曲率略有差别。安装时注意两个极板应保持平行并平行于安装电容式应变计的平面,这种拱弧具有一定的放大作用,当两固定点受压缩时变换电容量将减小(极板间隙增大)。很明显,极板间隙的改变量与应变之间并非是线性关系,这可抵消一部分变换电容本身的非线性。

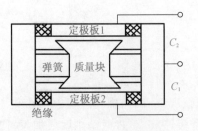

图 4-28 电容式加速度传感器的原理

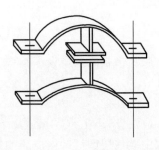

图 4-29 电容式应变计的原理

四、电容式荷重传感器

电容式荷重传感器的原理如图 4-30 所示。用一块特种钢（其浇铸性好，弹性极限高）在同一高度上并排平行打圆孔，在孔的内壁以特殊的黏合剂固定两个截面为 T 形的绝缘体，保持其平行并留有一定间隙，在相对面上粘贴铜箔，从而形成一排平板电容。当圆孔受荷重变形时，电容量将改变，在电路上各电容并联，因此总电容增量将正比于被测平均荷重。这种传感器误差较小，接触面影响小，测量电路可装置在孔中。

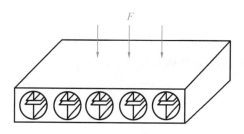

图 4-30　电容式荷重传感器的原理

五、振动、位移测量仪

振动、位移测量仪是一种利用调频原理的电容式非接触式测量仪器。它既是测振仪，又是电子测微仪，主要用来测量旋转轴的回转精度和振摆、往复机构的运动特性和定位精度、机械构件的相对振动和相对变形、工件尺寸和平直度以及用于某些特殊测量等，作为一种通用性的精密测试仪器得到了广泛应用。

振动、位移测量仪的传感器是一片金属片，作为定极板，而以被测构件为动极板组成电容器，其工作原理如图 4-31 所示。在测量时，首先调整好传感器与被测工件间的初始极板间隙 d_0，当轴旋转时因轴承间隙等原因使转轴产生径向位移和振动 $\pm\Delta d$，相应地产生一个电容变化 ΔC，振动、位移测量仪可以直接指示出 Δd 的大小，配有记录和图形显示仪器时，可将 Δd 的大小记录下来并在图像上显示其变化的情况。

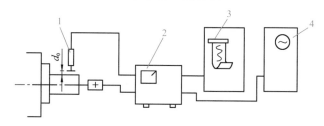

图 4-31　振动、位移测量仪的原理

1—传感器；2—振动、位移测量仪；3—记录器；4—示波器

六、电容测厚仪

电容测厚仪是用来测量金属带材在轧制过程中的厚度的,其原理如图 4-32 所示。在被测带材的上、下各置一块面积相等且与带材距离相同的极板,这样极板与带材就形成两个电容器(带材也作为一个极板)。把两块极板用导线连接起来,就成为一个极板,而带材则是电容器的另一极板,其总电容 $C=C_1+C_2$。金属带材在轧制过程中不断向前送进,如果带材厚度发生变化,将引起它与上、下极板间隙变化,即引起电容量的变化。如果总电容量 C 作为交流电桥的一个臂,电容的变化 ΔC 将引起电桥不平衡输出,经过放大、检波、滤波,最后在仪表上显示出带材的厚度。电容测厚仪的优点是带材的振动不影响测量精度。

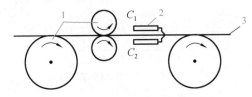

图 4-32　电容测厚仪的原理

1—轧辊;2 极板;3—被测带材

技能实训

一、电容式传感器位移特性实验

1. 实验目的

了解电容式传感器的结构及特点。

2. 实验仪器

电容式传感器、电容式传感器实验模块、测微头、数显直流电压表、直流稳压电源、绝缘护套等。

3. 实验原理

电容式传感器是将被测物理量的变化转换为电容量变化的传感器,它实质上是具有一个可变参数的电容器。利用平板电容器原理可得

$$C=\frac{\varepsilon S}{d}=\frac{\varepsilon_r \varepsilon_0 S}{d} \tag{4-1}$$

可以看出,当被测物理量使 S、d 或 ε_r 发生变化时,电容量 C 随之发生改变。如果保持其中两个参数不变而仅改变另一参数,就可以将该参数的变

化单值地转换为电容量的变化。所以电容式传感器可以分为三种类型,即变间隙式、变面积式和变介电常数式。本实验采用变面积电容式传感器。如图 4-33 所示,两个平板电容器共享一个下极板,当下极板随被测物体移动时,两个平板电容器上、下两极板有效面积一个增大,一个减小,将三个极板用导线引出,形成差动电容输出。

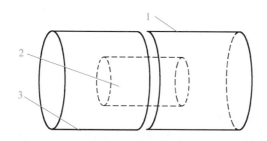

图 4-33　实验用平板电容器的原理

1—上极板 2;2—下极板 3;3—上极板 1

4. 实验内容与步骤

(1)如图 4-34 所示,将电容式传感器安装在电容式传感器实验模块上,将传感器引线插入实验模块中。

电容式传感器
位移特性实验

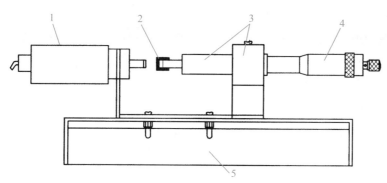

图 4-34　电容式传感器位移特性实验模块的安装

1—电容式传感器;2—绝缘护套;3—测量架;4—测微头;5—模板

(2)将电容式传感器实验模块的输出端 U_o 接到数显直流电压表上。

(3)接入 ±15 V 电源,合上主控台电源开关,将电容式传感器调至中间位置,调节 R_w,使得数显直流电压表显示为 0(选择 2 V 挡)。

(4)旋动测微头推进电容式传感器的共享极板(下极板),每隔 0.2 mm 记下位移量 X 与输出电压值 V 的变化,填入表 4-1 中。

表 4-1　　　　　　　　　实验数据

X/mm											
V/mV											

5. 实验报告

根据表 4-1 的数据计算电容式传感器的系统灵敏度 K 和非线性误差 δ_f。

二、电容式传感器动态特性实验

1. 实验目的

了解电容式传感器的动态性能的测量原理与方法。

2. 实验仪器

电容式传感器、电容式传感器实验模块、相敏检波实验模块、振荡器频率/转速表、直流稳压电源、振动台、通信接口(含上位机软件)等。

3. 实验原理

与电容式传感器位移特性实验原理相同。

4. 实验内容与步骤

电容式传感器
动态特性实验

(1)实验模块的安装如图 4-35 所示,将传感器引线接入电容式传感器实验模块,输出端 U_o 接相敏检波实验模块低通滤波器的输入端 U_i,低通滤波器输出端 U_o 接通信接口 CH1。调节 R_W 到最大位置(顺时针旋到底),通过紧定旋钮使电容式传感器的动极板处于中间位置,U_o 输出为 0 V。

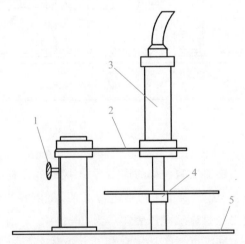

图 4-35　电容式传感器动态特性实验模块的安装

1—紧定旋钮;2—连桥板;3—电容式传感器;4—振动台;5—工作平台

(2)主控台振荡器"低频输出"接到振动台的"激励源",振动频率选"5～15 Hz",振动幅度初始调到零。

(3)接入±15 V 电源,合上主控台电源开关,调节振动源激励信号的幅度,用通信接口 CH1 观察实验模块输出波形。

(4)保持振荡器"低频输出"的幅度不变,改变振动频率(用数显频率计监测),从上位机测出 U_o 输出的峰-峰值。保持频率不变,改变振荡器"低频输出"的幅度,测量 U_o 输出的峰-峰值。

5.实验报告

根据实验结果分析差动电容式传感器测量振动的波形。

 巩固练习

(1)电容式传感器有哪几种类型？分别简述其工作原理和特点。

(2)为什么电容式传感器的结构多要采用差动式？差动式的特点是什么？

(3)如图 4-10 所示的电容器,已知极板宽度 $b=2$ mm,极板间隙 $d=0.5$ mm,极板间介质为空气,求其静态灵敏度。若动极板移动 1 mm,求其电容量。

(4)电容式传感器主要用于测量哪些非电量参数？

(5)举出几个生活中应用电容式传感器的实例。

项目 5　了解电感式传感器

 项目要求

　　电感式传感器利用电磁感应改变线圈的自感系数 L 或互感系数 M 达到测量位移、压力、流量等物理参数的目的,自感系数 L 和互感系数 M 的变化在电路中又转换为电压或电流的变化输出,从而实现非电量到电量的转换。电感式传感器实现信息的远距离传输、记录、显示和控制等,广泛应用于工业自动控制系统中。电感式传感器具有结构简单、工作可靠、寿命长、灵敏度和分辨率高、输出信号强、线性度高、重复性和稳定性好等优点。但是有存在交流零位信号、不宜快速动态测控等缺点。

　　电感式传感器按其工作原理可分为自感式、互感式和电涡流式等种类。本项目将重点介绍上述三种传感器,使读者了解电感式传感器的结构、工作原理、测量方法和应用场合。

■ 知识要求

(1)了解电感式传感器的工作原理及分类方法。

(2)掌握电感式传感器的功能及工作特点。

(3)掌握电感式传感器的测量方法。

(4)了解电感式传感器的发展方向与应用。

重点:自感式、互感式、电涡流式传感器的工作原理、性能特点及应用。

难点:电感式传感器与电学知识的综合问题。

■ 能力要求

(1)能够正确地识别各种电感式传感器,明确其在整个工作系统中的作用。

(2)在设计中,能够根据工作系统的特点,找出匹配的电感式传感器。

(3)能够准确判断电感式传感器的好坏,熟练掌握电感式传感器的测量方法。

(4)能够设计一个简单的测量电路。

知识梳理

一、自感式传感器

1. 工作原理

变磁阻式传感器是一种常用自感式传感器,其结构如图 5-1 所示,由线圈、铁芯和衔铁等组成。铁芯和衔铁由导磁材料(坡莫合金或硅钢片)制成。衔铁与铁芯之间存在气隙,厚度为 δ。传感器工作时,衔铁与传感器的运动部分(同时连接被测物体)连在一起,当被测物体按图 5-1 所示方向产生 ±Δδ 的位移时,δ 发生变化,从而使磁路中的磁阻产生相应的变化,进而导致电感线圈的电感量变化,测出这种电感量的变化就可以判别出衔铁(即被测物体)位移量的大小和方向。

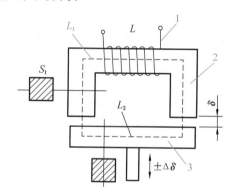

图 5-1　变磁阻式传感器的结构
1—线圈;2—铁芯;3—衔铁

根据电感定义,线圈中电感量为

$$L = \frac{\psi}{I} = \frac{N\phi}{I} \qquad (5\text{-}1)$$

式中　ψ——线圈总磁链;

I——通过线圈的电流;

N——线圈的匝数;

ϕ——穿过线圈的磁通。

由磁路欧姆定律得

$$\phi = \frac{IN}{R_{\mathrm{m}}} \qquad (5\text{-}2)$$

式中,R_{m} 为磁路总磁阻。

将式(5-2)代入式(5-1)可得

$$L = \frac{\psi}{I} = \frac{N\phi}{I} = \frac{N}{I}\frac{IN}{R_{\mathrm{m}}} = \frac{N^2}{R_{\mathrm{m}}} \qquad (5\text{-}3)$$

对于变磁阻式传感器,因为气隙很小,所以可以认为气隙中的磁场是均匀的。若忽略磁路损耗,则磁路总磁阻为

$$R_m = R_F + R_\delta = \frac{L_1}{\mu_1 S_1} + \frac{L_2}{\mu_2 S_2} + \frac{2\delta}{\mu_0 S} \tag{5-4}$$

式中　　R_F——铁芯磁阻;

　　　　R_δ——空气气隙磁阻;

　　　　μ_1——铁芯材料的磁导率;

　　　　μ_2——衔铁材料的磁导率;

　　　　L_1——磁通通过铁芯的长度;

　　　　L_2——磁通通过衔铁的长度;

　　　　S_1——铁芯截面积;

　　　　S_2——衔铁截面积;

　　　　μ_0——空气的磁导率;

　　　　S——气隙截面积;

　　　　δ——气隙厚度。

因为气隙磁阻远大于铁芯和衔铁的磁阻,所以可略去铁芯和衔铁磁阻,则式(5-4)可近似为

$$R_m = \frac{2\delta}{\mu_0 S} \tag{5-5}$$

将式(5-5)代入式(5-3)可得

$$L = \frac{N^2}{R_m} = \frac{N^2 \mu_0 S}{2\delta} \tag{5-6}$$

式(5-6)表明,当确定线圈匝数之后,改变 δ 和 S 以及磁导率 μ_0 均能够导致 L 的变化。所以,变磁阻式传感器又可分为变气隙厚度电感式传感器、变气隙面积电感式传感器、变铁芯磁导率电感式传感器。实际应用的过程中,最常用的是变气隙厚度电感式传感器。变气隙面积电感式传感器为线性特性,但灵敏度低,常用于角位移测量。变铁芯磁导率电感式传感器是利用某些铁磁材料的压磁效应工作的,所以也称压磁式传感器。压磁效应是当铁磁材料受到力的作用时,在物体内部就产生应力,从而引起磁导率 μ 发生变化。利用压磁效应的传感器主要用于各种力的测量。

2. 等效电路

自感式传感器是利用铁芯线圈中的自感随衔铁位移或空隙面积改变而变化的原理制成的。它通常采用铁磁体作为磁芯,所以线圈不可能呈现为纯电感,电感 L 还包含了与 L 串联的线圈铜损耗电阻 R_c 及与 L 并联的铁芯涡流损耗电阻 R_e 的电感。由于线圈和测量设备电缆的接入,存在线圈固有电容和电缆的分布电容,用集中参数 C 表示。因此,自感式传感器可用如图 5-2 所示等效电路表示。它可以用一个复阻抗 Z 来等效。

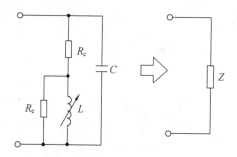

图 5-2　自感式传感器等效电路

3. 变气隙厚度电感式传感器输出特性

由式(5-6)可知,当自感式传感器线圈匝数和气隙截面积一定时,电感量 L 与气隙厚度 δ 成反比,如图 5-3 所示。下面分析变气隙厚度电感式传感器的输出特性。

设传感器初始气隙厚度为 δ_0,初始电感量为 L_0,衔铁位移引起的气隙厚度变化量为 $\Delta\delta$,由式(5-6)可知,L 和 δ 之间是非线性关系。那么,初始电感量为

$$L_0 = \frac{N^2 \mu_0 S}{2\delta_0}$$

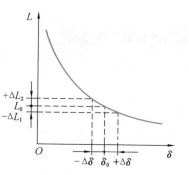

图 5-3　自感式传感器 L-δ 特性

当衔铁下移 $\Delta\delta$ 时,传感器气隙增大 $\Delta\delta$,即 $\delta = \delta_0 + \Delta\delta$,则电感量却减小,电感变化量为 ΔL_1,即

$$\Delta L_1 = L - L_0 = \frac{N^2 \mu_0 S}{2(\delta_0 + \Delta\delta)} - \frac{N^2 \mu_0 S}{2\delta_0} = \frac{N^2 \mu_0 S}{2\delta_0}\left(\frac{2\delta_0}{2\delta_0 + 2\Delta\delta} - 1\right) = L_0 \frac{-\Delta\delta}{\delta_0 + \Delta\delta}$$

电感相对变化量为

$$\frac{\Delta L_1}{L_0} = \frac{-\Delta\delta}{\delta_0 + \Delta\delta} = -\frac{\Delta\delta}{\delta_0} \cdot \frac{1}{1 + \frac{\Delta\delta}{\delta_0}}$$

当 $\frac{\Delta\delta}{\delta_0} \ll 1$ 时,可将上式展开成泰勒级数形式为

$$\frac{\Delta L_1}{L_0} = -\frac{\Delta\delta}{\delta_0} + \left(\frac{\Delta\delta}{\delta_0}\right)^2 - \left(\frac{\Delta\delta}{\delta_0}\right)^3 + \cdots \qquad (5-7)$$

当衔铁上移 $\Delta\delta$ 时,气隙减小 $\Delta\delta$,即 $\delta = \delta_0 - \Delta\delta$,电感量增大,则电感的变化量为

$$\Delta L_2 = L - L_0 = L_0 \frac{\Delta\delta}{\delta_0 - \Delta\delta}$$

电感的相对变化量为

$$\frac{\Delta L_2}{L_0} = \frac{\Delta\delta}{\delta_0 - \Delta\delta} = \frac{\Delta\delta}{\delta_0} \cdot \frac{1}{1 - \frac{\Delta\delta}{\delta_0}}$$

同样展开成泰勒级数形式为

$$\frac{\Delta L_2}{L_0} = \frac{\Delta \delta}{\delta_0}\left[1 + \frac{\Delta \delta}{\delta_0} + \left(\frac{\Delta \delta}{\delta_0}\right)^2 + \cdots\right] = \frac{\Delta \delta}{\delta_0} + \left(\frac{\Delta \delta}{\delta_0}\right)^2 + \left(\frac{\Delta \delta}{\delta_0}\right)^3 + \cdots \quad (5-8)$$

式(5-7)和式(5-8)中,忽略掉高次项,则 ΔL_1 与 ΔL_2 分别和 $\Delta \delta$ 呈线性关系。由此可见,高次项是造成非线性的主要原因,且 ΔL_1 和 ΔL_2 是不相等的。$\frac{\Delta \delta}{\delta_0}$ 越小,则高次项越小,非线性得到改善。这说明输出特性和测量范围之间存在矛盾,所以,自感式传感器用于测量微小位移量是比较精确的。

所以由式(5-7)和式(5-8)可得到传感器灵敏度为

$$K = \left|\frac{\Delta L}{\Delta \delta}\right| = \left|\frac{L_0 \frac{\Delta \delta}{\delta_0}}{\Delta \delta}\right| = \left|\frac{L_0}{\delta_0}\right| \quad (5-9)$$

4.差动自感式传感器

(1)结构和工作原理

为了减小变气隙厚度电感式传感器的非线性,利用两个完全对称的单个电感式传感器合用一个活动衔铁,构成差动自感式传感器,如差动螺线管自感式传感器、差动 E 型自感式传感器,如图 5-4 所示。其结构特点是上、下两个磁体的几何尺寸、材料、电气参数均完全一致,两个电感线圈接成交流电桥的相邻桥臂,另外两个桥臂由电阻组成,它们构成四臂交流电桥,电桥电源为 $\dot{U}_{AC}$(交流),桥路输出为交流电压 $\dot{U}_o$。

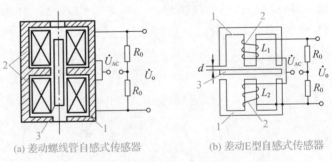

(a) 差动螺线管自感式传感器　　　　(b) 差动E型自感式传感器

图 5-4　差动自感式传感器的结构

1—铁芯;2—线圈;3—衔铁

初始状态时,两个电感线圈的电感量相等,衔铁位于中间位置,两边空隙相等。因此,数值极性相反,电桥输出电压 $\dot{U}_o = 0$,即电桥处于平衡状态。

当衔铁偏离中间位置,向上或向下移动时,两边气隙不一样,使两个电感线圈的电感量一增一减,电桥不平衡。电桥输出电压的大小与衔铁移动的大小成比例,其相位则与衔铁移动的方向有关。若向下移动,输出电压为正;若向上移动,则输出电压为负。因此,只要能测量出输出电压的大小和相位,就可以决定衔铁位移的大小和方向。衔铁带动连动机构就可以测量多种非电量,如位移、液面高度、速度等。

（2）输出特性

输出特性是指电桥输出电压与衔铁位移量之间的关系。非差动自感式传感器电感量变化 ΔL 和位移量变化 $\Delta\delta$ 是非线性关系。当构成差动自感式传感器且接成电桥形式后，电桥输出电压将与 ΔL 有关，即

$$\Delta L = L_2 - L_1 = 2L_0\left[\frac{\Delta\delta}{\delta_0} + \left(\frac{\Delta\delta}{\delta_0}\right)^3 + \left(\frac{\Delta\delta}{\delta_0}\right)^5 + \cdots\right] \quad (5\text{-}10)$$

式中

$$L_1 = \frac{\mu_0 S N^2}{2(\delta_0 + \Delta\delta)}$$

$$L_2 = \frac{\mu_0 S N^2}{2(\delta_0 - \Delta\delta)}$$

L_0 为衔铁在中间位置时单个线圈的电感量。

由式（5-10）可知，差动自感式传感器的非线性在工作范围 $-\Delta\delta \sim +\Delta\delta$ 要比单个自感式传感器小很多。图 5-5 说明电桥的输出电压大小与衔铁的位移量 $\Delta\delta$ 有关，它的相位则与衔铁移动方向有关。

若设衔铁向上移动 $\Delta\delta$ 为负，则 $\dot{U}_0$ 为负；衔铁向下移动 $\Delta\delta$ 为正，则 $\dot{U}_0$ 为正，即相位相差 $180°$。

将式（5-10）忽略高次项后可以得到

$$K = \frac{2L_0}{\delta_0} \quad (5\text{-}11)$$

差动自感式传感器的灵敏度 K 是单个线圈的传感器的 2 倍。

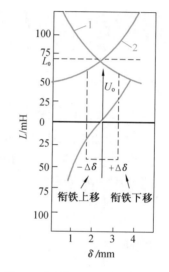

图 5-5　差动自感式传感器输出特性
$1—L_1 = f(\delta)$；$2—L_2 = f(\delta)$

5. 测量电路

自感式传感器的测量电路有交流电桥式、交流变压器式和谐振式等几种。

（1）交流电桥式测量电路

如图 5-6 所示为交流电桥式测量电路，把传感器的两个线圈作为电桥的两个桥臂 Z_1 和 Z_2，另外两相邻的桥臂用纯电阻（$Z_3 = Z_4 = R$）代替。

对于高 Q 值（$Q = \omega L/R$）的差动自感式传感器，其输出电压为

$$\dot{U}_0 = \frac{\dot{U}_{AC}}{2} \cdot \frac{\Delta Z_1}{Z_1} = \frac{\dot{U}_{AC}}{2} \cdot \frac{j\omega}{R_0 + j\omega L_0}\Delta L \approx \frac{\dot{U}_{AC}}{2} \cdot \frac{\Delta L}{L_0} \quad (5\text{-}12)$$

式中　L_0——衔铁在中间位置时单个线圈的电感量；

ΔL——单个线圈电感的变化量。

忽略式（5-10）中的高次项后，$\Delta L = 2L_0\Delta\delta/\delta_0$，代入式（5-12）后得 $\dot{U}_0 = \dot{U}_{AC}\frac{\Delta\delta}{\delta_0}$。电桥输出电压与 $\Delta\delta$ 有关，相位与衔铁移动方向有关。

（2）交流变压器式测量电路

交流变压器式测量电路如图 5-7 所示。电桥两臂 Z_1 和 Z_2 为传感器线圈阻抗，另外两臂为交流变压器次级线圈的 1/2 阻抗，当负载阻抗为无穷大时，桥路输出电压为

$$\dot{U}_o = \dot{U}_{AC} = \dot{U}_A - \dot{U}_B = \frac{Z_2}{Z_1+Z_2}\dot{U}_{AC} - \frac{\dot{U}_{AC}}{2} = \frac{\dot{U}_{AC}}{2} \cdot \frac{Z_2-Z_1}{Z_1+Z_2}$$

即

$$\dot{U}_o = \frac{\dot{U}_{AC}}{2} \cdot \frac{Z_2-Z_1}{Z_1+Z_2} \tag{5-13}$$

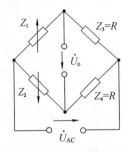
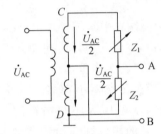

图 5-6　交流电桥式测量电路　　　　图 5-7　交流变压器式测量电路

当传感器的衔铁处于中间位置时，$Z_1 = Z_2 = Z$，此时 $\dot{U}_o = 0$，电桥平衡。

当衔铁上移时，下面线圈阻抗减小，$Z_2 = Z - \Delta Z$，而上面线圈的阻抗增大，$Z_1 = Z + \Delta Z$，于是由式（5-13）得

$$\dot{U}_o = \frac{\dot{U}_{AC}}{2} \cdot \frac{Z_1-Z_2}{Z_1+Z_2} = \frac{\dot{U}_{AC}}{2} \cdot \frac{\Delta Z}{Z} = \frac{\dot{U}_{AC}}{2} \cdot \frac{j\omega \Delta L}{R+j\omega L} \tag{5-14}$$

当衔铁下移同样大小的距离时，$Z_1 = Z - \Delta Z$，$Z_2 = Z + \Delta Z$，则输出电压为

$$\dot{U}_o = \frac{\dot{U}_{AC}}{2} \cdot \frac{Z_1-Z_2}{Z_1+Z_2} = -\frac{\dot{U}_{AC}}{2} \cdot \frac{\Delta Z}{Z} = -\frac{\dot{U}_{AC}}{2} \cdot \frac{j\omega \Delta L}{R+j\omega L} \tag{5-15}$$

设线圈 Q 值很高，省略损耗电阻，式（5-14）和式（5-15）可写为

$$\dot{U}_o = \pm \frac{\dot{U}_{AC}}{2} \cdot \frac{\Delta L}{L} \tag{5-16}$$

由式（5-16）可知，当衔铁上、下移动时，输出电压大小相等，但方向相反。由于 $\dot{U}_{AC}$ 是交流电压，输出指示无法判断出位移方向，若采用相敏检波器就可鉴别出输出电压的极性随位移方向变化而变化。

（3）谐振式测量电路

谐振式测量电路有谐振式调幅电路和谐振式调频电路两种。

谐振式调幅电路如图 5-8(a) 所示。电路中，传感器电感 L、电容 C 和变压器 T 原边串联在一起，接入交流电源，变压器副边将有电压 $\dot{U}_o$ 输出，输出电压的频率与电源频率相同，而幅值随着电感 L 的变化而变化。如图 5-8 (b)所示为 $\dot{U}_o$ 与 L 的关系曲线，其中 L_0 为谐振点的电感值。此电路

灵敏度很高,但线性差,适用于线性要求不高的场合。

谐振式调频电路如图 5-9(a)所示。其基本原理是传感器电感 L 变化将引起输出电压频率的变化。一般是把传感器电感 L 和电容 C 接入一个振荡回路中,其振荡频率 $f=\dfrac{1}{2\pi\sqrt{LC}}$。当 L 变化时,振荡频率随之变化,根据 f 的大小即可测出被测量的值。如图 5-9(b)所示为 f 与 L 的关系曲线,它具有明显的非线性。

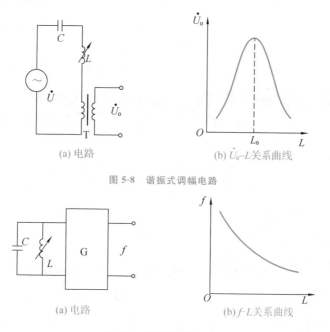

(a) 电路　　　　　　(b) $\dot{U}_0$–L 关系曲线

图 5-8　谐振式调幅电路

(a) 电路　　　　　　(b) f–L 关系曲线

图 5-9　谐振式调频电路

二、互感式传感器

互感式传感器是把被测的非电量变化转换为变压器线圈的互感变化。这种传感器是根据变压器的基本原理制成的,变压器初级线圈输入交流电压,次级线圈感应出电动势。由于变压器的次级线圈常接成差动形式,故又称为差动变压器式传感器。差动变压器结构形式有变气隙式、变面积式和螺线管式等,其工作原理基本一样。变气隙互感式传感器由于行程小且结构复杂,因此目前已很少采用。螺线管互感式传感器广泛用于非电量的测量,它可以测量 $1\sim100$ mm 的机械位移,具有测量精度高、灵敏度高、结构简单、性能可靠等优点。

1. 工作原理

互感式传感器的组成元件有衔铁、初级线圈、次级线圈和线圈框架等。初级线圈作为差动变压器激励用,可视为变压器的原边,次级两个对称的线圈反向串接相当于变压器的副边。如图 5-10 所示为螺线管互感式传感器的结构和电路原理。它由初级线圈 P、两个次级线圈 S_1 和 S_2 及插入线圈中央的圆柱形铁芯 b 组成,结构形式有二段式和三段式等之分。

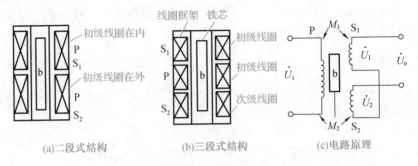

(a)二段式结构   (b)三段式结构   (c)电路原理

图 5-10　螺线管互感式传感器的结构和电路原理

如图 5-10(c)所示,次级线圈 S_1 和 S_2 反极性串联,当初级线圈 P 加上某一频率的正弦交流电压 $\dot{U}_i$ 后,次级线圈产生感应电压为 $\dot{U}_1$ 和 $\dot{U}_2$,它们的大小与铁芯在线圈内的位置有关。$\dot{U}_1$ 和 $\dot{U}_2$ 反极性连接可得到输出电压 $\dot{U}_o$。

当铁芯位于线圈中心位置时,$\dot{U}_1=\dot{U}_2,\dot{U}_o=0$;

当铁芯向上移动时,$\dot{U}_1>\dot{U}_2$,$|\dot{U}_o|>0$,M_1 大,M_2 小;

当铁芯向下移动时,$\dot{U}_2>\dot{U}_1$,$|\dot{U}_o|>0$,M_1 小,M_2 大。

当铁芯偏离线圈中心位置时,输出电压 $\dot{U}_o$ 随铁芯偏离线圈中心位置。$\dot{U}_1$ 或 $\dot{U}_2$ 逐渐加大,但相位相差 $180°$,如图 5-11 所示。实际上,铁芯位于线圈中心位置,输出电压 $\dot{U}_o$ 并不是零电位,而是 U_x,称为零点残余电压。零点残余电压主要是由传感器的两次级绕组的电气参数与几何尺寸不对称,以及磁性材料的非线性等问题引起的。零点残余电压的波形十分复杂,主要由基波和高次谐波组成。基波产生的主要原因是:传感器的两次级绕组的电气参数和几何尺寸不对称,导致它们产生的感应电动势的幅值不等、相位不同,因此不论怎样调整衔铁位置,两线圈中感应电动势都不能完全抵消。高次谐波中起主要作用的是三次谐波,产生的原因是由于磁性材料磁化曲线的非线性(磁饱和、磁滞)。零点残余电压一般在几十毫伏以下,在实际使用时,应设法减小它,否则将会影响传感器的测量结果。

在理想情况下(即不考虑铁损的情况下)差动变压器的等效电路如图 5-12 所示,它是利用磁感应原理制作的。图中 L_P、R_P 为初级线圈的电感和损耗电阻;M_1、M_2 为初级线圈与两次级线圈间的互感系数;$\dot{U}_i$ 为初级线圈激励电压;$\dot{U}_o$ 为输出电压;L_{s1}、L_{s2} 为两次级线圈的电感;R_{s1}、R_{s2} 为两次级线圈的损耗电阻;ω 为激励电压的频率。

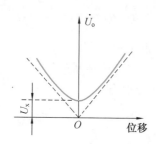

图 5-11　差动变压器输出电压的特性曲线

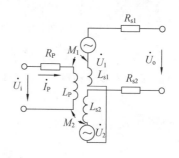

图 5-12　差动变压器的等效电路

当次级开路时，初级线圈的交流电流为

$$\dot{I}_P = \frac{\dot{U}_i}{R_P + j\omega L_P} \qquad (5\text{-}17)$$

次级线圈感应电动势为

$$\dot{U}_1 = -j\omega M_1 \dot{I}_P$$

$$\dot{U}_2 = -j\omega M_2 \dot{I}_P$$

差动变压器输出电压为

$$\dot{U}_o = -j\omega(M_1 - M_2)\frac{\dot{U}_i}{R_P + j\omega L_P} \qquad (5\text{-}18)$$

输出电压的有效值为

$$\dot{U}_o = \frac{\omega(M_1 - M_2)\dot{U}_i}{\sqrt{R_P^2 + (\omega L_P)^2}} \qquad (5\text{-}19)$$

2. 测量电路

差动变压器输出的是正弦交流电压信号，它与衔铁的移动成正比，若用交流电压表测量，只能反映铁芯位移的大小，不能反映移动方向。另外，其测量值必定含有零点残余电压。为了能够消除零点残余电压和辨别移动方向，常采用相敏检波电路和差动整流电路。

（1）相敏检波电路

如图 5-13 所示是相敏检波电路的一种形式。相敏检波电路要求比较电压和差动变压器次级输出电压同频，相位一致或相反。图中四个性能相同的二极管 VD_1、VD_2、VD_3、VD_4 以同一方向串联成一个闭合回路，形成环形电桥。$\dot{U}_1$ 为差动变压器输入电压，通过变压器 T_1 加到环形电桥的一条对角线。$\dot{U}_2$ 为 $\dot{U}_1$ 同频参考电压，且 $\dot{U}_2 > \dot{U}_1$，以便有效控制四个二极管的导通状态，参考信号电压 $\dot{U}_2$ 通过变压器 T_2 加入环形电桥的另一条对角线。它们作用于相敏检波电路中两个变压器 T_1 和 T_2。输出信号 $\dot{U}_o$ 从变压器 T_1 与 T_2 的中心抽头引出。平衡电阻 R 起限流作用，避免二极管导通时变压器 T_2 的次级电流过大击穿二极管。R_L 为负载电阻。

由图 5-13 可知,当位移 $\Delta x > 0$ 时,$\dot{U}_2$ 与 $\dot{U}_1$ 同频同相;当位移 $\Delta x < 0$ 时,$\dot{U}_2$ 与 $\dot{U}_1$ 同频反相。当 $\dot{U}_2$ 与 $\dot{U}_1$ 均为正半周时,如图 5-13(a)所示,VD_1、VD_4 截止,VD_2、VD_3 导通,则可得如图 5-13(b)所示的等效电路。

根据变压器的工作原理,考虑到点 O、M 分别为变压器 T_1、T_2 的中心抽头,则有

$$\dot{U}_{21} = \dot{U}_{22} = \frac{\dot{U}_2}{2n_2} \tag{5-20}$$

$$\dot{U}_{11} = \dot{U}_{12} = \frac{\dot{U}_1}{2n_1} \tag{5-21}$$

式中 ,n_1、n_2 为变压器 T_1、T_2 的变比。采用电路分析的基本方法,可求得图 5-13(b)所示电路的输出电压 $\dot{U}_o$ 的表达式为

$$\dot{U}_o = \frac{R_L \dot{U}_1}{n_1(R_1 + 2R_L)} \tag{5-22}$$

同理,当 $\dot{U}_2$ 与 $\dot{U}_1$ 均为负半周时,VD_2、VD_3 截止,VD_1、VD_4 导通,其等效电路如图 5-13(c)所示,输出电压 $\dot{U}_o$ 表达式与式(5-22)相同。说明只要位移 $\Delta x > 0$,不论 $\dot{U}_2$ 与 $\dot{U}_1$ 是正半周还是负半周,负载 R_L 两端得到的输出电压 $\dot{U}_o$ 始终为正。

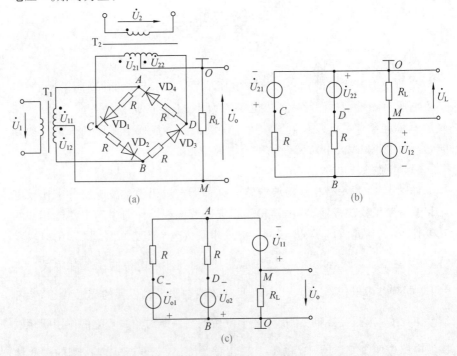

图 5-13 相敏检波电路

当 $\Delta x < 0$ 时,$\dot{U}_2$ 与 $\dot{U}_1$ 为同频反相。采用上述相同的分析方法不难得

到,当 $\Delta x < 0$ 时,不论 $\dot{U}_2$ 与 $\dot{U}_1$ 是正半周还是负半周,负载电阻 R_L 两端得到的输出电压 $\dot{U}_o$ 表达式总是为

$$\dot{U}_o = -\frac{R_L \dot{U}_1}{n_1(R_1+2R_L)}$$

所以上述相敏检波电路输出电压 $\dot{U}_o$ 的变化规律充分反映了被测位移量的变化规律,即 $\dot{U}_o$ 的值反映位移 Δx 的大小,而 $\dot{U}_o$ 的极性则反映了位移 Δx 的方向。如图 5-14 所示为各部分电路对应的波形。

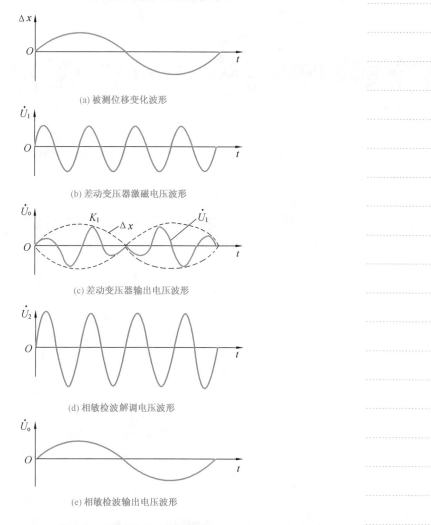

(a) 被测位移变化波形

(b) 差动变压器激磁电压波形

(c) 差动变压器输出电压波形

(d) 相敏检波解调电压波形

(e) 相敏检波输出电压波形

图 5-14　各部分电路对应的波形

随着集成电路技术的发展,相继出现各种性能的集成电路的相敏检波器,例如,LZX1 单片相敏检波电路,其中 LZX1 为全波相敏检波放大器,它与差动变压器的连接如图 5-15 所示。相敏检波电路要求参考电压和差动变压器次级输出电压同频率,相位相同或相反,因此,需要在线路中接入移相电路。如果位移量很小,差动变压器输出端还要接入放大器,将放大后的

信号输入到 LZX1 的输入端。

通过 LZX1 全波相敏检波输出的信号,还须经过低通滤波器,滤去调制时引入的高频信号,只让与 x 位移信号对应的直流电压信号通过。该输出电压 $\dot{U}_o$ 与位移量 x 的关系可用图 5-16 表示。输出电压是通过零点的一条直线,$+x$ 位移输出正电压,$-x$ 位移输出负电压,电压的正负表明了位移方向。

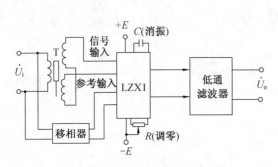

图 5-15   LZX1 与差动变压器的连接   图 5-16   输出电压与位移量的关系

(2)差动整流电路

差动整流电路是把差动变压器的两个次级电压分别整流,然后将它们整流的电压或电流的差值作为输出。现以电压输出型全波差动整流电路为例来说明其工作原理,如图 5-17 所示。

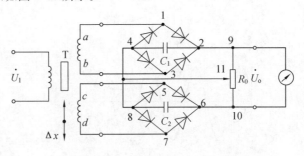

图 5-17   电压输出型全波差动整流电路

由图 5-17 可知,无论两个次级线圈的输出瞬时电压极性如何,流经两个电阻 R 的电流总是从点 2 到点 4,从点 6 到点 8,故整流电路的输出电压为

$$\dot{U}_o = \dot{U}_{24} + \dot{U}_{68} = \dot{U}_{24} - \dot{U}_{86} \qquad (5-23)$$

差动整流电路具有结构简单,不需要考虑相位调整和零点残余电压的影响,分布电容影响小和便于远距离传输等优点,因而获得了广泛应用。

三、电涡流式传感器

电感线圈产生的磁力线经过金属导体时,金属导体就会产生感应电流,该电流的流线呈闭合回线,类似如图 5-18 所示的水涡形状,故称之为电涡流。

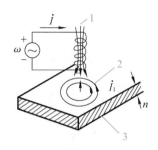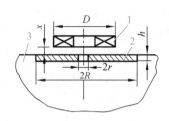

图 5-18　电涡流式传感器的原理

1—电感线圈；2—电涡流；3—金属导体

理论分析和实践证明，电涡流的大小是金属导体的电阻率 ρ、相对磁导率 μ、金属导体厚度 H、电感线圈激励信号频率 ω 以及电感线圈与金属导体之间的距离 x 等参数的函数。若固定某些参数，就能按电涡流的大小来测量出另外某一参数。

电涡流式传感器最大的特点是能对位移、厚度、表面温度、电解质浓度、速度、应力、材料损伤等进行非接触式连续测量，另外还具有体积小、灵敏度高、频率响应宽等特点，所以应用极其广泛。

因为电涡流渗透深度与传感器线圈的激励信号频率有关，故传感器可分为高频反射式和低频透射式两类，但从基本工作原理上来说仍是相似的。下面以高频反射电涡流式传感器为例说明其原理和特性。

1. 工作原理

电涡流式传感器的原理如图 5-18 所示。当通有一定交变电流 $\dot{I}$（频率为 f）的电感线圈 L 靠近金属导体时，在金属周围产生交变磁场，在金属表面将产生电涡流 $\dot{I}_1$，根据电磁感应理论，电涡流也将形成一个方向相反的磁场。此电涡流的闭合流线的圆心同线圈在金属板上的投影的圆心重合。

据有关资料介绍，电涡流区和线圈几何尺寸有如下关系为

$$\begin{cases} 2R=1.39D \\ 2r=0.525D \end{cases} \tag{5-24}$$

式中　$2R$——电涡流区外径；

　　　$2r$——电涡流区内径。

电涡流渗透深度为

$$h=5\,000\sqrt{\dfrac{\rho}{\mu_r f}} \tag{5-25}$$

式中　ρ——导体电阻率；

　　　f——交变磁场的频率；

　　　μ_r——相对磁导率。

在金属导体表面感应的电涡流所产生的电磁场又反作用于线圈 L 上，力图改变线圈电感量的大小，其变化程度与线圈 L 的尺寸大小、距离 x 和 ρ、μ_r 有关。

2. 等效电路

电涡流式传感器的等效电路如图 5-19 所示。空心线圈可看作变压器的初级线圈 L，金属导体中电涡流回路看作变压器次级。当对线圈 L 施加交变激励信号时，则在线圈周围产生交变磁场，环状电涡流也产生交变磁场。其方向与线圈 L 产生磁场方间相反，因而抵消部分原磁场，线圈 L 和环状电涡流之间存在互感 M，其大小取决于金属导体和线圈之间的距离 x。

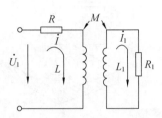

图 5-19 电涡流式传感器的等效电路

根据基尔霍夫电压定律可列出方程为

$$\begin{cases} \dot{R}I + j\omega\dot{L}I - j\omega\dot{M}I_1 = \dot{U}_1 \\ -j\omega\dot{M}I + R_1\dot{I}_1 + j\omega L_1\dot{I}_1 = 0 \end{cases} \tag{5-26}$$

式中 R, L——空心线圈电阻、电感；

R_1, L_1——电涡流回路的等效电阻、电感；

M——线圈与金属导体之间的互感。

由式(5-26)解得

$$\dot{I} = \frac{\dot{U}}{R + \dfrac{\omega^2 M^2}{R_1^2 + (\omega L_1)^2}R_1 + j\omega\left[L - \dfrac{\omega^2}{R_1^2 + (\omega L_1)^2}L_1\right]} \tag{5-27}$$

$$\dot{I}_1 = \frac{j\omega\dot{M}I}{R_1 + j\omega L_1} = \frac{M\omega^2 L_1\dot{I} + M\omega^2 R_1\dot{I}}{R_1^2 + (\omega L_1)^2} \tag{5-28}$$

当线圈与被测金属导体靠近时（考虑到电涡流的反作用），线圈的等效阻抗可由式(5-28)求得，即

$$Z = \frac{\dot{U}_1}{\dot{I}} = \left[R + \frac{\omega^2 M^2}{R_1^2 + (\omega L_1)^2}R_1\right] + j\omega\left[L - \frac{\omega^2 M^2}{R_1^2 + (\omega L_1)^2}L_1\right] \tag{5-29}$$

线圈的等效电阻和电感分别为

$$R_{cq} = \frac{\dot{U}_1}{\dot{I}} = R + \frac{\omega^2 M^2}{R_1^2 + (\omega L_1)^2}R_1 \tag{5-30}$$

$$L_{cq} = L - \frac{\omega^2 M^2}{R_1^2 + (\omega L_1)^2}L_1 \tag{5-31}$$

线圈的等效 Q 值为

$$Q_{cq} = \frac{\omega L_{cq}}{R_{cq}} \tag{5-32}$$

由式(5-29)可知，由于电涡流的影响，线圈阻抗的实数部分增大，虚数部分减小，因此线圈 Q 值减小；同时看到，电涡流式传感器等效电路参数均是互感系数 M 及电感 L 和 L_1 的函数，故把这类传感器归为电感式传感器。

3.测量电路

用于电涡流式传感器的测量电路主要有调频式和调幅式两种。

（1）调频式测量电路

调频式测量电路如图 5-20 所示。

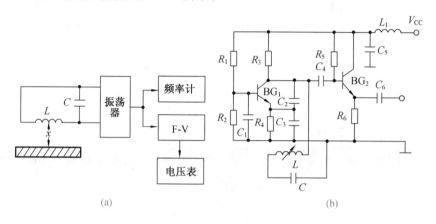

(a)　　　　　　　　　　　(b)

图 5-20　调频式测量电路

如图 5-20(a)所示，传感器线圈接入 LC 振荡回路，当传感器与被测导体距离 x 改变时，在电涡流影响下，传感器的电感变化，将导致振荡频率的变化，该变化的频率是距离 x 的函数，即 $f=L(x)$，该频率可由数字频率计直接测量，或者通过 F-V 变换，用数字电压表测量对应的电压。振荡器电路如图 5-20(b)所示。它由串联型改进电容三端式振荡器（又称克拉泼振荡器，包括 C_2、C_3、L、C 和 BG_1）以及射极跟随器两部分组成，振荡器的频率为 $f=\dfrac{1}{2\pi\sqrt{L(x)C}}$。为了避免输出电缆的分布电容的影响，通常将 L、C 装在传感器内部，此时电缆分布电容并联在大电容 C_2、C_3 上，因而对振荡频率 f 的影响大大减小。

（2）调幅式测量电路

传感器线圈 L 和电容器 C 并联组成谐振回路，石英晶体组成石英晶体振荡电路，如图 5-21 所示。石英晶体振荡器起一个恒流源的作用，给谐振回路提供一个稳定振荡频率(f_0)的激励电流 i_0，LC 回路输出电压为

$$U_o=i_o Z \tag{5-33}$$

式中，Z 为 LC 回路的阻抗。

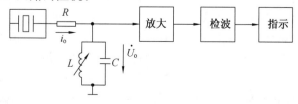

图 5-21　调幅式测量电路

当金属导体远离或被去掉时,LC 并联谐振回路谐振频率即石英振荡频率 f_0,回路呈现的阻抗最大,谐振回路上的输出电压也最大;当金属导体靠近传感器线圈时,线圈的等效电感 L 发生变化,导致回路失谐,从而使输出电压减小,L 的数值随距离 x 的变化而变化。因此,输出电压也随 x 而变化。输出电压经过放大、检波后,由指示仪表直接显示出 x 的大小。除此之外,交流电桥也是常用的测量电路。

项目实施

■ 实施要求

(1)通过本项目的实施,在掌握电感式传感器的基本结构和工作原理的基础上,对电感式传感器进行器件识别、故障判断、测量和应用。

(2)本项目需要电感式传感器实训台或相关设备、导线若干、万用表、示波器及相关的仪表等。

■ 实施步骤

(1)找出电感式传感器在电路中的位置,并判断是什么类型的电感式传感器。

(2)分析测量电路的工作原理,观察电感式传感器工作过程中的现象。

(3)找出各个单元电路,记录其电路组成形式。

(4)按照原理图用导线将电路连接好,检查确认无误后,启动电源。

(5)观察各单元电路的工作情况,记录其在工作过程中不同状态下的数据。

知识拓展

一、自感式传感器的应用

如图 5-22 所示是变隙电感式压力传感器。它由膜盒、铁芯、衔铁及线圈等组成,衔铁与膜盒的上端连在一起。

当压力进入膜盒时,膜盒的顶端在压力 F 的作用下产生与压力 F 大小成正比的位移。于是衔铁也发生移动,从而使气隙发生变化,流过线圈的电流也发生相应的变化,电流表指示值反映了被测压力的大小。

如图 5-23 所示为变隙差动电感式压力传感器。它主要由 C 形弹簧管、衔铁、铁芯和线圈等组成。当被测压力进入 C 形弹簧管时,C 形弹簧管产生变形,其自由端发生位移,带动与自由端连接成一体的衔铁运动,使线圈 1 和线圈 2 中的电感发生大小相等、符号相反的变化,即一个电感量增大,另一个电感量减小。电感的这种变化通过电桥电路转换成电压输出。由于输出电压与被测压力之间呈比例关系,所以只要用测量仪表测量出输出电压,即可得知被测压力的大小。

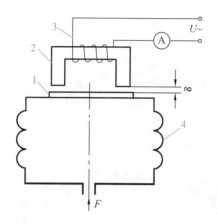

图 5-22　变隙电感式压力传感器

1—衔铁;2—铁芯;3—线圈;4—膜盒

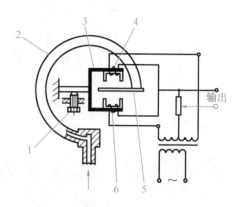

图 5-23　变隙差动电感式压力传感器

1—调机械零点螺钉;2—C 形弹簧管;3—铁芯;
4—线圈 1;5—衔铁;6—线圈 2

二、互感式传感器的应用

　　互感式传感器可以直接用于位移测量,也可以测量与位移有关的任何机械量,如振动、加速度、应变、张力和厚度等。

　　如图 5-24 所示为互感式加速度传感器。它由悬臂梁和差动变压器构成。测量时,将悬臂梁底座及差动变压器的线圈骨架固定,而将衔铁的 A 端与被测振动体相连。当被测体带动衔铁以 $\Delta x(t)$ 的规律振动时,差动变压器的输出电压也按相同规律变化。

三、电涡流式传感器的应用

　　(1)低频透射式涡流厚度传感器

　　如图 5-25 所示为透射式涡流厚度传感器。在被测金属的上方设有发射传感器线圈 L_1,在被测金属板下方设有接收传感器线圈 L_2。当在 L_1 上加低频电压 $\dot{U}_1$ 时,则 L_1 上产生交变磁通 ϕ_1,若两线圈间无金属板,则交变磁场直接耦合至 L_2 中,L_2 产生感应电压 $\dot{U}_2$。如果将被测金属板放入两线圈之间,则 L_1 线圈产生的磁通 ϕ_1 将在金属板中产生电涡流。此时磁场能量受到损耗,到达 L_2 的磁通将减弱为 ϕ'_1,从而使 L_2 产生的感应电压 $\dot{U}_2$ 减小。金属板越厚,电涡流损失就越大,$\dot{U}_2$ 电压就越小。因此,可根据 $\dot{U}_2$ 电压的大小得知被测金属板的厚度,透射式涡流厚度传感器检测范围可达 $1\sim100$ mm,分辨率为 0.1 μm,线性度为 1%。

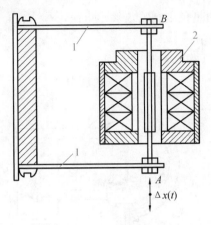

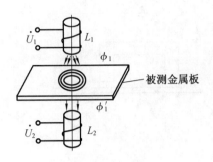

图 5-24　差动变压器式加速度传感器

1—悬臂梁；2—差动变压器

图 5-25　透射式涡流厚度传感器

（2）高频反射式涡流测厚仪

如图 5-26 所示是高频反射式涡流测厚仪测试系统的原理。为了克服带材不够平整或运行过程中上下波动的影响，在带材的上、下两侧对称地设置了两个特性完全相同的电涡流式传感器 S_1、S_2。S_1、S_2 与被测带材表面之间的距离分别为 x_1 和 x_2。若带材厚度不变，则被测带材上、下表面之间的距离总有 $x_1+x_2=$ 常数的关系存在。两传感器的输出电压之和为 $2\dot{U}_0$。如果被测带材厚度改变量为 $\Delta\delta$，则两传感器与带材之间的距离也改变了一个 $\Delta\delta$，此时两传感器输出电压为 $2\dot{U}_0+\dot{U}$，$\dot{U}$ 经放大器放大后，通过指示仪表电路即可指示出带材的厚度变化值。带材厚度给定值与偏差指示值的代数和就是被测带材的厚度。

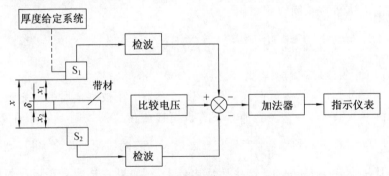

图 5-26　高频反射式涡流测厚仪测试系统的原理

（3）电涡流式转速传感器

如图 5-27 所示为电涡流式转速传感器的原理。在软磁材料制成的输入轴上加工一键槽，在距输入表面 d_0 处设置传感器，输入轴与被测旋转轴相连。当被测旋转轴转动时，输出轴的距离发生 $d_0+\Delta d$ 的变化。由于电涡流效应，这种变化将导致振荡谐振回路的品质因素变化，使传感器线圈电感随 Δd 的变化也发生变化，它们将直接影响振荡器的电压幅值和振荡频率。因此，随着输入轴的旋转，从振荡器输出的信号中包含有与转数成正比的脉冲频率信号。该信号由检波器检出电压幅值的变化量,然后经整形电路输出脉冲频率信号 f_n。该信号经电路处理便可得到被测转速。这种转速传感器可实现非接触式测量,抗污染能力很强,可安装在旋转轴近旁长期对被测转速进行监视,最高测量转速可达 600 000 r/min。

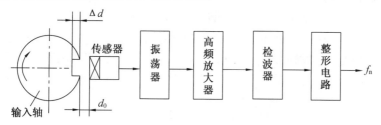

图 5-27　电涡流式转速传感器的原理

 技能实训

一、差动变压器零点残余电压补偿实验

1. 实验目的

了解差动变压器零点残余电压补偿的方法。

2. 实验仪器

差动变压器实验模块、测微头、通信接口(含上位机)、差动变压器、信号源、直流电源等。

3. 实验原理

由于差动变压器两个次级线圈的等效参数不对称,初级线圈的纵向排列不均匀性,次级线圈的不均匀、不一致性,铁芯的 B-H 特性非线性等,因此在铁芯处于差动线圈中间位置时其输出并不为零,称为零点残余电压。

4. 实验内容与步骤

(1)安装好差动变压器,利用上位机观测并调整音频振荡器"0°"输出为 4 kHz,2 V 峰-峰值。按如图 5-28 所示接线。

差动变压器零点
残余电压补偿实验

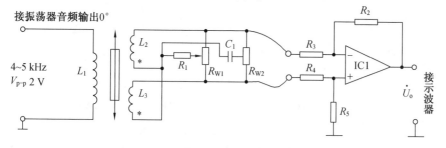

图 5-28　差动变压器零点残余电压补偿实验电路

（2）实验模块中 R_1、C_1、R_{W1}、R_{W2} 为电桥单元中调平衡网络。

（3）用上位机监测放大器输出。

（4）调整测微头，使放大器输出信号最小。

（5）依次调整 R_{W1}、R_{W2}，使上位机显示的电压输出波形幅值降至最小。

（6）此时上位机显示即零点残余电压的波形。

（7）记下差动变压器的零点残余电压值峰-峰值 V_{P-P}（注：这时的零点残余电压经放大后的零点残余电压＝$V_{P-P} \times K$，K 为放大倍数）。可以看出，经过补偿后的残余电压的波形是一不规则波形，这说明波形中有高频成分存在。

5. 实验报告

分析经过补偿的零点残余电压波形。

二、差动变压器振动测量实验

1. 实验目的

了解差动变压器测量振动的方法。

2. 实验仪器

振荡器、差动变压器实验模块、相敏检波实验模块、频率/转速表、振动源、直流稳压电源、通信接口（含上位机软件）等。

3. 实验原理

利用差动变压器测量动态参数与测量位移的原理相同，不同的是输出为调制信号要经过检波才能观测到所测动态参数。

4. 实验内容与步骤

（1）将差动变压器安装在三源板的振动源单元上。

（2）将差动变压器的输入/输出线连接到差动变压器实验模块上，并按如图 5-29 所示接线。

差动变压器
振动测量实验

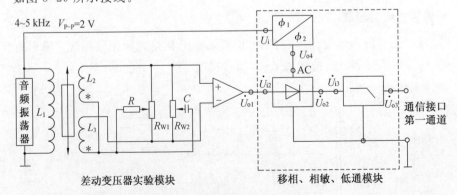

图 5-29　差动变压器振动测量实验电路

（3）检查接线无误后，合上主控台电源开关，用上位机观测音频振荡器

"0°"输出端信号峰-峰值,调整音频振荡器幅度旋钮使 $V_{P-P}=2$ V。

（4）用上位机观察相敏检波器输出,调整传感器连接支架高度,使上位机显示的波形幅值为最小,用"紧定旋钮"固定。

（5）仔细调节 R_{W1} 和 R_{W2},使相敏检波器输出波形幅值更小,基本为零点。用手按住振动平台（让传感器产生一个大位移）仔细调节移相器和相敏检波器的旋钮,使上位机显示的波形为一个接近全波整流波形。松手后整流波形消失变为一条接近零点线（否则需要再调节 R_{W1} 和 R_{W2}）。

（6）振动源"低频输入"接振荡器"低频输出",调节低频输出幅度旋钮和频率旋钮,使振动平台振荡较为明显。分别用上位机软件观察放大器 $\dot{U}_{o1}$、相敏检波器的 $\dot{U}_{o2}$ 及低通滤波器的 $\dot{U}_{o3}$ 的波形。

（7）保持低频振荡器的幅度不变,改变振荡频率（频率与输出电压 V_{P-P} 的监测方法与零点残余电压补偿实验相同）,用上位机软件观测低通滤波器的输出,读出峰-峰电压值,记下实验数据,填入表 5-1 中。

表 5-1　　　　　　　　　　　　　实验数据

f/Hz							
V_{P-P}/V							

5. 实验报告

（1）根据实验结果作出梁的振幅-频率特性曲线,指出自振频率的大致值,并与用应变片测出的结果相比较。

（2）保持低频振荡器频率不变,改变振荡幅度,同样实验可得到振幅与电压峰-峰值 V_{P-P} 曲线（定性）。

6. 注意事项

低频激振电压幅值不要过大,以免梁在共振频率附近振幅过大。

三、电涡流式传感器位移特性实验

1. 实验目的

了解电涡流式传感器测量位移的工作原理和特性。

2. 实验仪器

电涡流式传感器、铁圆盘、电涡流式传感器模块、测微头、直流稳压电源、数显直流电压表、测微头等。

3. 实验原理

通过高频电流的线圈产生磁场,当有导电体接近时,因导电体涡流效应产生涡流损耗,而涡流损耗与导电体离线圈的距离有关,因此可以进行位移测量。

4.实验内容与步骤

(1)按如图 5-30 所示安装电涡流式传感器。

电涡流式传感器
位移特性实验

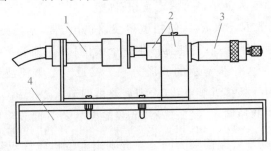

图 5-30 电涡流式传感器位移特性实验模块的安装
1—电涡流传感器;2—测量架;3—测微头;4—模板

(2)在测微头端部装上铁质金属圆盘,作为电涡流式传感器的被测体。调节测微头,使铁质金属圆盘的平面贴到电涡流式传感器的探测端,固定测微头。

(3)按如图 5-31 所示连接电路,将电涡流式传感器连接线接到实验模块上标有"〰〰"处的两端,实验范本输出端 $\dot{U}_o$ 与数显单元输入端 $\dot{U}_i$ 相接。数显表量程切换开关选择电压 20 V 挡,实验模块电源用连接导线从主控台接入＋15 V 电源。

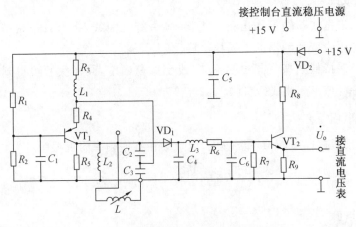

图 5-31 电涡流式传感器位移特性实验电路

(4)合上主控台电源开关,记下数显表读数,然后每隔 0.2 mm 读一个数,直到输出几乎不变为止。将实验数据列入表 5-2 中。

表 5-2 实验数据

X/mm									
$\dot{U}_o/\text{V}$									

5.实验报告

根据表 5-2 中数据,画出 $\dot{U}$-X 曲线,在曲线上找出线性区域及进行正、负位移测量时的最佳工作点,并计算量程为 1 mm、3 mm 和 5 mm 时的灵敏度和线性度(可以用端点法或其他拟合直线)。

 巩固练习

(1)简述电感式传感器的特点。

(2)简述自感式传感器的组成、工作原理和输出特性。

(3)画出自感式传感器的等效电路并对各元器件进行说明。

(4)简述差动自感式传感器的结构、工作原理和输出特性。

(5)什么是零点残余电压?零点残余电压产生的原因是什么?减小零点残余电压的方法有哪些?

(6)什么是涡流效应?简述电涡流式传感器的工作原理。

(7)电涡流式传感器可以测量哪些非电量参数?

(8)简述调频式测量电路的原理。

项目6 了解压电式传感器

 项目要求

压电式传感器是利用压电效应制成的传感器,是一种自发电式和机电转换式传感器,是典型的有源传感器。它的原理是:用压电材料制成的敏感元件受力而变形时,其表面产生电荷,经测量电路和放大器阻抗变换和放大就成为正比于所受外力的电量输出,从而实现对非电量的测量。压电式传感器用于测量力或可以转换为力的非电物理量,如压力、加速度(见压电式压力传感器、加速度计)。其具有体积小、频带宽、灵敏度高、信噪比高、结构简单、工作可靠和质量轻等特点,随着配套仪表和低噪声、小电容、高绝缘电阻电缆的出现,其使用更为方便。所以它广泛地应用于各种动态力、机械冲击与振动的测量,以及工程力学、生物医学、电声学、宇航等技术领域。压电式传感器的缺点是某些压电材料需要防潮措施,而且输出的直流响应差,需要采用高输入阻抗电路或电荷放大器来克服这一缺陷。本项目通过对压电式传感器工作原理、结构类型、测量方法的介绍,使读者能够准确判断压电式传感器故障现象和分析其应用场合,并能够熟练地掌握压电式传感器的测量方法。

■ 知识要求

(1)了解压电效应的原理、压电式传感器的发展方向与应用。

(2)了解压电晶体、压电陶瓷的压电机理。了解压电晶片的纵向压电效应和横向压电效应。

(3)掌握压电式传感器的结构及工作原理。

(4)掌握压电式传感器的功能及工作特点、压电元件串联和并联的特性。

(5)掌握压电式传感器的测量方法。

重点:压电效应的原理,压电式传感器的结构、原理、工作特性及测量方法。

难点:压电式传感器的原理及测量电路的分析设计。

 能力要求

(1)能够正确地识别各种压电式传感器,明确其在整个工作系统中的作用。

(2)在设计中,能够根据工作系统的特点,找出匹配的压电式传感器。

(3)能够准确判断压电式传感器的好坏,熟练掌握压电式传感器的测量方法。

(4)能够设计一个简单的测量电路。

知识梳理

一、压电式传感器的工作原理

1. 压电效应

压电式传感器的工作原理是以某些物质的压电效应为基础的。对这些物质沿其某一方向施加压力或拉力时会产生变形,由于内部电荷的极化现象,此时这种材料的两个表面将产生符号相反的电荷。将外力去掉后,它又重新回到不带电状态,这种现象被称为压电效应。有时人们又把这种机械能转变为电能的现象称为正压电效应。反之,在某些物质的极化方向上施加电场,它会产生机械变形,当去掉外加电场后,该物质的变形随之消失,把这种电能转变为机械能的现象,称为逆压电效应。压电效应可以实现机械与电能量的相互转换,如图 6-1 所示。

如图 6-2 所示为天然结构的石英晶体,它是一个六角形晶柱。在直角坐标系中,z 轴表示其纵向轴,称为光轴;x 轴平行于正六面体的棱线,称为电轴;y 轴垂直于正六面体棱面,称为机械轴。通常把沿电轴(x 轴)方向的力作用下产生电荷的压电效应称为纵向压电效应;而把沿机械轴(y 轴)方向的力作用下产生电荷的压电效应称为横向压电效应;在光轴(z 轴)方向受力时则不产生压电效应。

图 6-1　压电效应的可逆性

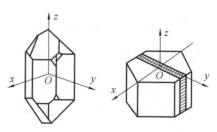

图 6-2　天然结构的石英晶体

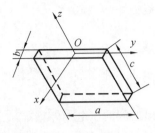

图 6-3 石英晶体切片

从晶体上沿轴线切下的薄片称为晶体切片，如图 6-3 所示为石英晶体切片。在每一切片上，当沿电轴方向施加作用力 F_x 时，则在与电轴垂直的平面上产生电荷 Q_x，它的大小为

$$Q_x = d_{11}F_x \qquad (6\text{-}1)$$

式中，d_{11} 为压电系数（C/g 或 C/N）。

电荷 Q_x 的符号视 F_x 是受压还是受拉而决定。从式(6-1)中可以看出，切片产生的电荷多少与切片的几何尺寸无关。如果在同一切片上作用的力是沿着机械轴（y 轴）方向的，其电荷仍在与 x 轴垂直的平面上出现，而极性方向相反，此时电荷的大小为

$$Q_y = d_{12}\frac{a}{b}F_y = -d_{11}\frac{a}{b}F_y \qquad (6\text{-}2)$$

式中　a,b——晶体切片的长度和厚度；

　　　d_{12}——y 轴方向受力时的压电系数，石英轴对称，$d_{12} = -d_{11}$。

从式(6-2)中可见，沿机械轴方向的力作用在晶体上时产生的电荷与晶体切片的尺寸有关。式中的负号说明沿 y 轴的压力所引起的电荷极性与沿 x 轴的压力所引起的电荷极性是相反的。

根据上述所讲，晶体切片上电荷的符号与受力方向的关系可用图 6-4 表示，如图6-4(a)所示是在 x 轴方向受压力，如图 6-4(b)所示是在 x 轴方向受拉力，如图 6-4(c)所示是在 y 轴方向受压力，如图 6-4(d)所示是在 y 轴方向受拉力。在片状压电材料（压电片）的两个电极面上，如果加交流电压，那么压电片能产生机械振动，即压电片在电极方向上有伸缩的现象。压电材料的这种现象称为电致伸缩效应，即前面所讲的逆压电效应。

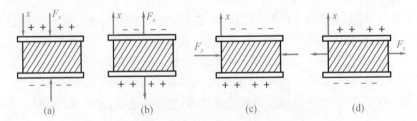

图 6-4　晶体切片上电荷的符号与受力方向的关系

下面以石英晶体为例来说明压电晶体是怎样产生压电效应的。石英晶体的分子式为 SiO_2，如图 6-5(a)所示，硅原子带有 4 个正电荷，而氧原子带有 2 个负电荷，正、负电荷是平衡的，所以外部没有带电现象。

如果在 x 轴方向压缩，如图 6-5(b)所示，则硅离子 1 就挤入氧离子 2 和 6 之间，而氧离子 4 就挤入硅离子 3 和 5 之间。结果在表面 A 上呈现负电荷，而在表面 B 上呈现正电荷。如果所受的力为拉伸，则硅离子 1 和氧离子 4 向外移，在表面 A 和 B 上的电荷符号就与前者正好相反。如果沿 y 轴方向上压缩，如图 6-5(c)所示，硅离子 3 和氧离子 2 以及硅离子 5 和氧离子 6

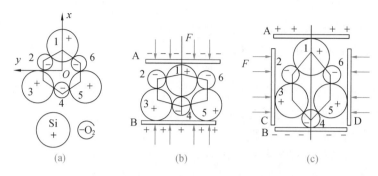

图 6-5　石英晶体的压电效应

都向内移动同一数值,故在电极 C 和 D 上仍不呈现电荷。而由于相对把硅离子 1 和氧离子 4 向外挤,则在电极 A 和 B 表面上分别呈现正电荷与负电荷。

若受拉力,则在电极 A 和 B 表面上电荷符号与前者相反。在 z 轴方向受力时,由于硅离子和氧离子是对称平移,故在表面上没有电荷呈现,因而没有压电效应。

20 世纪六七十年代发现了同时具有半导体特性和压电特性的晶体,如硫化锌、氧化锌、硫化钙等。利用这些材料可以制成集敏感元件和电子线路于一体的新型压电式传感器,具有较好的发展前景。

2. 压电材料简介

具有压电效应的电介物质称为压电材料或压电元件,在自然界中,大多数晶体都具有压电效应,然而其中大部分晶体的压电效应都十分微弱。随着对压电材料的深入研究,发现压电式传感器中用得最多的压电材料可以分为两大类,即压电晶体和压电陶瓷。它们都具有压电常数较大、机械性能优良、时间稳定性和温度稳定性好等优点,是较理想的压电材料。

压电陶瓷的优点是烧制方便、易成型、耐湿、耐高温;缺点是具有热释电性,会对力学量测量造成干扰。有机压电材料有聚二氟乙烯、聚氟乙烯、尼龙等十余种高分子材料。有机压电材料可大量生产和制成较大的面积,它与空气的声阻匹配具有独特的优越性,是很有发展潜力的新型材料。

(1)压电晶体

常用的压电晶体是天然和人造石英晶体。石英晶体的化学成分为 SiO_2,压电系数 $d_{11} = 2.31 \times 10^{12}$ C/N。在几百摄氏度的温度范围内,其压电系数稳定不变,能产生十分稳定的固有频率 f_0,能承受 $700 \sim 1\,000$ kg/cm^2 的压力,是压电式传感器理想的压电材料。

除了天然和人造石英晶体外,还有水溶性压电晶体。它包括单斜晶系和正方晶系。例如,酒石酸钾钠($NaKC_4H_4O_6\text{-}4H_2O$)、酒石酸乙烯二铵($C_6H_4N_2O_6$)、磷酸二氢钾($KH_2PO_4$)、磷酸二氢铵($NH_4H_2PO_4$)等。

（2）压电陶瓷

压电陶瓷是人造多晶系压电材料。常用的压电陶瓷有钛酸钡、锆钛酸铅、铌酸盐系压电陶瓷。它们的压电常数比石英晶体高，如钛酸钡（$BaTiO_3$）压电系数 $d_{33}=190$ pC/N，但介电常数、机械性能不如石英好。由于它们品种多，性能各异，可根据它们各自的特点制作成各种不同的压电式传感器，是一种很有发展前景的压电材料。

压电陶瓷是人造多晶体，它的压电机理与石英晶体并不相同。压电陶瓷材料内的晶粒有许多自发极化的电畴（具有自发极化的晶体中存在一些自发极化取向一致的微小区域，称为电畴）。在极化处理以前，各晶粒内电畴任意方向排列，自发极化的作用相互抵消，压电陶瓷内极化强度为零，如图 6-6(a)所示。

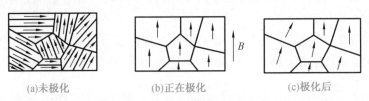

(a)未极化　　　　　　(b)正在极化　　　　　　(c)极化后

图 6-6　压电陶瓷的极化

在压电陶瓷上施加外电场时，电畴自发极化方向转到与外加电场方向一致，如图6-6(b)所示。既然已极化，此时压电陶瓷具有一定极化强度。当外电场撤销后，各电畴的自发极化在一定程度上按原外加电场方向取向，压电陶瓷极化强度并不立即恢复到零，如图6-6(c)所示，此时存在剩余极化强度。同时压电陶瓷极化的两端出现束缚电荷，一端为正，另一端为负，如图 6-7 所示。由于束缚电荷的作用，在压电陶瓷极化的两端很快吸附一层来自外界的自由电荷，这时束缚电荷与自由电荷数值相等，极性相反，因此压电陶瓷对外不呈现极性。

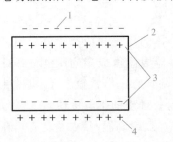

图 6-7　束缚电荷和自由电荷排列

1—自由电荷；2—电极；
3—束缚电荷；4—自由电荷

如果在压电陶瓷上加一个与极化方向平行的外力，压电陶瓷产生压缩变形，内部的束缚电荷之间距离变小，电畴发生偏转，极化强度变小，因此，吸附在其表面的自由电荷有一部分被释放而呈现放电现象。

当撤销压力时，压电陶瓷恢复原状，极化强度增大，因此又吸附一部分自由电荷而出现充电现象。这种因受力而产生的机械效应转变为电效应，将机械能转变为电能，就是压电陶瓷的正压电效应。放电电荷的多少与外力成正比例关系，即

$$q=d_{33}F \tag{6-3}$$

式中　d_{33}——压电陶瓷的压电系数；

F——作用力。

二、压电式传感器的测量电路

1. 压电片的连接方式

压电式传感器的基本原理是压电材料的压电效应,因此可以用它来测量力和与力有关的参数,如压力、位移、加速度等。

由于外力作用而使压电材料上产生电荷,该电荷只有在无泄漏的情况下才会长期保存,因此需要测量电路具有无限大的输入阻抗,而实际上这是不可能的,所以压电式传感器不宜做静态测量,只能在其表面加交变力,电荷才能不断得到补充,可以供给测量电路一定的电流,故压电式传感器只宜做动态测量。

制作压电式传感器时,可采用两片或两片以上具有相同性能的压电片粘贴在一起使用。由于压电片有电荷极性,因此连接方式有并联和串联两种,如图 6-8 所示。

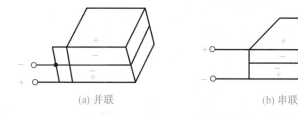

(a) 并联　　　　　　　　　　(b) 串联

图 6-8　两片压电片的连接方式

并联连接时,压电式传感器的输出电容 C' 和极板上的电荷 q' 分别为单片压电片的 2 倍,而输出电压 U' 与单片上的电压相等,即

$$q'=2q, C'=2C, U'=U$$

串联连接时,输出总电荷 q' 等于单片上的电荷,输出电压为单片电压的 2 倍,总电容 C' 应为单片电容的二分之一,即

$$q'=q, U'=2U, C'=\frac{C}{2}$$

由此可见,并联连接虽然输出电荷大,但由于本身电容也大,故时间常数大,只适宜于测量变化慢的信号且以电荷作为输出的情况。串联连接输出电压高,本身电容小,适宜于以电压输出的信号和测量电路输入阻抗很高的情况。

在制作和使用压电式传感器时,要使压电片有一定的预应力。这是因为压电片在加工时即使磨得很光滑,也难保证接触面的绝对平坦,如果没有足够的压力,就不能保证全面的均匀接触,因此,事先要给压电片一定的预应力,但该预应力不能太大,否则将会影响压电式传感器的灵敏度。

压电式传感器的灵敏度在出厂时已做了标定,但随着使用时间的增加会有些变化,其主要原因是性能发生了变化。实验表明,压电陶瓷的压电常数随着使用时间的增加而减小。因此,为了保证传感器的测量精度,最好每隔半年进行一次灵敏度校正。而压电晶体的长期稳定性很好,灵敏度不变,故无须校正。

2. 压电式传感器的等效电路

当压电片受力时,在压电片的两表面上聚集等量的正、负电荷,压电片的两表面相当于一个电容的两个极板,两极板间的物质等效于一种介质,因此压电片相当于一个平板电容器,如图 6-9 所示。其电容量为

$$C_e = \frac{\varepsilon S}{d} \tag{6-4}$$

式中　S——极板面积;

　　　d——压电片厚度;

　　　ε——压电材料的介电常数。

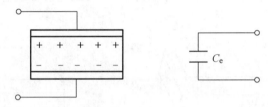

图 6-9　压电式传感器的等效电路(一)

所以,可以把压电式传感器等效为一个电压源 $U = \dfrac{q}{C_e}$ 和一个电容 C_e 串联的电路,如图 6-10(a)所示。由图可知,只有在外电路负载无穷大,且内部无漏电时,受力产生的电压 U 才能长期保持不变;如果负载不是无穷大,则电路就要以 RC_e 为时间常数按指数规律放电。压电式传感器也可以等效为一个电荷源与一个电容并联电路,此时,该电路被视为一个电荷发生器,如图 6-10(b)所示。

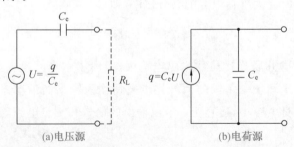

(a)电压源　　　　　　　　　　(b)电荷源

图 6-10　压电式传感器的等效电路(二)

压电式传感器在实际使用时,总是要与测量仪器或测量电路相连接,因此还必须考虑连接电缆的等效电容 C_c、放大器的输入电阻 R_i 和输入电容 C_i,这样压电式传感器在测量系统中的等效电路就应如图 6-11 所示。图中 C_e、R_d 分别为传感器的电容和漏电阻。

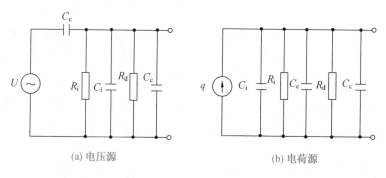

(a) 电压源　　　　　　　　　　(b) 电荷源

图 6-11　压电式传感器在测量系统中的等效电路

3. 压电式传感器的测量电路

为了保证压电式传感器的测量误差小到一定程度,则要求负载电阻 R_L 大到一定数值,才能使压电片上的漏电流相应变小,因此在压电式传感器输出端要接入一个输入阻抗很高的前置放大器,然后再接入一般的放大器。其目的:一是放大传感器输出的微弱信号;二是将它的高阻抗输出变换成低阻抗输出。

根据前面的等效电路,它的输出可以是电压,也可以是电荷,因此前置放大器也有两种形式,即电压放大器和电荷放大器。

（1）电压放大器（阻抗变换器）

如图 6-11(a)所示,设 R 为 R_d 和 R_i 的并联等效电阻,C 为 C_c 和 C_i 的并联等效电容,则

$$R=\frac{R_d R_i}{R_d+R_i}　,　C=C_c+C_i$$

压电式传感器的开路电压 $U=\dfrac{q}{C_e}$,若压电元件沿电轴方向施加交变力 $F=F_m\sin(\omega t)$,则产生的电荷和电压均按正弦规律变化,其电压为

$$U=\frac{q}{C_e}=\frac{dF}{C_e}=\frac{dF_m}{C_e}\sin(\omega t) \tag{6-5}$$

$$U_i=\frac{dF}{C_e}\cdot\frac{\dfrac{1}{j\omega C}R}{\dfrac{1}{j\omega C}+R}\cdot\frac{1}{\dfrac{1}{j\omega C_e}+\dfrac{\dfrac{1}{j\omega C}R}{\dfrac{1}{j\omega C}+R}}=dF\frac{j\omega R}{1+j\omega R(C_e+C)}$$

$$=dF\frac{j\omega R}{1+j\omega R(C_e+C_i+C_c)} \tag{6-6}$$

因此,前置放大器的输入电压的幅值 U_{im} 为

$$U_{im}=\frac{dF_m\omega R}{\sqrt{1+(\omega R)^2(C_e+C_i+C_c)^2}} \tag{6-7}$$

输入电压和作用力之间的相位差 φ 为

$$\varphi=\frac{\pi}{2}-\tan^{-1}\omega(C_e+C_i+C_c)R \qquad (6\text{-}8)$$

在理想情况下,传感器的漏电阻 R_d 和前置放大器的输入电阻 R_i 都为无限大,即 $(\omega R)^2(C_e+C_i+C_c)^2\gg1$,也无电荷泄漏。那么,由式(6-7)可知,在理想情况下,前置放大器的输入电压的幅值 U_{am} 为

$$U_{am}=\frac{dF_m}{C_e+C_i+C_c} \qquad (6\text{-}9)$$

实际输入电压幅值 U_{im} 与理想输入电压幅值 U_{am} 之比为

$$\frac{U_{im}}{U_{am}}=\frac{\dfrac{dF_m\omega R}{\sqrt{1+(\omega R)^2(C_e+C_i+C_c)^2}}}{\dfrac{dF_m}{C_e+C_i+C_c}}=\frac{\omega R(C_e+C_i+C_c)}{\sqrt{1+(\omega R)^2(C_e+C_i+C_c)^2}}=\frac{\dfrac{\omega}{\omega_1}}{\sqrt{1+\left(\dfrac{\omega}{\omega_1}\right)^2}} \qquad (6\text{-}10)$$

式中, $\omega_1=\dfrac{1}{R(C_e+C_i+C_c)}=\dfrac{1}{\tau}$, $\tau=R(C_e+C_i+C_c)$ 为测量回路的时间常数。

从而相角表示为

$$\varphi=\frac{\pi}{2}-\tan^{-1}\left(\frac{\omega}{\omega_1}\right) \qquad (6\text{-}11)$$

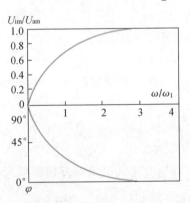

图 6-12   电压幅值比和相角与频率比的关系曲线

由式(6-10)和式(6-11)得到电压幅值比和相角与频率比的关系曲线,如图 6-12 所示。当作用于压电元件上的力为静态力($\omega=0$)时,则前置放大器的输入电压等于 0。因为电荷会通过放大器输入电阻和传感器本身的漏电阻漏掉,所以压电式传感器不能用于静态测量。

当 $1<\dfrac{\omega}{\omega_1}<3$ 时,前置放大器输入电压随频率变化不大;当 $\dfrac{\omega}{\omega_1}\gg3$ 时,可近似认为输入电压与作用力的频率无关。即说明压电式传感器的高频响应比较好,所以它可用于高频交变力的测量,而且测量值较为理想。

图 6-13(a)给出了一个电压放大器的具体电路。它具有很高的输入阻抗($\gg1\,000\ \text{M}\Omega$)和很低的输出阻抗($<100\ \Omega$),因此使用该阻抗变换器可将高内阻的压电式传感器与一般放大器匹配。BG_1 为 MOS 场效应管,做阻抗变换,$R_3\gg100\ \text{M}\Omega$;$BG_2$ 对输入端形成负反馈,以进一步提高输入阻抗。R_4 既是 BG_1 的源极接地电阻,也是 BG_2 的负载电阻,R_4 上的交变电压通过 C_2 反馈到场效应管 BG_1 的输入端,使电位提高,保证较高的交流输入阻抗。由 BG_1 构成的输入级,其输入阻抗为

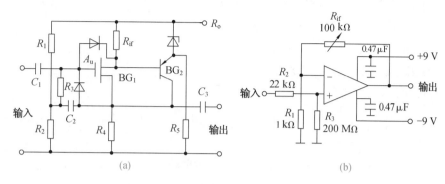

图 6-13 电压放大器电路

$$R_1 = R_3 + \frac{R_1 R_2}{R_1 + R_2}$$

引入 BG_2 构成第二级对第一级负反馈后,其输入阻抗为

$$R_{if} = \frac{R_i}{1 - A_u}$$

式中,A_u 为 BG_1 源极输出器的电压增益,其值接近 1。因此 R_{if} 可以提高到几百至几千兆欧。由 BG_1 所构成的源极输出器,其输出阻抗为

$$R_o = \frac{1}{g_m} // R_4$$

式中,g_m 为场效应管的跨导。由于引入负反馈,输出阻抗减小。如图 6-13(b)所示是由运算放大器构成的电压比例放大器电路。该放大器输入阻抗极高,输出电阻很小,是一种比较理想的石英晶体电压放大器。

(2)电荷放大器

电荷放大器是一个有反馈电容 C_f 的高增益运算放大器。当略去 R_d 和 R_i 的并联等效电阻 R 后,压电式传感器常用的电荷放大器可用如图 6-14 所示的等效电路表示。图中 A 为运算放大器增益。由于运算放大器具有极高的输入阻抗,因此运算放大器的输入端几乎没有分流,电荷 q 只对反馈电容 C_f 充电。充电电压接近运算放大器的输出电压,即

$$U_o \approx U_{C_f} = -\frac{q}{C_f} \tag{6-12}$$

式中 U_o——放大器输出电压;

   U_{C_f}——反馈电容两端的电压。

由运算放大器基本特性,可求出电荷放大器的输出电压为

$$U_o = \frac{-Aq}{C_e + C_c + C_i(1+A)C_f} \tag{6-13}$$

当 $A \gg 1$,且满足 $(1+A)C_f > 10(C_e + C_c + C_i)$ 时,就可认为 $U_o = -\frac{q}{C_f}$。可见电荷放大器的输出电压 U_o 和电缆电容 C_c 无关,而与 q 成正比,这是电荷放大器的最大特点。

由于电压放大器的输出电压随传感器输出电缆电容的变化而变化,所以在实际测量中,主要使用电荷放大器。图 6-15 给出一个电荷放大器的实

用电路。

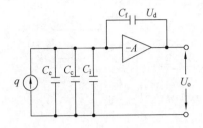

图 6-14　常用的电荷放大器的等效电路

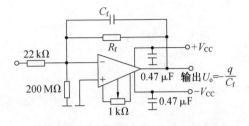

图 6-15　电荷放大器的实用电路

需要注意的是,这两种放大器电路的输入端都应加过载保护电路。否则,在传感器过载时会产生过高的输出电压。

 项目实施

■ 实施要求

(1)通过本项目的实施,在掌握压电式传感器的基本结构和工作原理的基础上掌握压电式传感器的器件识别、故障判断、测量方法和实际应用。

(2)本项目需要压电式传感器实训台或相关设备、导线若干、万用表、示波器及相关的仪表等。

■ 实施步骤

(1)找出压电式传感器在电路中的位置,并判断是什么类型的压电式传感器。

(2)分析测量电路的工作原理,观察压电式传感器工作过程中的现象。

(3)找出各个单元电路,记录其电路组成形式。

(4)按照原理图用导线将电路连接好,检查确认无误后,启动电源。

(5)观察各单元电路的工作情况,记录其在工作过程中不同状态下的数据。

 知识拓展

广义上讲,凡是利用压电材料各种物理效应构成的各种传感器,都可称为压电式传感器,它们已被广泛地应用于工业、军事和民用等领域。主要在力敏、热敏、光敏、声敏等传感器类型中,其中力敏类型应用最多。可直接利用压电式传感器测量压力、加速度、位移等物理量。

一、压电式加速度传感器

1. 工作原理

如图 6-16 所示为压电式加速度传感器的结构,压电元件一般由两片压
电片组成。在压电片的两个表面上镀银
层,并在镀银层上焊接输出引线,或在两
个压电片之间夹一片金属,引线就焊接在
金属片上,输出端的另一根引线直接与传
感器基座相连。在压电片上放置一个比
较大的质量块,然后用一硬弹簧或螺栓、
螺帽对质量块预加载荷。整个组件装在
一个厚基座的金属壳体中,为了防止试件
的任何应变传递到压电元件上去,避免产
生假信号输出,一般要加厚基座或选用刚
度较大的材料来制造。

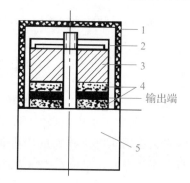

图 6-16　压电式加速度传感器的结构
1—壳体;2—弹簧;3—质量块;
4—电压片;5—基座

测量时,将传感器基座与试件刚性固
定在一起。当传感器感受振动时,由于弹簧的刚度相当大,而质量块的质量
相对较小,可以认为质量块的惯性很小。因此质量块感受与传感器基座相
同的振动,并受到与加速度方向相反的惯性力的作用。这样,质量块就有一
正比于加速度的交变力作用在压电片上。由于压电片具有压电效应,因此
在它的两个表面上就产生交变电荷(电压),当振动频率远低于传感器的固
有频率时,传感器的输出电荷(电压)与作用力成正比,亦即与试件的加速度
成正比。输出电量由传感器输出端引出,输入到前置放大器后就可以用普
通的测量仪器测出试件的加速度,如在放大器中加入适当的积分电路,就可
以测出试件的振动速度或位移。

2. 灵敏度

压电式加速度传感器的灵敏度有两种表示法:当它与电荷放大器配合
使用时,用电荷灵敏度 K_q 表示;与电压放大器配合使用时,用电压灵敏度
K_U 表示,其一般表达式为

$$K_q = \frac{Q}{a} \qquad (6-14)$$

$$K_U = \frac{U_a}{a} \qquad (6-15)$$

式中　Q——压电式传感器输出电荷量,C;

U_a——传感器的开路电压,V;

a——被测加速度,m/s^2。

因为 $U_a = Q/C_a$,所以有

$$K_q = K_U K_a \qquad (6-16)$$

下面以常用的压电陶瓷加速度传感器为例,讨论一下影响灵敏度的因素。

压电陶瓷元件受外力后,表面上产生的电荷为 $Q=d_{33}F$,因为质量块 m 的加速度 a 与作用在质量块上的力 F 有如下关系,即

$$F=ma \tag{6-17}$$

这样,压电式加速度传感器的电荷灵敏度与电压灵敏度就可表示为

$$K_q=dm \tag{6-18}$$

$$K_U=\frac{dm}{C_a} \tag{6-19}$$

由式(6-18)和式(6-19)可知,压电式加速度传感器的灵敏度与压电材料的压电系数成正比,也和质量块的质量成正比。为了提高传感器的灵敏度,应当选用压电系数大的压电材料做压电元件,在一般精度要求的测量中,大多采用以压电陶瓷为敏感元件的传感器。

增加质量块的质量(在一定程度上也就是增加传感器的质量),虽然可以增强传感器的灵敏度,但不是一个好方法。因为,在测量振动加速度时,传感器是安装在试件上的,它是试件的一个附加载荷,相当于增加了试件的质量,势必影响试件的振动,尤其当试件本身是轻型构件时影响更大。因此,为了提高测量的精确性,传感器的质量要轻,不能为了提高灵敏度而增加质量块的质量。另外,增加质量对传感器的高频响应也是不利的。

还可以用增加压电片的数目和采用合理的连接方法来提高传感器的灵敏度。

3. 频率特性

压电式加速度传感器可以简化成由集中质量 m、集中弹簧 K 和阻尼器 c 组成的二阶单自由度系统,如图 6-17 所示,因此,当传感器感受振动体的加速度时,可以列出运动方程为

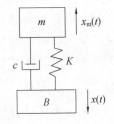

图 6-17　压电式加速度传感器简化模型

$$m\frac{d^2x_m}{dt^2}=-c\frac{d(x_m-x)}{dt}-K(x_m-x) \tag{6-20}$$

式中　x——运动体的绝对位移;

　　　x_m——质量块的绝对位移。

对式(6-20)整理可得

$$m\frac{d^2x_m}{dt^2}+c\frac{d(x_m-x)}{dt}+K(x_m-x)=c\frac{dx}{dt}+Kx \tag{6-21}$$

设输入加速度 $a_0=\frac{d^2\pi}{dt^2}$,应用求二阶传感器频响特性的方法,获得压电式加速度传感器的幅频特性与相频特性,分别为

$$\left|\frac{x_m - x}{a_0}\right| = \frac{\left(\frac{1}{\omega_m}\right)^2}{\sqrt{\left[1 - \left(\frac{\omega}{\omega_m}\right)^2\right]^2 + \left[2\xi\left(\frac{\omega}{\omega_m}\right)\right]^2}} \tag{6-22}$$

$$\varphi = -\tan^{-1}\frac{2\xi\left(\frac{\omega}{\omega_m}\right)}{1 - \left(\frac{\omega}{\omega_m}\right)^2} \tag{6-23}$$

式中　ω——振动角频率；

ω_m——传感器固有角频率；

ξ——阻尼比。

因为质量块与振动体之间的相对位移$(x_m - x)$应等于压电元件受到作用力后产生的变形量，所以，在压电元件的线性弹性范围内有

$$F = k_y(x_m - x) \tag{6-24}$$

式中　F——作用在压电元件上的力；

k_y——压电元件的弹性系数。

由于压电片表面产生的电荷量与作用力成正比，即 $Q = dF$，因此

$$Q = dk_y(x_m - x) \tag{6-25}$$

将式(6-25)代入式(6-22)后，则得到压电式加速度传感器灵敏度与频率的关系式，即

$$\frac{Q}{a_0} = \frac{\dfrac{dk_y}{\omega_m^2}}{\sqrt{\left[1 - \left(\frac{\omega}{\omega_m}\right)^2\right]^2 + \left[2\xi\left(\frac{\omega}{\omega_m}\right)\right]^2}} \tag{6-26}$$

式(6-26)所表示的频响特性曲线为二阶特性。在相当小的范围内，有

$$\frac{Q}{a_0} = \frac{dk_y}{\omega_m^2} \tag{6-27}$$

由式(6-27)可知，当传感器的固有频率远大于振动体的振动频率时，传感器的灵敏度 $K_q = Q/a_0$ 近似为一常数。从频响特性也可以清楚地看到，在这一频率范围内，灵敏度基本上不随频率而变化。这一频率范围就是传感器的理想工作范围。

对于与电荷放大器配合使用的情况，传感器的低频响应受电荷放大器的下限截止频率限制。电荷放大器的下限截止频率是指放大器的相对输入电压减小 3 dB 时的频率，它主要由放大器的反馈电容和反馈电阻决定。如果忽略放大器的输入电阻以及电缆的漏电阻，则电荷放大器的下限截止频率为

$$f = \frac{1}{2\pi R_f C_f} \tag{6-28}$$

式中　R_f——反馈电阻；

C_f——反馈电容。

一般电荷放大器的下限截止频率可低至 0.3 Hz，甚至更低。因此，当压

电式传感器与电荷放大器配合使用时,低频响应是很好的,可以测量接近静态的变化非常缓慢的物理量。

压电式传感器的高频响应特别好。只要放大器的高频截止频率远高于传感器自身的固有频率,那么,传感器的高频响应完全由自身的机械问题决定,放大器的通频带要做到 100 kHz 以上并不困难。因此,压电式传感器的高频响应只需要考虑传感器的固有频率。

这里要指出的是,测量频率的上限不能取得和传感器的固有频率一样高,这是因为在共振区附近灵敏度将随频率而急剧增强,传感器的输出电量就不再与输入机械量(如加速度)保持正比关系,传感器的输出就会随频率而变化。其次,由于在共振区附近工作,传感器的灵敏度要比出厂时校正的灵敏度高得多,因此,如果不进行灵敏度修正,将会造成很大的测量误差。

为此,实际测量的振动频率上限一般只取传感器固有频率的 $1/5\sim1/3$,也就是说工作在频响特性的平直段。在这一范围内,传感器的灵敏度基本上不随频率而变化。即使限制了它的测量频率范围,但由于传感器的固有频率相当高(一般可达 30 kHz 甚至更高),因此,它的测量频率的上限仍可高达几千赫,甚至十几千赫。

4. 结构

压电元件的受力和变形常见的有厚度变形、长度变形、体积变形和剪切变形四种。按以上四种变形方式也应当有相应的四种结构的传感器,但目前最常见的是基于厚度变形的压缩式和基于剪切变形的剪切式两种,前者使用更为普遍。如图 6-18 所示为四种压电式加速度传感器的典型结构。

如图 6-18(a)所示为外圈配合压缩式。它通过硬弹簧对压电元件施加预压力。这种形式的传感器结构简单,而且灵敏度高,但对环境的影响(如声学噪声、基座应变、瞬时温度冲击等)比较敏感,这是由于其外壳本身就是弹簧-质量系统中的一个弹簧,壳体和压电元件之间这种机械上的并联连接导致壳体内的任何变化都将影响到传感器的弹簧-质量系统,使传感器的灵敏度发生变化。

如图 6-18(b)所示为中心配合压缩式。它具有外圈配合压缩式的优点,并克服了对环境敏感的缺点。这是因为弹簧、质量块和压电元件用一根中心柱牢固地固定在厚基座上,而不与外壳直接接触,外壳仅起保护作用。但这种结构仍然要受到安装表面应变的影响。

如图 6-18(c)所示为倒装中心配合压缩式。它由于中心柱离开基座,所以避免了基座应变引起的误差。但由于壳体是质量-弹簧系统的一个组成部分,所以壳体的谐振会使传感器的谐振频率有所降低,以致减小传感器的频响范围。另外,这种形式的传感器的加工和装配也比较困难,这是它的主要缺点。

如图 6-18(d)所示为剪切式。它的底座向上延伸,如同一根圆柱,管式压电元件(极化方向平行于轴线)套在这根圆柱上,管式压电元件上再套上惯性质量环。剪切式加速度传感器的工作原理是：如果传感器感受到向上的振动，由于惯性力的作用，将使质量环保持滞后。这样，在压电元件中就出现剪切应力，使其产生剪切变形，从而在压电元件的内外表面上产生电荷，其电场方向垂直于极化（电极上有电源通过时，电极电动势偏离其中平衡值的现象）方向。如果某瞬时传感器感受到向下的振动，则压电元件的内外表面上的电荷极性相反，这种结构的传感器灵敏度大，横向灵敏度小，而且能减小基座变形的影响。由于质量-弹簧系统与外壳隔开，因此，声学噪声和温度冲击等环境的影响也比较小。剪切式加速度传感器具有很高的固有频率，频响范围很宽，特别适用于测量高频振动，它的体积和质量都可以很小，有助于实现传感器微型化。但是，由于压电元件与中心柱之间，以及惯性质量环与压电元件之间要用导电胶黏结，要求一次装配成功，因此，成品率较低。更主要的是，因为用导电胶黏结，所以在高温环境中使用就困难了。

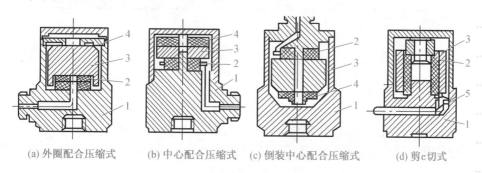

(a) 外圈配合压缩式　　(b) 中心配合压缩式　　(c) 倒装中心配合压缩式　　(d) 剪c切式

图 6-18　压电式加速度传感器的典型结构

1—基座；2—压电片；3—质量块；4—弹簧片；5—电缆

剪切式加速度传感器是一种很有发展前景的传感器。目前，优质的剪切式加速度传感器同压缩式加速度传感器相比，横向灵敏度小一半，灵敏度受瞬时温度冲击和基座弯曲应变效应的影响都小很多，因此，剪切式加速度传感器有替代压缩式的趋势。

二、压电式测力传感器

压电元件直接成为力-电转换元件是很自然的。关键是选取合适的压电材料、变形方式、机械上串联或并联的压电片数、压电片的几何尺寸和合理的传力结构。显然，压电元件的变形方式以利用纵向压电效应的 TE（因电场平行于构造走向，称为 TE 极化模式）方式为最简便。而压电材料的选择则决定于所测力的量值大小、对测量误差提出的要求、工作环境温度等各种因素。压电片数通常是使用机械串联而电气并联的两片。因为机械上串联的压电片数增加会导致传感器抗侧向耦合干扰能力的降低，而机械上并联的压电片数增加会导致对传感器加工精度的过高要求，同时，传感器的电压输出灵敏度并不增大。下面介绍几个压电式测力传感器的实例。

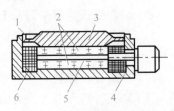

图 6-19 YDS-78 型单向压电式
测力传感器的结构

1—电子束焊接;2—压电片;3—上盖;
4—基座;5—电极;6—绝缘套

如图 6-19 所示为 YDS-78 型单向压电式测力传感器的结构。它用于机床动态切削力的测量。压电与采用 XY 切型石英晶片,尺寸为 $\phi 8 \text{ mm} \times 1 \text{ mm}$。上盖为传力元件,其变形壁的厚度为 0.1～0.5 mm,由测力范围决定。绝缘套用来绝缘和定位。基座内外底面对其中心线的垂直度、上盖以及晶片电极的上下底面的平行度与表面光洁度都有极其严格的要求,否则会使横向灵敏度增大或使片子因应力集中而过早破碎。为了提高绝缘阻抗,传感器装配前要经过多次净化(包括超声波清洗),然后在超净工作环境下进行装配,加盖之后用电子束封焊。YDS-78 型单向压电式测力传感器的性能指标见表 6-1。

表 6-1 YDS-78 型单向压电式测力传感器的性能指标

测力范围	0～5 000 N	最小分辨率	1 N
绝缘阻抗	2×10^{14} Ω	固有频率	50～60 kHz
非线性误差	<1%	重复性误差	<1%
电荷灵敏度	3.8～4.4 μC/N	质 量	10 g

如图 6-20 所示为一种测量均布压力的传感器结构。拉紧的薄壁管对压电片提供预载力,而感受外部压力的是由挠性材料做成的很薄的膜片。冷却腔可以连接冷却系统,以保证传感器工作在一定的环境温度条件下,避免因温度变化造成预载力变化引起的测量误差。

如图 6-21 所示为另一种压电式压力传感器的结构。它采用两个相同的膜片对压电片施加预载力,从而可以消除由振动加速度引起的附加输出。

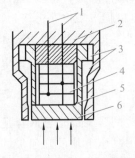

图 6-20 测量均布压力的传感器的结构

1—引线;2—外壳;3—冷却腔;
4—压电片;5—薄壁管;6—膜片

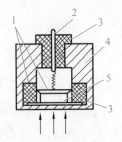

图 6-21 消除振动加速度影响的传感器的结构

1—膜片;2—引线端子;3—绝缘子;
4—外壳;5—压电片

三、电子微重力生物传感器

根据压电晶体的压电效应可知,当压电晶体受力后,压电晶体表面电荷变化 Δq 与外力变化 ΔF 之间存在的线性关系可表示为

$$\Delta q = D \cdot \Delta F$$

式中,D 为材料常数。

若把由压电晶体做成的压电传感器看成一个平板电容器,则其电容量可表示为

$$C = \frac{\varepsilon_r \varepsilon_0 S}{d}$$

式中　S——极板面积;

　　　d——极板间距离;

　　　ε_r——介质的相对介电常数;

　　　ε_0——空气的介电常数。

由于 $\Delta U = \dfrac{\Delta q}{C}$,故极板之间的电位变化为

$$\Delta U = \frac{D \cdot \Delta F}{\varepsilon_r \varepsilon_0 S} d$$

压电材料价廉、简单,且输出电压较大,因而在生物医学领域得到广泛应用。下面介绍一种使用压电晶体的电子微重力生物传感器及其原理。

工业上生产的石英晶体具有很高的纯净度,固有频率十分稳定,且其压电振荡频率主要取决于石英晶片的厚度。用于电子微重力生物传感器的石英晶片厚度为 10~15 mm,采用 Y 型切割模式,该模式可以克服谐振和奇次泛音造成的干扰。因此,石英晶体的谐振频率极大地依赖于晶体及涂层的组合质量。例如,现有的石英传感器,其表面吸附的被分析物质而引起的谐振频率变化可计算为

$$\Delta f = -2.3 \times 10^6 f^2 \frac{\Delta m}{S}$$

式中　f——晶体频率,Hz;

　　　Δm——晶体吸附的被测物质质量,g;

　　　S——传感器敏感区面积,cm^2。

利用这一原理可对溶液中许多化合物,通过电极上的电解沉淀进行测量。例如,可测溶液中的碘化物、铁 Ⅲ、铅 Ⅱ 和铅 Ⅲ。当其浓度为 10~100 $\mu mol/L$,该方法有很好的线性关系。

用电子微重力生物传感器组成的测量系统如图 6-22 所示。该系统使用了两个传感器,一个是参考传感器 C_r,另一个是测量用传感器 C_t,分别连接于振荡回路 O_r和 O_t 中,并分别利用频率计数器 FC_r、FC_t 伺服,连接在公用的微机

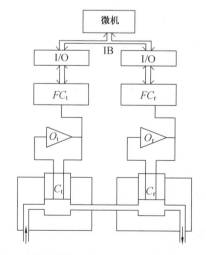

图 6-22　用电子微重力生物传感器组成的测量系统

上。这样一套系统可由 Δf 的量换算出 Δm 的量。此系统可用于生物液体的测量,如监测微生物的生长率等。

技能实训

压电式传感器振动实验

1. 实验目的

了解压电式传感器测量振动的原理和方法。

2. 实验仪器

振动源、低频振荡器、直流稳压电源、压电式传感器实验模块、移相检波低通实验模块等。

3. 实验原理

压电式传感器由质量块和压电陶瓷片等组成（观察实验用压电式加速度计结构），工作时传感器感受与试件相同频率的振动，质量块便有正比于加速度的交变力作用在压电陶瓷片上，由于压电效应，压电陶瓷片产生正比于运动加速度的表面电荷。

4. 实验内容与步骤

压电式传感器
振动实验

（1）压电式传感器已安装在振动梁的圆盘上。

（2）将振荡器的"低频输出"接到三源板的"低频输入"，并按如图 6-23 所示接线，合上主控台电源开关，调节低频调幅到最大、低频调频到适当位置，使振动梁的振幅逐渐增大（直到共振）。

（3）将压电式传感器的输出端接到压电式传感器实验模块的输入端 $\dot{U}_{i1}$，$\dot{U}_{o1}$ 接 $\dot{U}_{i2}$，$\dot{U}_{o2}$ 接低通滤波器输入端 $\dot{U}_{i}$，输出端 $\dot{U}_{o}$。接通信接口 CH1，用上位机观察压电式传感器的输出波形。

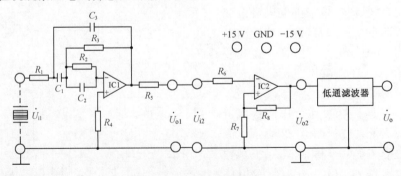

图 6-23   压电式传感器振动实验电路

5. 实验报告

改变低频输出信号的频率，记录振动源不同振幅下压电式传感器输出波形的频率和幅值。

巩固练习

(1)什么是压电效应？压电晶体与压电陶瓷的压电效应各有何特点。

(2)设计一个压电式传感器测量电路需要考虑什么因素？其原因是什么？

(3)为什么压电式传感器只能用于动态测量而不能用于静态测量？为什么频率越高越好？

(4)常用的压电材料有哪几种？

(5)什么是正压电效应？什么是逆压电效应？

(6)压电式传感器的输出信号的特点是什么？它对放大器有什么要求？放大器有哪两种类型？

(7)简述压电式加速度传感器的工作原理。

(8)有一压电晶体，其面积为 20 mm^2，厚度为 10 mm，当受到压力 $F=2\,000$ N 作用时，求产生的电荷量和输出电压(其中 $\varepsilon_0=8.85\times10^{-12}$)。

①0°X 切型的纵向石英晶体：$\varepsilon_r=4.5$，$d_{11}=2.31\times10^{-12}$ C/N；

②利用纵向效应的 $BaTiO_3$：$\varepsilon_r=1\,900$，$d_{33}=191\times10^{-12}$ C/N。

(9)已知某压电晶体的电容为 1 000 pF，$K_q=2.5$ C/cm，电缆电容 $C_c=3\,000$ pF，示波器的输入阻抗为 1 MΩ，并联电容为 50 pF。求：

①压电晶体的电压灵敏度 K_U；

②测量系统的高频响应；

③如果系统允许的测量幅值误差为 5%，则可测最低频率是多少？

④如果频率为 10 Hz，允许误差为 5%，用并联连接方式，则电容量是多大？

项目7　了解磁电式传感器

 项目要求

磁电感应式传感器又称为磁电式传感器,是利用电磁感应原理将被测量(如振动、位移、转速等)转换成电信号的一种传感器。它不需要辅助电源就能把被测对象的机械量转换成易于测量的电信号,是一种有源传感器。由于它输出功率大且性能稳定,具有一定的工作带宽(10~1 000 Hz),所以磁电式传感器在生产、生活中得到了广泛的应用。

■ 知识要求

(1)了解磁电式传感器的工作原理、基本特性。

(2)了解并掌握磁电式传感器的测量电路。

(3)了解并掌握霍尔元件的构造及测量电路、霍尔元件的补偿电路。

重点:磁电式传感器的工作原理、结构特性及测量电路的分析设计,霍尔元件的构造原理及应用。

难点:磁电式传感器的动态特性分析及测量电路的分析设计。

■ 能力要求

(1)能够正确地识别磁电式传感器,明确其在整个工作系统中的作用。

(2)在设计中,能够根据工作系统的特点,找出匹配的磁电式传感器。

(3)能够准确地判断磁电式传感器的好坏,熟练掌握磁电式传感器的测量方法。

(4)能够设计一个简单的测量电路。

 知识梳理

一、磁电式传感器

1.磁电式传感器的工作原理

根据电磁感应定律,当 N 匝线圈在恒定磁场内运动时,设穿过线圈的

磁通为 ϕ，则线圈内的感应电动势 E 与磁通变化率 $\mathrm{d}\phi/\mathrm{d}t$ 间的关系为

$$E = -N\frac{\mathrm{d}\phi}{\mathrm{d}t} \tag{7-1}$$

式中 E——感应电动势；

  N——线圈匝数；

  ϕ——线圈的磁通。

根据这一原理，可以设计成变磁通式和恒磁通式两种磁电式传感器。

如图 7-1 所示是变磁通磁电式传感器的结构。这种传感器用来测量旋转物体的角速度。

如图 7-1(a) 所示为开磁路变磁通磁电式传感器的结构，其线圈、磁铁静止不动，测量齿轮安装在被测旋转体上，随之一起转动。每转过一个齿，齿的凹凸引起磁路磁阻变化一次，磁通也就变化一次，线圈中产生感应电动势，其变化频率等于被测转速与测量齿轮齿数的乘积。这种传感器结构简单，但输出信号较小，且因高速轴上加装齿轮较危险而不宜测量高转速。

图 7-1(b) 所示为闭磁路变磁通磁电式传感器的结构，它由装在转轴上的内齿轮和外齿轮、永久磁铁和线圈组成，内、外齿轮齿数相同。当转轴连接到被测转轴上时，外齿轮不动，内齿轮随被测轴而转动，内、外齿轮的相对转动使气隙磁阻产生周期性变化，从而引起磁路中磁通的变化，使线圈内产生周期性变化的感生电动势。显然，感应电动势的频率与被测转速成正比。

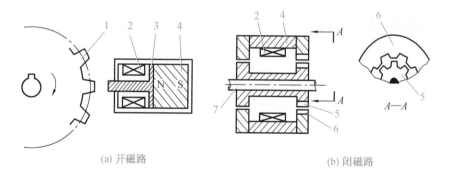

(a) 开磁路   (b) 闭磁路

图 7-1 变磁通磁电式传感器的结构

1—齿形圆盘；2—线圈；3—铁芯；4—永久磁铁；5—内齿轮；6—外齿轮；7—转轴

如图 7-2 所示为恒磁通磁电式传感器的结构，它由永久磁铁、线圈、弹簧、壳体等组成。

磁路系统产生恒定的直流磁场，磁路中的工作气隙固定不变，因而气隙中磁通也是恒定不变的。其运动部件可以是线圈（动圈式），也可以是永久磁铁（动铁式）。动圈式和动铁式的工作原理是完全相同的。当壳体随被测振动体一起振动时，由于弹簧较软，运动部件质量相对较大。当振动频率足够高（远大于传感器固有频率）时，运动部件惯性很大，来不及随振动体一起

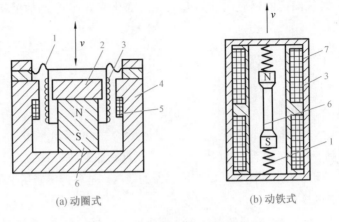

(a) 动圈式   (b) 动铁式

图 7-2 恒磁通磁电式传感器的结构

1—弹簧;2—极掌;3—线圈;4—磁轭;5—补偿线圈;6—永久磁铁;7—壳体

振动,近乎静止不动,振动能量几乎全被弹簧吸收,永久磁铁与线圈之间的相对运动速度接近于振动体振动速度,永久磁铁与线圈的相对运动切割磁力线,从而产生感应电动势 E,即

$$E = -B_0 L N v \tag{7-2}$$

式中 B_0——工作气隙磁感应强度;

      L——每匝线圈平均长度;

      N——线圈在工作气隙磁场中的匝数;

      v——相对运动速度。

2. 磁电式传感器的基本特性

当测量电路接入磁电式传感器电路中时,磁电式传感器的输出电流 I_o 为

$$I_o = \frac{E}{R + R_f} = -\frac{B_0 L N v}{R + R_f} \tag{7-3}$$

式中 R_f—— 测量电路输入电阻;

      R —— 线圈等效电阻。

电流灵敏度为

$$K_I = \frac{I}{v} = -\frac{B_0 L N}{R + R_f} \tag{7-4}$$

输出电压和电压灵敏度分别为

$$U_o = I_o R_f = -\frac{B_0 L N v R_f}{R + R_f} \tag{7-5}$$

$$K_U = \frac{U_o}{v} = -\frac{B_0 L N R_f}{R + R_f} \tag{7-6}$$

当传感器的工作温度发生变化或受到外界磁场干扰、机械振动或冲击时,其灵敏度将发生变化而产生测量误差。相对误差为

$$\gamma = \frac{\mathrm{d}K_1}{K_1} = \frac{\mathrm{d}B}{B} + \frac{\mathrm{d}L}{L} - \frac{\mathrm{d}R}{R} \tag{7-7}$$

（1）非线性误差

磁电式传感器产生非线性误差的主要原因是：传感器线圈内有电流 I 流过，将产生一定的交变磁通 ϕ_1，此交变磁通叠加在永久磁铁所产生的工作磁通上，使恒定的气隙磁通变化，如图 7-3 所示。当传感器线圈相对于永久磁铁磁场的运动速度增大时，将产生较大的感生电动势 E 和较大的电流 I，由此而产生的附加磁场方向与原工作磁场方向相反，减弱了工作磁场的作用，从而使得传感器的灵敏度随着被测速度的增大而减小。

当线圈的运动速度与如图 7-3 所示方向相反时，感生电动势 E、线圈感应电流反向，所产生的附加磁场方向与工作磁场同向，从而增大了传感器的灵敏度。其结果是线圈运动速度方向不同时，传感器的灵敏度具有不同的数值，使传感器输出基波能量减小，谐波能量增大。即这种非线性特性同时伴随着传感器输出的谐波失真。显然，传感器灵敏度越高，线圈中电流越大，这种非线性越严重。

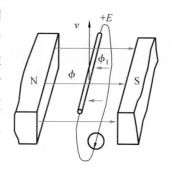

图 7-3　传感器电流的磁场效应

为补偿上述附加磁场干扰，可在传感器中加入补偿线圈，如图 7-2(a)所示。补偿线圈通以经放大 K 倍的电流，适当选择补偿线圈参数，可使其产生的交变磁通与传感线圈本身所产生的交变磁通互相抵消，从而达到补偿的目的。

（2）温度误差

当温度变化时，式(7-7)中右边三项都不为零，对铜线而言每摄氏度变化量为 $\mathrm{d}L/L \approx 0.167 \times 10^{-4}$，$\mathrm{d}R/R \approx 0.43 \times 10^{-2}$，$\mathrm{d}B/B$ 的变化量取决于永久磁铁的磁性材料。对铝镍钴永久磁合金，$\mathrm{d}B/B \approx -0.02 \times 10^{-2}$，这样由式(7-7)可得温度误差的近似值为

$$\gamma_t \approx (-4.5\%)/10\ ^{\circ}\mathrm{C} \tag{7-8}$$

这一数值是很可观的，所以需要进行温度补偿。补偿通常采用热磁分流器。热磁分流器由具有很大负温度系数的特殊磁性材料做成。它在正常工作温度下已将空气隙磁通分流掉一小部分。当温度升高时，热磁分流器的磁导率显著减小，经它分流掉的磁通占总磁通的比例较正常工作温度下显著降低，从而保持空气隙的工作磁通不随温度变化，维持传感器灵敏度为常数。

3. 磁电式传感器的测量电路

磁电式传感器直接输出感应电动势，且通常具有较高的灵敏度，所以一

般不需要高增益放大器。但磁电式传感器是速度传感器,若要获取被测位移或加速度信号,则需要配用积分或微分电路。如图 7-4 所示为磁电式传感器的测量电路框图。

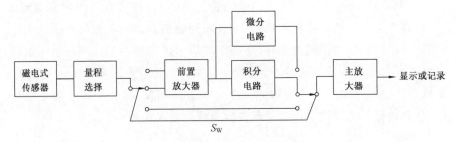

图 7-4 磁电式传感器的测量电路框图

4. 磁电式传感器的应用

(1)动圈式振动速度传感器

如图 7-5 所示为动圈式振动速度传感器的结构。其壳体为钢制,里面用铝支架将圆柱形永久磁铁与壳体固定成一体,永久磁铁中间有一小孔,穿过小孔的芯轴两端架起线圈和阻尼环,芯轴两端通过圆形膜片支撑且与壳体相连。

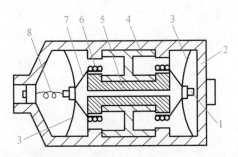

图 7-5 动圈式振动速度传感器的结构

1—芯轴;2—壳体;3—圆形膜片;4—支架;5—永久磁铁;6—线圈;7—阻尼环;8—弹簧

在工作状态下,动圈式振动速度传感器与被测物体刚性连接。当物体振动时,壳体和永久磁铁随之振动,而芯轴、线圈和阻尼环因惯性而不随之振动。因而,磁路空气隙中的线圈切割磁力线而产生正比于振动速度的感应电动势,线圈的输出通过引线输出到测量电路。该传感器测量的是振动速度参数,若在测量电路中接入积分电路,则输出电动势与位移成正比;若在测量电路中接入微分电路,则输出电动势与加速度成正比。

(2)磁电式扭矩传感器

如图 7-6 所示为磁电式扭矩传感器的工作原理。在驱动源和负载之间的扭转轴的两侧安装有齿形圆盘,它们旁边装有两个相应的磁电式传感器。这种磁电式传感器的结构如图 7-7 所示。其检测元件部分由永久磁铁、线圈和铁芯组成。永久磁铁产生的磁力线与齿形圆盘交链。当齿形圆盘旋转时,其齿凸凹引起磁路气隙的变化,于是磁通也发生变化,在线圈中感应出交流电压,其频率等于齿形圆盘上齿数与转数的乘积。当扭矩作用在扭转轴上时,两个磁电式传感器输出的感应电压 U_1 和 U_2 存在相位差。这个相位差与扭转轴的扭转角成正比,这样就可以把由扭矩引起的扭转角转换成相位差的电信号。

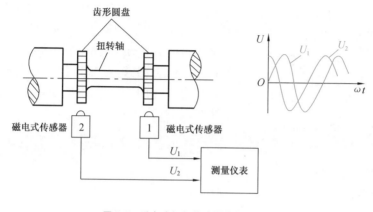

图 7-6　磁电式扭矩传感器的工作原理

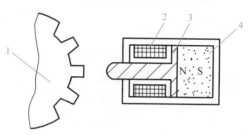

图 7-7　磁电式传感器的结构
1—齿形圆盘;2—线圈;3—铁芯;4—永久磁铁

二、霍尔式传感器

霍尔式传感器是基于霍尔效应的一种传感器。1879 年,美国物理学家霍尔首先在金属材料中发现了霍尔效应,但由于金属材料的霍尔效应太弱而没有得到应用。随着半导体技术的发展,开始用半导体材料制成霍尔元件,由于它的霍尔效应显著而得到了广泛的应用和发展。霍尔式传感器广泛用于电磁、压力、加速度、振动等方面的测量。

1.霍尔效应及霍尔元件

（1）霍尔效应

置于磁场中的静止载流导体,当它的电流方向与磁场方向不一致时,载流导体上平行于电流和磁场方向上的两个面之间产生电动势,这种现象称为霍尔效应,该电动势称为霍尔电动势。

如图 7-8 所示,在垂直于外磁场 B 的方向上放置一导电板,导电板通以电流 I,方向如图 7-8 所示。导电板中的电流是金属中自由电子在电场作用

下的定向运动。此时,每个电子受洛仑兹力 f_m 的作用,f_m 大小为

$$f_m = eBv \qquad (7\text{-}9)$$

式中　e——电子电荷;

　　　v——电子运动平均速度;

　　　B——磁场的磁感应强度。

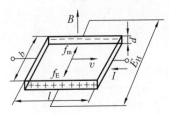

图 7-8　霍尔效应的原理

f_m 的方向在图 7-8 中是向上的,静电场对电子的作用力 f_E 与 f_m 方向相反,此时电子除了沿电流反方向作定向运动外,还在 f_m 的作用下向上漂移,结果使金属导电板上底面积累电子,而下底面积累正电荷,从而形成了附加内电场,称为霍尔电场,该电场强度为

$$E_H = \frac{U_H}{b} \qquad (7\text{-}10)$$

式中,U_H 为电位差。

霍尔电场的出现,使定向运动的电子除了受洛仑兹力作用外,还受到霍尔电场的作用力,其大小为 eE_H,此力阻止电荷继续积累。随着上、下底面积累电荷的增加,霍尔电场增大,电子受到的电场力也增大。当电子所受洛仑兹力与霍尔电场作用力大小相等、方向相反时,有

$$eE_H = evB \qquad (7\text{-}11)$$

则

$$E_H = vB \qquad (7\text{-}12)$$

此时电荷不再向两底面积累,从而达到平衡状态。

霍尔效应

若金属导电板单位体积内电子数为 n,电子定向运动平均速度为 v,则激励电流 $I = nevbd$,则

$$v = \frac{I}{bdne} \qquad (7\text{-}13)$$

将式(7-13)代入式(7-12)得

$$E_H = \frac{IB}{bdne} \qquad (7\text{-}14)$$

将式(7-14)代入式(7-10)得

$$U_H = \frac{IB}{ned} \qquad (7\text{-}15)$$

令 $R_H = 1/ne$,称为霍尔常数,其大小取决于导体载流子密度,则

$$U_H = R_H \frac{IB}{d} = K_H IB \qquad (7\text{-}16)$$

式中,$K_H = R_H/d$,称为霍尔元件的灵敏度(为了提高灵敏度,霍尔元件常制成薄片形状,称为霍尔片)。由式(7-16)可知,霍尔电动势正比于激励电流及磁感应强度,其灵敏度与霍尔常数 R_H 成正比,而与霍尔元件的厚度 d 成反比。

对霍尔片材料,希望有较大的霍尔常数 R_H,霍尔元件激励极间电阻 $R = \rho L/(bd)$,同时 $R = U_1/I = E_1 L/I = vL/(\mu nevbd)$(因 $\mu = v/E_1$,μ 为载流

子迁移率），其中 U_I 为加在霍尔元件两端的激励电压，E_I 为霍尔元件激励极间内电场，v 为电子移动的平均速度。则

$$R_H = \frac{\rho L}{bd} = \frac{L}{\mu nebd} \tag{7-17}$$

解得

$$R_H = \mu \rho \tag{7-18}$$

由式(7-18)可知，霍尔常数等于霍尔片材料的电阻率 ρ 与载流子迁移率 μ 的乘积。若要霍尔效应强，则 R_H 值大，因此要求霍尔片材料有较大的电阻率和载流子迁移率。

一般金属材料载流子迁移率很高，但电阻率很小；而绝缘材料电阻率极高，但载流子迁移率极低。半导体材料的电阻率和载流子迁移率介于金属材料和绝缘材料之间，故比较适于制造霍尔片。目前常用的霍尔片材料有锗、硅、锑化铟、砷化铟等半导体材料。其中，N 型锗容易加工制造，其霍尔系数、温度性能和线性度都较好。N 型硅的线性度最好，其霍尔系数、温度性能同 N 型锗相近。锑化铟对温度最敏感，尤其在低温范围内温度系数大，但在室温时其霍尔系数较大。砷化铟的霍尔系数较小，温度系数也较小，输出特性线性度好。表 7-1 为常用国产霍尔元件的技术参数。

表 7-1　常用国产霍尔元件的技术参数

参数名称	符号	单位	HZ-1 型	HZ-2 型	HZ-4 型	HT-1 型	HS-1 型
			材料（N 型）				
			Ge(111)	Ge(111)	Ge(100)	InSb	InAs
电阻率	ρ	$\Omega \cdot cm$	0.8~1.2	0.8~1.2	0.1~0.5	0.003~0.01	0.01
几何尺寸	$L \times b \times d$	mm×mm×mm	8×4×0.2	4×2×0.2	8×4×0.2	5×3×0.2	8×4×0.2
输入电阻	R_i	Ω	88~132	88~132	36~54	0.64~0.96	0.96~1.44
输出电阻	R_o	Ω	80~120	80~120	36~54	0.4~0.6	0.8~1.2
灵敏度	K_H	mV/(mA·T)	>12	>12	>4	1.44~2.16	0.8~1.2
不等位电阻	r_0	Ω	<0.07	<0.05	<0.02	<0.05	<0.03
不等位电动势	U_0	μV	<150	<200	<100		
额定控制电压	I_C	mA	20	15	50	250	200
霍尔电动势温度系数	α	1/℃	0.04%	0.04%	0.03%	−1.5%	
内阻温度系数	β	1/℃	0.5%	0.5%	0.3%	−0.5%	
热阻	R_θ	℃/mW	0.4	0.25	0.1		
工作温度	T	℃	−40~45	−40~45	−40~75	0~40	−40~60

(2)霍尔元件的结构

霍尔元件的结构很简单,它由霍尔片、引线和壳体组成,如图 7-9(a)所示。霍尔片是一块矩形半导体单晶薄片,引出四根引线。1、1′两根引线加激励电压或电流,称为激励电极;2、2′引线为霍尔输出引线,称为霍尔电极。霍尔元件壳体由非导磁金属、陶瓷或环氧树脂封装而成。在电路中霍尔元件可用两种符号表示,如图 7-9(b)所示。

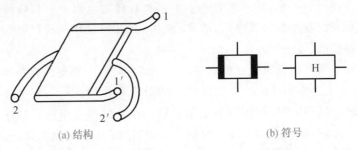

(a) 结构 　　　　　 (b) 符号

图 7-9　霍尔元件的结构和符号

(3)霍尔元件的特性

①额定激励电流和最大允许激励电流:当霍尔元件自身温升 10 ℃时所流过的激励电流称为额定激励电流。以元件允许最大温升为限制所对应的激励电流称为最大允许激励电流。因为霍尔电动势随激励电流增大而增大,所以,使用中希望选用尽可能大的激励电流,因而需要知道元件的最大允许激励电流。改善霍尔元件的散热条件,可以使激励电流增大。

②输入电阻和输出电阻:激励电极间的电阻值称为输入电阻。霍尔电极输出电动势对外电路来说相当于一个电压源,其电源内阻即输出电阻。以上电阻值是在磁感应强度为零且环境温度在 20 ℃±5 ℃时确定的。

③不等位电动势和不等位电阻:当霍尔元件的激励电流为 I_H 时,若元件所处位置磁感应强度为零,则它的霍尔电动势应该为零,但实际不为零。这时测得的空载霍尔电动势称为不等位电动势。产生这一现象的原因有:霍尔电极安装位置不对称或不在同一等电位面上;半导体材料不均匀造成了电阻率不均匀或是几何尺寸不均匀;激励电极接触不良造成激励电流不均匀分布等。

不等位电动势也可用不等位电阻表示,即

$$r_0 = \frac{U_0}{I_H} \tag{7-19}$$

式中　r_0——不等位电阻;

　　　U_0——不等位电动势;

　　　I_H——激励电流。

由式(7-19)可以看出,不等位电动势就是激励电流流经不等位电阻 r_0 所产生的电压。

不等位电动势与霍尔电动势具有相同的数量级,有时甚至超过霍尔电动势,而实际中要消除不等位电动势是极其困难的,因而需要采用一些补偿的方法减小其产生的不良影响。由于不等位电动势与不等位电阻是一致的,可以采用分析电阻的方法来找到不等位电动势的补偿方法。如图 7-10 所示,其中 A、B 为激励电极,C、D 为霍尔电极,极分布电阻分别用 R_1、R_2、R_3、R_4 表示。理想情况下,$R_1 = R_2 = R_3 = R_4$,即可使零位电动势为零(或零位电阻为零)。实际上,由于不等位电阻的存在,说明此四个电阻值不相等,可将其视为电桥的四个桥臂,则电桥不平衡。为使其达到平衡,可在阻值较大的桥臂上并联电阻,如图 7-10(a)所示,或在两个桥臂上同时并联电阻,如图 7-10(b)所示。

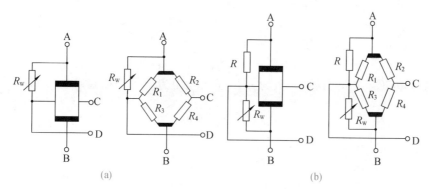

图 7-10　不等位电动势补偿电路

④寄生直流电动势:在外加磁场为零、霍尔元件用交流激励时,霍尔电极输出除了交流不等位电动势外,还有直流电动势,称为寄生直流电动势。其产生的原因有:激励电极与霍尔电极接触不良,形成非欧姆接触,造成整流效果;两个霍尔电极大小不对称,则两个电极点的热容不同,散热状态不同形成极向温差电动势。寄生直流电动势一般在 1 mV 以下,它是影响霍尔片温漂的原因之一。

⑤霍尔电动势温度系数:在一定磁感应强度和激励电流下,温度每变化 1 ℃时,霍尔电动势变化的百分率称为霍尔电动势温度系数。它同时也是霍尔系数的温度系数。

(4)霍尔元件温度补偿

霍尔元件是采用半导体材料制成的,因此它的许多参数都具有较大的温度系数。当温度变化时,霍尔元件的载流子浓度、迁移率、电阻率及霍尔系数都将发生变化,从而使霍尔元件产生温度误差。

为了减小霍尔元件的温度误差,除选用温度系数小的元件或采用恒温措施外,由 $U_H = K_H IR$ 可看出采用恒流源供电是个有效措施,可以使霍尔电动势稳定。但也只能减小由于输入电阻随温度变化而引起的激励电流 I 变化所带来的影响。霍尔元件的灵敏度 K_H 也是温度的函数,它随温度的变化引起霍尔电动势的变化。霍尔元件的灵敏度与温度的关系可写成

$$K_H = K_{H0}(1 + \alpha \Delta T) \tag{7-20}$$

式中　K_{H0}——温度 T_0 时的 K_H 值;

　　　ΔT——温度变化量,$\Delta T = T - T_0$;

　　　α——霍尔电动势温度系数。

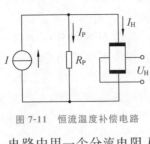

图 7-11　恒流温度补偿电路

大多数霍尔元件的温度系数 α 是正值，它们的霍尔电动势随温度升高而增大 $(1+\alpha\Delta T)$ 倍。如果同时让激励电流 I 相应地减小，并能保持 $K_H I$ 乘积不变，就抵消了灵敏度系数 K_H 增大产生的影响。如图 7-11 所示就是按此思路设计的一个既简单、补偿效果又较好的补偿电路。

电路中用一个分流电阻 R_P 与霍尔元件的激励电极相并联。当霍尔元件的输入电阻随温度升高而增大时，旁路分流电阻 R_P 自动地加强分流，减小了霍尔元件的激励电流 I，从而达到补偿的目的。

在如图 7-11 所示的恒流温度补偿电路中，设初始温度为 T_0，霍尔元件输入电阻为 R_{i0}，灵敏度系数为 K_{H0}，分流电阻为 R_{P0}，根据分流概念得

$$I_{H0}=\frac{R_{P0}I}{R_{P0}+R_{i0}} \tag{7-21}$$

当温度升至 T 时，电路中各参数变为

$$R_i=R_{i0}(1+\delta\Delta T) \tag{7-22}$$

$$R_P=R_{P0}(1+\beta\Delta T) \tag{7-23}$$

式中　δ——霍尔元件输入电阻温度系数；

　　　β——分流电阻温度系数。

则

$$I_H=\frac{R_P I}{R_P+R_i}=\frac{R_{P0}(1+\beta\Delta T)I}{R_{P0}(1+\beta\Delta T)+R_{i0}(1+\delta\Delta T)} \tag{7-24}$$

温度升高了 ΔT，为使霍尔电动势不变，补偿电路必须满足温升前、后的霍尔电动势不变，即

$$U_{H0}=U_H$$

$$K_{H0}I_{H0}B=K_H I_H B \tag{7-25}$$

则

$$K_{H0}I_{H0}=K_H I_H \tag{7-26}$$

将式(7-20)、式(7-21)和式(7-24)代入式(7-26)，经整理并略去 α、β、$(\Delta T)^2$ 高次项后，得

$$R_{P0}=\frac{(\delta-\alpha-\beta)R_{i0}}{\alpha} \tag{7-27}$$

当霍尔元件选定后，它的输入电阻 R_{i0} 和温度系数 δ 及霍尔电动势温度系数 α 是确定值。由式(7-27)即可计算出分流电阻 R_{P0} 及所需的温度系数 β 值。为了满足 R_{i0} 及 β 两个条件，分流电阻可取温度系数不同的两种电阻的串、并联组合，这样虽然麻烦，但效果很好。

2. 霍尔式传感器的应用

（1）霍尔式位移传感器

霍尔元件具有结构简单、体积小、动态特性好和寿命长的优点，它不仅用于磁感应强度、有功功率及电能参数的测量，也在位移测量中得到了广泛应用。

如图 7-12 所示为霍尔式位移传感器的工作原理。如图 7-12(a)所示，磁场强度相同的两块永久磁铁，同极性相对地放置，霍尔元件处在两块磁铁的中间。由于磁铁中间的磁感应强度 $B=0$，因此霍尔元件输出的霍尔电动势 U_H 也等于零，此时位移 $\Delta x=0$。若霍尔元件在两磁铁中产生相对位移，霍尔元件感受到的磁感应强度也随之改变，这时 U_H 不为零，其量值大小反映出霍尔元件与磁铁之间相对位置的变化量，这种结构传感器的动态范围可达 $-5\sim5$ mm，分辨率为 0.001 mm。

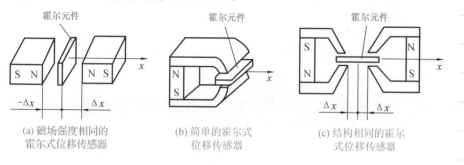

(a) 磁场强度相同的　　　(b) 简单的霍尔式　　　(c) 结构相同的霍尔
　　霍尔式位移传感器　　　 位移传感器　　　　　　式位移传感器

图 7-12　霍尔式位移传感器的工作原理

如图 7-12(b)所示为一种结构简单的霍尔式位移传感器，由一块永久磁铁组成磁路的传感器，在 $\Delta x=0$ 时，霍尔电压不等于零。

如图 7-12(c)所示为一个由两个结构相同的磁路组成的霍尔式位移传感器，为了获得较好的线性分布，在磁极端面装有极靴，霍尔元件调整好初始位置时，可以使霍尔电压 $U_H=0$。这种传感器灵敏度很高，但它所能检测的位移量较小，适合于微位移量及振动的测量。

(2)霍尔式转速传感器

如图 7-13 所示为几种不同结构的霍尔式转速传感器。磁性转盘的输入轴与被测转轴相连，当被测转轴转动时，磁性转盘随之转动。固定在磁性转盘附近的霍尔式传感器便可在每一个小磁铁通过时产生一个相应的脉冲，检测出单位时间的脉冲数，便可知被测转速。磁性转盘上小磁铁的数目决定了传感器测量转速的分辨率。

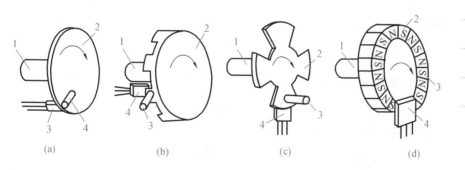

(a)　　　　　　(b)　　　　　　(c)　　　　　　(d)

图 7-13　几种不同结构的霍尔式转速传感器

1—输入轴；2—磁性转盘；3—小磁铁；4—霍尔式传感器

项目实施

■ 实施要求

需要具备磁电式传感器及仿真实验设备。

■ 实施步骤

(1)识别所需类别传感器,记录其型号及特性数据。

(2)确定所做实验系统电路无误。

(3)连接仿真电路及实验设备,检查无误并启动仿真实验。

(4)记录实验数据,验证结果。

知识拓展

一、霍尔计数装置

霍尔计数装置将霍尔元件和放大器等集在一块芯片上。它由霍尔元件、放大器、电压调整电路、电流放大输出电路、失调调整及线性调整电路等几部分组成,有三端 T 形单端输出和八脚双列直插型双端输出两种结构。它的特点是输出电压在一定范围内与磁感应强度呈线性关系。

霍尔开关传感器 SL3051 是具有较高灵敏度的集成霍尔元件,能感受到很小的磁场变化,因而可对黑色金属零件进行计数检测。如图 7-14 所示是对钢球进行计数的霍尔计数装置的工作原理和电路。当钢球通过霍尔开关传感器时,其可输出峰值为 20 mV 的脉冲电压,该电压经运算放大器 A(μA741)放大后,驱动半导体三极管 VT(2N5812)工作,VT 输出端便可接计数器进行计数,并由显示器显示检测数值。

二、霍尔式无触点电子点火系统

霍尔式无触点电子点火系统主要由分电器内的霍尔信号发生器、控制点火线圈初级绕组的电子点火器、点火线圈和火花塞等组成,如图 7-15 所示。霍尔式无触点电子点火系统的作用是将电源供给的低压(12 V)变换成高压(10~30 kV),并根据发动机的工作顺序与点火时间的要求,适时、准确地将高压电送到火花塞,产生电火花,点燃可燃混合气,使发动机工作。

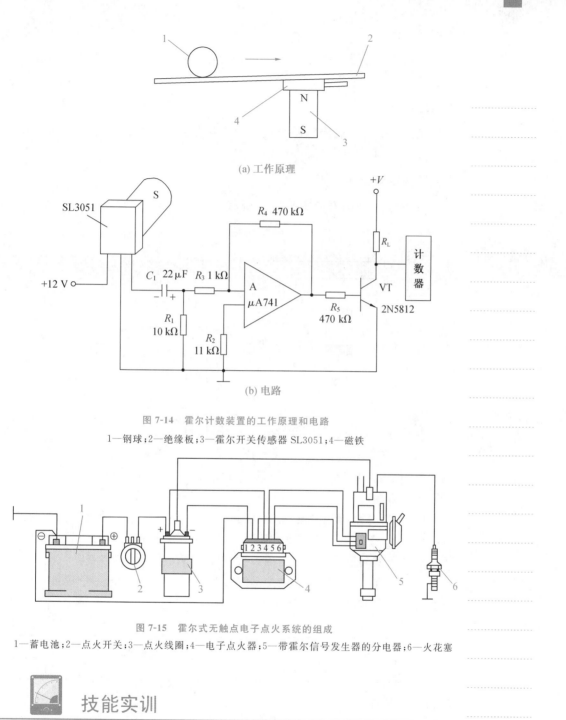

(a) 工作原理

(b) 电路

图 7-14　霍尔计数装置的工作原理和电路

1—钢球；2—绝缘板；3—霍尔开关传感器 SL3051；4—磁铁

图 7-15　霍尔式无触点电子点火系统的组成

1—蓄电池；2—点火开关；3—点火线圈；4—电子点火器；5—带霍尔信号发生器的分电器；6—火花塞

技能实训

一、交流激励霍尔式传感器的位移特性实验

1. 实验目的

了解交流激励霍尔式传感器的特性。

2. 实验仪器

霍尔式传感器实验模块、霍尔式传感器、测微头、直流电源、直流数显电压表等。

3. 实验原理

交流激励霍尔式传感器与直流激励霍尔式传感器的基本工作原理相同,不同之处是测量电路。

4. 实验内容与步骤

(1)实验模块的安装如图 7-16 所示。

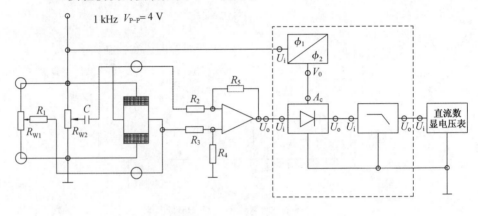

图 7-16　交流激励霍尔式传感器的位移特性实验模块的安装

(2)调节振荡器的音频调频和音频调幅旋钮,使音频振荡器的"0°"输出端输出频率为 1 kHz, $V_{P-P}=4$ V 的正弦波(注意:峰-峰值不应过大,否则会烧毁霍尔组件)。

(3)开启电源,直流数显电压表选择"2 V"挡,将测微头的起始位置调到"10 mm"处,手动调节测微头的位置,使霍尔片大概在磁钢的中间位置(直流数显电压表大致示零),固定测微头,再调节 R_{W1} 使数显表为零。

(4)分别向左、右不同方向旋动测微头,每隔 0.2 mm 记一个读数,直到读数近似不变,将读数填入表 7-2 中。

表 7-2　　　　　　　　　　　　　　　实验数据

X/mm									
U/mV									

5. 实验报告

作出 U-X 曲线,计算不同线性范围时的灵敏度和非线性误差。

二、霍尔测速实验

1. 实验目的

了解霍尔组件的应用——测量转速。

2. 实验仪器

霍尔式传感器、5 V 及 2～24 V 直流稳压电源、转动源、频率/转速表等。

3. 实验原理

利用霍尔效应表达式 $U_H = K_H IB$，当被测圆盘上装上 N 个磁性体时，转盘每转一周，磁场变化 N 次，霍尔电动势就同频率相应变化，输出电动势，通过放大、整形和计数电路就可以测出被测旋转物的转速。

4. 实验内容与步骤

（1）如图 7-17 所示，霍尔式传感器已安装于传感器支架上，且霍尔组件正对着转盘上的磁钢。

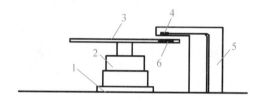

霍尔测速实验

图 7-17　霍尔测速实验模块的安装

1—工作平台；2—电动机；3—转盘；4—霍尔组件；5—支架

（2）将 5 V 电源接到三源板上"霍尔"输出的电源端，"霍尔"输出接到频率/转速表（切换到测转速位置）。2～24 V 直流稳压电源接到"转动源"的"转动电源"输入端。

（3）合上主控台电源，调节 2～24 V 输出，可以观察到转动源转速的变化。也可以通过通信接口的第一通道 CH1，用上位机软件观测霍尔组件输出的脉冲波形。

5. 实验报告

（1）分析霍尔组件产生脉冲的原理。

（2）根据记录的驱动电压和转速，作出电压-转速曲线。

巩固练习

（1）什么是霍尔效应？霍尔式传感器的输出霍尔电压与哪些因素有关？

（2）为什么磁电式传感器是一种有源传感器？

（3）简述霍尔式传感器的工作原理。

（4）为什么导体材料和绝缘材料不适宜做成霍尔元件？为什么霍尔元件一般采用 N 型半导体材料？

（5）霍尔式传感器有哪几类？分别用于什么场合？

(6)什么是磁阻效应？

(7)磁电式传感器是速度传感器，如何用它通过测量电路来获取相应的位移和加速度信号？

(8)霍尔元件能够测量哪些物理参数？什么是霍尔元件的不等位电动势？温度补偿的方法有哪些？

(9)利用霍尔式传感器设计一个液位控制系统，要求画出磁路系统示意图和电路原理图，并说明其工作原理。

项目8　了解光电式与光纤式传感器

项目要求

在现代检测和通信应用技术中,光电检测方法具有精度高、反应快、非接触等优点,而且可测参数多,对相应传感器的研究大大地提高了检测技术水平。光电式传感器的结构简单,形式灵活多样,体积小。近年来,随着光电技术的发展,光电式传感器已形成了系列产品,其品种及产量日益增加,在机电控制、计算机、国防科技等方面的应用都非常广泛。

■ 知识要求

(1)熟悉并掌握光电效应、光电器件及其特征。

(2)熟悉并掌握光电式、光纤式传感器的功能和应用。

(3)了解光电式、光纤式传感器的发展方向。

重点:光电式传感器的工作原理,光纤式传感器的原理与应用。

难点:光电式、光纤式传感器的工作原理及特点。

■ 能力要求

(1)能够正确地识别光电式、光纤式传感器,明确其在整个工作系统中的作用。

(2)在设计中,能够根据工作系统的特点,找出匹配的光电式、光纤式传感器。

(3)能够准确地判断光电式、光纤式传感器的好坏,熟练掌握光电式、光纤式传感器的测量方法。

(4)能够设计一个简单的测量电路。

知识梳理

一、光电效应和光电器件

光电器件是将光能转换为电能的一种传感器件,它是构成光电式传感器的主要部件。光电器件响应快、结构简单、使用方便,而且有较高的可靠性,因此在自动检测和计算机控制系统中,应用非常广泛。

光电器件工作的物理基础是光电效应。在光线作用下,物体的导电性能改变的现象称为内光电效应,如光敏电阻就属于这类光电器件。在光线作用下,能使电子退出物体表面的现象称为外光电效应,如光电管、光电倍增管就属于这类光电器件。在光线作用下,能使物体产生一定方向的电动势的现象称为光生伏特效应,即阻挡层光电效应,如光电池、光敏晶体管等就属于这类光电器件。

1.光敏电阻

光敏电阻

光敏电阻又称为光导管,它几乎都是用半导体材料制成的光电器件。光敏电阻没有极性,纯粹是一个电阻器件,使用时既可以加直流电压,也可以加交流电压。无光照时,光敏电阻值(暗阻)很大,电路中电流(暗电流)很小。当光敏电阻受到一定波长范围的光照时,它的阻值(亮电阻)急剧减小,电路中电流迅速增大。一般希望暗电阻越大越好,亮电阻越小越好,此时光敏电阻的灵敏度高。实际光敏电阻的暗电阻阻值一般在兆欧级,亮电阻阻值在几千欧以下。

如图 8-1 所示为光敏电阻的结构。它是涂于玻璃底板上的一薄层半导体物质,半导体的两端装有金属电极,金属电极与引线端相连接,光敏电阻就通过引线端接入电路。为了防止周围介质的影响,在半导体光敏层上覆盖了一层漆膜,漆膜的成分应使它在光敏层最敏感的波长范围内透射率最大。

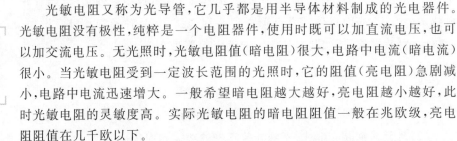

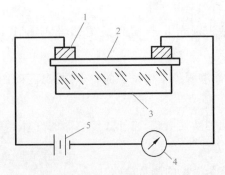

图 8-1　光敏电阻的结构

1—金属电极;2—半导体;3—玻璃底板;4—检流计;5—电源

（1）光敏电阻的主要参数

①暗电阻：光敏电阻在不受光照时的阻值称为暗电阻，此时流过的电流称为暗电流。

②亮电阻：光敏电阻在受光照时的电阻称为亮电阻，此时流过的电流称为亮电流。

③光电流：亮电流与暗电流之差称为光电流。

（2）光敏电阻的基本特性

①伏安特性：在一定照度下，流过光敏电阻的电流与光敏电阻两端的电压的关系称为光敏电阻的伏安特性。如图 8-2 所示为硫化镉光敏电阻的伏安特性。由图可见，光敏电阻在一定的电压范围内，其伏安特性曲线为直线。这说明其阻值与入射光量有关，而与电压和电流无关。

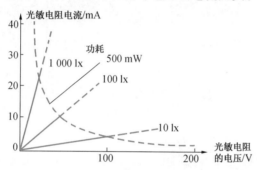

图 8-2　硫化镉光敏电阻的伏安特性

②光谱特性：光敏电阻的相对灵敏度与入射波长的关系称为光谱特性，亦称为光谱响应。如图 8-3 所示为几种不同材料光敏电阻的光谱特性。对应于不同波长，光敏电阻的灵敏度是不同的。从图中可见，硫化镉光敏电阻的光谱响应的峰值在可见光区域，所以它常被用作光度量测量（照度计）的探头。而硫化铅光敏电阻的光谱响应位于近红外和中红外区，所以它常被用作火焰探测器的探头。

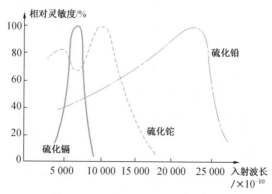

图 8-3　几种不同材料光敏电阻的光谱特性

③温度特性：温度变化影响光敏电阻的光谱响应，同时，光敏电阻的灵

敏度和暗电阻都要改变,尤其是响应于红外区的硫化铅光敏电阻受温度影响更大。如图 8-4 所示为硫化铅光敏电阻的光谱温度特性,其峰值随着温度上升向波长短的方向移动。因此,硫化铅光敏电阻要在低温、恒温的条件下使用。对于可见光的光敏电阻,其温度影响要小一些。

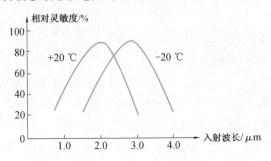

图 8-4   硫化铅光敏电阻的光谱温度特性

2. 光敏二极管和光敏晶体管

(1)结构原理

光敏二极管的结构与一般二极管相似。它装在透明玻璃外壳中,其 PN 结装在管的顶部,可以直接受到光照,如图 8-5 所示。

光敏二极管在电路中一般是处于反向工作状态,如图 8-6 所示,在没有光照射时,反向电阻很大,反向电流很小,这一反向电流称为暗电流。当光照射在 PN 结上时,光子打在 PN 结附近,使 PN 结附近产生光生电子和光生空穴对,它们在 PN 结处的内电场作用下作定向运动,形成光电流。光的照度越大,光电流越大。因此光敏二极管在不受光照射时,处于截止状态,受光照射时,处于导通状态。

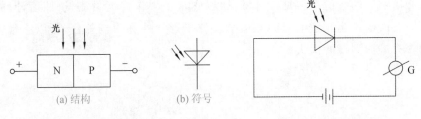

图 8-5   光敏二极管的结构及符号   图 8-6   光敏二极管接线

光敏晶体管与一般晶体管很相似,具有两个 PN 结,只是它的发射极一边做得很大,以扩大光的照射面积。如图 8-7 所示为 NPN 型光敏晶体管的结构和基本电路。大多数光敏晶体管的基极无引线,当集电极加上相对于发射极为正的电压而不接基极时,集电结就反向偏压。当光照射在集电结上时,就会在集电结附近产生一电子空穴对,从而形成光电流,相当于晶体管的基极电流。由于基极电流的增大,因此集电极电流是光生电流的 β 倍,所以光敏晶体管有放大作用。

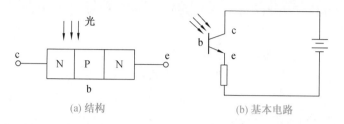

(a) 结构　　　　　　　(b) 基本电路

图 8-7　NPN 型光敏晶体管的结构和基本电路

　　光敏二极管和光敏晶体管的材料几乎都是硅（Si）。在形态上，有单体型和集合型。集合型是在一块基片上有两个以上光敏二极管或光敏晶体管，如将要在后面讲到的 CCD 图像传感器中的光电耦合器件，就是由光敏晶体管和其他发光元件组合而成的。

　　（2）基本特性

　　①光谱特性：光敏二极管的光谱特性如图 8-8 所示。从曲线上可以看出，硅管的峰值波长约为 0.9 μm，锗管的峰值波长约为 1.5 μm，此时灵敏度最大，而当入射光的波长增大或缩短时，相对灵敏度也减小。一般来讲，锗管的暗电流较大，因此性

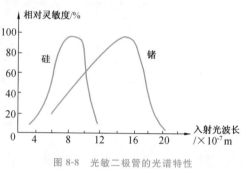

图 8-8　光敏二极管的光谱特性

能较差，故在可见光或探测炽热状态物体时，一般都用硅管。但对红外光进行探测时，则锗管较为适宜。

　　②伏安特性：如图 8-9 所示为硅光敏管在不同照度下的伏安特性。从图中可见，硅光敏晶体管的光电流比相同管型的硅光敏二极管大上百倍。

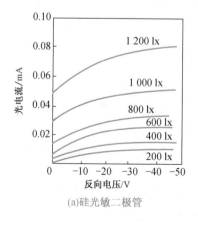

(a)硅光敏二极管

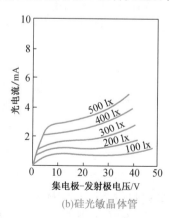

(b)硅光敏晶体管

图 8-9　硅光敏管在不同照度下的伏安特性

　　③温度特性：光敏晶体管的温度特性是指其暗电流及光电流与湿度的关系。光敏晶体管的温度特性如图 8-10 所示。从图中可以看出，温度变化对光电流影响很小，而对暗电流影响很大，所以在电子线路中应该对暗电流

进行温度补偿,否则将会导致输出误差。

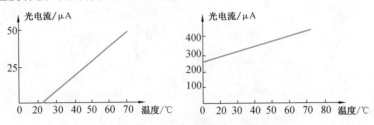

图 8-10　光敏晶体管的温度特性

表 8-1 列出了几种硅光电二极管的特性参数。

表 8-1　　　　　　　　　　几种硅光电二极管的特性参数

型号或名称	光谱范围 /μm	峰值波长 /μm	灵敏度 /(μA · μW^{-1})	响应时间 /s
2DU	0.4~1.1	0.9	>0.4	10^{-7}
2CU	0.4~1.1	0.9	>0.5	10^{-7}
2DU$_L$	0.4~1.1	1.06	>0.6	5×10^{-9}
硅复合二极管	0.4~1.1	0.9	>0.5	$\leqslant 10^{-9}$
硅雪崩光电二极管	0.4~1.1	0.8~0.86	>30	10^{-9}
锗光电二极管	0.4~1.1	1.5	>0.5	10^{-7}
CaAs 光电二极管	0.3~0.95	0.85		10^{-7}
HgCdTe 光电二极管	1~12	由 Cd 的组分决定		10^{-7}
PbSnTe 光电二极管	1~1.6	由 Sn 的组分决定		10^{-7}
InSb 光电二极管	0.4~5.5			10^{-7}

3. 光电池

(1)光电池的工作原理

光电池是一种直接将光能转换为电能的光电器件。光电池在光线作用下实质就是电源,电路中有了这种器件就不需要外加电源了。

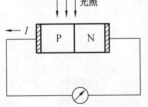

图 8-11　光电池的工作原理

光电池的工作原理是基于光生伏特效应。它实质上是一个大面积的 PN 结,当光照射到 PN 结的一个面上,如 P 型面时,若光子能量大于半导体材料的禁带宽度(指一个能带宽度),那么 P 型区每吸收一个光子就会产生一对自由电子空穴对,电子空穴对从表面向内迅速扩散,在结电场的作用下,最后建立一个与光照强度(照度)有关的电动势,如图 8-11 所示。

光电池的种类很多,有硒光电池、氧化亚铜光电池、锗光电池、硅光电池、砷化镓光电池等。其中硅光电池具有性能稳定、光谱范围宽、频率特性好、转换效率高和耐高温辐射等特点,所以受到了广泛应用。

（2）光电池的基本特性

①光谱特性：光电池对不同波长的光的灵敏度是不同的。如图 8-12 所示为硅光电池和硒光电池的光谱特性。从图中可知，不同材料的光电池的光谱响应峰值所对应的入射光波长是不同的，硅光电池在 0.8 μm 附近，硒光电池在 0.5 μm 附近。硅光电池的光谱响应波长范围为 0.4～1.2 μm，而硒光电池为 0.38～0.75 μm，可见硅光电池可以在很宽的波长范围内得到应用。

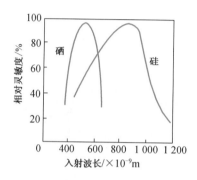

图 8-12　硅光电池和硒光电池的光谱特性

②光照特性：光电池在不同的照度下，光电流和光生电动势是不同的，它们之间的关系就是光照特性。如图 8-13 所示为硅光电池的光照特性。从图中可知，短路电流在很大范围内与照度呈线性关系。开路电压（负载电阻 R_L 无限大时）与照度的关系是非线性的，并且当照度在 2 000 lx 时就趋于饱和了。因此把光电池作为测量元件时，应把它当作电流源的来使用，不能用作电压源。

③温度特性：光电池的温度特性是描述光电池的开路电压和短路电流随温度变化的情况。由于它关系到应用光电池的仪器或设备的温度漂移，影响到测量精度或控制精度等重要指标，因此温度特性是光电池的重要特性之一。硅光电池的温度特性如图 8-14 所示。从图中看出，开路电压随温度升高而减小的速度较快，而短路电流随温度升高而缓慢增大。由于温度对光电池的工作有很大影响，因此把它作为测量器件应用时，最好能保证温度恒定或采取温度补偿措施。

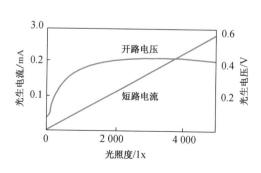

图 8-13　硅光电池的光照特性

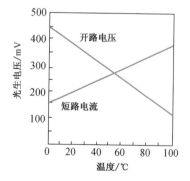

图 8-14　硅光电池的温度特性

表 8-2 为 2CR 型硅光电池的特性参数。由表可见,硅光电池的最大开路电压为 600 mV,在照度相等的情况下,光敏面积越大,输出的光电流也越大。

表 8-2　　　　　　　　　　2CR 型硅光电池的特性参数

型　号	开路电压 /mV	短路电流 /mA	输出电流 /mA	转换效率 /%	面积 /mm²
2CR11	450~600	2~4		>6	2.5×5
2CR21	450~600	4~8		>6	5×5
2CR31	450~600	9~15	6.5~8.5	6~8	5×10
2CR32	550~600	9~15	8.6~11.3	8~10	5×10
2CR33	550~600	12~15	11.4~15	10~12	5×10
2CR34	550~600	12~15	15~17.5	>12	5×10
2CR41	450~600	18~30	17.6~22.5	6~8	10×10
2CR42	500~600	18~30	22.5~27	8~10	10×10
2CR43	550~600	23~30	27~30	10~12	10×10
2CR44	550~600	27~30	27~35	>12	10×10
2CR51	450~600	36~60	35~45	6~8	10×20
2CR52	500~600	36~60	45~54	8~10	10×20
2CR53	550~600	45~60	54~60	10~12	10×20
2CR54	550~600	54~60	54~60	>12	10×20
2CR61	450~600	40~65	30~40	6~8	$\frac{\pi}{4}×17^2$
2CR62	500~600	40~65	40~51	8~10	$\frac{\pi}{4}×17^2$
2CR63	550~600	51~65	51~61	10~12	$\frac{\pi}{4}×17^2$
2CR64	550~600	61~65	61~65	>12	$\frac{\pi}{4}×17^2$
2CR71	450~600	72~120	54~120	>6	20×20
2CR81	450~600	88~140	66~85	6~8	$\frac{\pi}{4}×25^2$
2CR82	500~600	88~140	86~110	8~10	$\frac{\pi}{4}×25^2$
2CR83	550~600	110~140	110~132	10~12	$\frac{\pi}{4}×25^2$
2CR84	550~600	132~140	132~140	>12	$\frac{\pi}{4}×25^2$
2CR91	450~600	18~30	13.5~30	>6	5×20
2CR101	450~600	173~288	130~288	>6	$\frac{\pi}{4}×35^2$

二、电荷耦合器件

电荷耦合器件(Charge-Coupled Device,简称 CCD)是一种金属氧化物半导体(MOS)集成电路器件。它以电荷作为信号,基本功能是进行电荷的存储和电荷的转移。CCD 自 1970 年问世以来,由于其独特的性能而发展迅速,广泛地应用于自动控制和自动测量,尤其适用于图像识别技术。

1. CCD 原理

构成 CCD 的基本单元是 MOS 型电容器,如 8-15(a)所示。与其他电容器一样,MOS 型电容器能够存储电荷。如果 MOS 型电容器中的半导体是 P 型硅,当在金属电极上施加一个正电压时,在其电极下形成所谓耗尽层,由于电子在那里势能较低,即形成了电子的势阱,如图 8-15(b)所示,成为蓄积电荷的场所。CCD 的最基本结构是一系列彼此非常靠近的 MOS 型电容器,这些电容器用同一半导体衬底制成,衬底上面覆盖一层氧化层,并在其上制作许多金属电极,各电极按三相(也有二相和四相)配线方式连接。如图 8-16 所示为三相 CCD 时钟电压与电荷转移关系。当电压从 ϕ_1 相移到 ϕ_2 相时,ϕ_1 相电极下势阱消失,ϕ_2 相电极下形成势阱。这样储存于 ϕ_1 相电极下势阱中的电荷移到邻近的 ϕ_2 相电极下势阱中,实现电荷的耦合与转移。

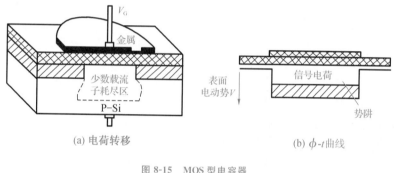

(a) 电荷转移　　　　　　　(b) ϕ-t曲线

图 8-15　MOS 型电容器

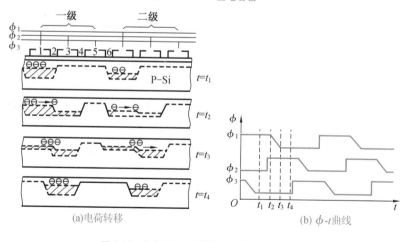

(a)电荷转移　　　　　　　(b) ϕ-t曲线

图 8-16　三相 CCD 时钟电压与电荷转移关系

CCD 的信号是电荷,那么信号电荷是怎样产生的呢? CCD 的信号电荷产生有两种方式,即光信号注入和电信号注入。CCD 用作固态图像传感器时,接收的是光信号,即光信号注入法。当光信号照射到 CCD 硅片表面时,在栅极附近的半导体内产生电子空穴对,其多数载流子(空穴)被排斥进入衬底,而少数载流子(电子)则被收集在势阱中,形成信号电荷,并存储起来。

存储电荷的多少正比于照射的光强。所谓电信号注入就是 CCD 通过输入结构对信号电压或电流进行采样,将信号电压或电流转换为信号电荷。

CCD 输出端有浮置扩散输出端和浮置栅极输出端两种形式,如图 8-17 所示。

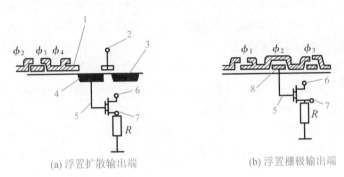

(a) 浮置扩散输出端　　　　　　(b) 浮置栅极输出端

图 8-17　CCD 的输出端形式

1—输出控制;2—复位控制;3—CCD 漏极;4—复制扩展层;

5—栅;6—漏;7—源;8—浮置栅

浮置扩散输出端是信号电荷注入末级浮置扩散的 PN 结之后,所引起的电位改变作用于 MOS 场效应晶体管(MOSFET)的栅极。这一作用结果必然会对其源-漏极间电流进行调制,这个被调制的电流即输出。当信号电荷在浮置栅极下方通过时,浮置栅极输出端电位必然改变,检测出此改变值即输出信号。

通过上述的 CCD 的工作原理可以看出,CCD 具有存储、转移电荷和逐一读出信号电荷的功能。

2. CCD 的应用

电荷耦合器件可用于固态图像传感器中,作为摄像或像敏的器件。

CCD 固态图像传感器由感光部分和移位寄存器组成。感光部分是指在同一半导体衬底上布设的若干光敏单元组成的阵列元件,光敏单元简称像素。固态图像传感器利用光敏单元的光电转换功能将投射到光敏单元上的光学图像转换成电信号图像,即将光强的空间分布转换为与光强成比例的、大小不等的电荷空间分布,然后利用移位寄存器的移位功能将电信号图像转送,经输出放大器输出。

根据光敏元件排列形式的不同,CCD 固态图像传感器可分为线型和面型两种。

(1)线型 CCD 固态图像传感器

线型 CCD 固态图像传感器的结构如图 8-18 所示。光敏元件作为光敏像素位于传感器中央,两侧设置 CCD 移位寄存器,在它们之间设有转移栅。在每一个光敏元件上都有一个梳状公共电极,在光积分周期里,光敏电极电压为高电平,光电荷与照度和光积分时间成正比,光电荷存储于光敏、像敏单元的势阱中。当转移脉冲到来时,光敏单元按其所处位置的奇偶性,分别把信号电荷向两侧 CCD 移位寄存器转送。同时,在 CCD 移位寄存器上加上时钟脉冲,将信号电荷从 CCD 中转移,由输出端逐行输出。

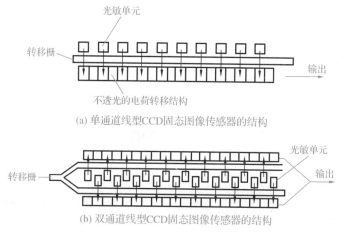

(a) 单通道线型CCD固态图像传感器的结构

(b) 双通道线型CCD固态图像传感器的结构

图 8-18　线型 CCD 固态图像传感器的结构

线型 CCD 固态图像传感器可以直接接收一维光信息,不能直接将二维图像转变为视频信号输出,为了得到整个二维图像的视频信号,需要用扫描的方法来实现。

线型 CCD 固态图像传感器主要用于测试、传真和光学文字识别技术等方面。

(2)面型 CCD 固态图像传感器

按一定的方式将一维线型光敏单元及移位寄存器排列成二维阵列,即可以构成面型 CCD 固态图像传感器。面型 CCD 固态图像传感器有三种基本类型:线转移、帧转移和隔离转移,如图 8-19 所示。

如图 8-19(a)所示为线转移面型 CCD 固态传感器的结构。它由行扫描发生器、输出寄存器、感光区组成。行扫描发生器将光敏元件内的信息转移到水平(行)方向上,驱动脉冲将信号电荷一位一位地按箭头方向转移,并移入输出寄存器,输出寄存器在驱动脉冲的作用下使信号电荷经输出端输出。这种转移方式具有有效光敏面积大、转移速度快、转移效率高等特点,但电路比较复杂,易引起图像模糊。

如图 8-19(b)所示为帧转移面型 CCD 固态传感器的结构。它由感光区、存储区和水平读出寄存器三部分构成。图像成像到感光区,当感光区的某一相电极(如 P)加有适当的偏压时,光生电荷将被收集到这些光敏单元的势阱里。光学图像变成电荷图像。当光积分周期结束时,信号电荷迅速转移到存储区中,经输出端输出一帧信息。当整帧视频信号自存储区移出后,就开始下一帧信号的形成。这种面型 CCD 固态传感器的特点是结构简单,光敏单元密度高,但增加了存储区。

如图 8-19(c)所示结构是应用最多的一种结构形式。它将一列光敏单元与一列存储单元交替排列。在光积分期间,光生电荷存储在感光区光敏

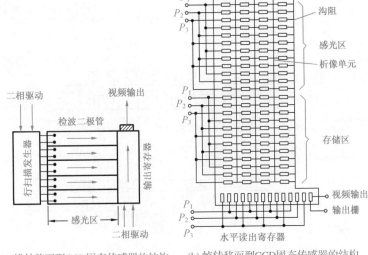

(a) 线转移面型CCD固态传感器的结构   (b) 帧转移面型CCD固态传感器的结构

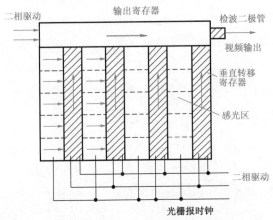

(c) 隔离转移面型CCD固态传感器的结构

图 8-19   面型 CCD 固态图像传感器的结构

单元的势阱里。当光积分时间结束,转移栅的电位由低变高,电荷信号进入存储区。随后,在每个水平回扫周期内,存储区中整个电荷图像一行一行地向上移到水平读出移位寄存器中,然后移位到输出器件,在输出端得到与光学图像对应的一行一行视频信号。这种结构感光单元面积减小,图像清晰,但单元设计复杂。

面型 CCD 固态图像传感器主要用于摄像机及测试技术。

三、红外传感器

红外技术是在最近几十年发展起来的一门新兴技术。它已在科技、国防和工农业生产等领域中获得了广泛应用。红外传感器的应用可分为红外辐射计、搜索和跟踪系统、热成像系统、红外测距和通信系统、混合系统等方面。

1. 红外辐射

红外辐射是一种不可见光,由于是位于可见光中红色光以外的光线,故常称为红外线。它的波长范围为 $0.75\sim1\,000\ \mu m$,在电磁波谱中的位置如图 8-20 所示。工程上又把红外线所占据的波段分为四部分,即近红外、中红外、远红外和极远红外。

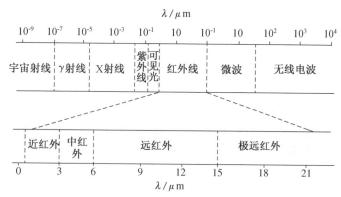

图 8-20　电磁波谱

红外辐射的物理本质是热辐射。一个炽热物体向外辐射的能量大部分是通过红外线辐射出来的。物体的温度越高,辐射出来的红外线越多,辐射的能量就越强。而且,红外线被物体吸收时,可以显著地转变为热能。

自然界中任何物体,只要其温度在绝对零度之上,都能产生红外辐射。红外线的光热效应对不同的物体是各不相同的,热能强度也不一样,例如,黑体(能全部吸收投射到其表面的红外辐射的物体)、镜体(能全部反射红外辐射的物体)、透明体(能全部穿透红外辐射的物体)和灰体(能部分反射或吸收红外辐射的物体)会产生不同的光热效应。严格来讲,自然界中并不存在黑体、镜体和透明体,而绝大部分物体都属于灰体。

红外辐射和所有电磁波一样,具有反射、折射、散射、干涉、吸收等性质,它是以波的形式在空间直线传播的。它在大气中传播时,大气层对不同波长的红外线存在不同的吸收带,红外线气体分析器就是利用该特性工作的,空气中对称的双原子气体,如 N_2、O_2、H_2 等不吸收红外线。而红外线在通过大气层时,有三个波段透射率高,它们是 $2\sim2.6\ \mu m$,$3\sim5\ \mu m$ 和 $8\sim14\ \mu m$,统称它们为大气窗口。这三个波段对红外探测技术特别重要,因为红外探测器一般都工作在这三个波段之内。

上述这些特性就是把红外辐射技术用于卫星遥感遥测、红外跟踪等军事和科学研究项目的重要理论依据。

2. 红外探测器

红外传感器一般由光学系统、红外探测器、信号调理电路及显示等组成。红外探测器是红外传感器的核心。红外探测器根据热电效应和电子效应制成,种类很多,常见的有两大类,即热探测器和光子探测器。热探测器对入射的各种波长的辐射能量全部吸收,它是一种对红外光波无选择的红外探测器。但是,实际上各种波长的红外辐射的功率对物体的加热效果是不同的。光子探测器常用的光子效应有外光电效应、内光电效应(光生伏特效应、光电导效应)和光电磁效应。热探测器对红外辐射的响应时间比光子探测器的响应时间要长得多。前者的响应时间一般在毫秒级以上,而后者只有纳秒级。热探测器不需要冷却,而光子探测器多数需要冷却。

(1)红外探测器的一般组成

红外探测器一般由光学系统、敏感元件、前置放大器和信号调制器组成。光学系统是红外探测器的重要组成部分。根据光学系统的结构分为反射式红外探测器和透射式红外探测器两种。

反射式红外探测器的结构如图 8-21 所示。它由凹面玻璃反射镜组成,其表面镀金、铝和镍铬等红外波段反射率很高的材料。为了减小像差或使用上的方便,常另加一片次反射镜,使目标辐射经两次反射聚焦到敏感元件上,敏感元件与透镜组合一体、前置放大器接收热电转换后的电信号,并对其进行放大。

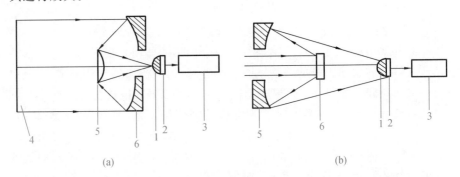

(a) (b)

图 8-21　反射式红外探测器的结构

1—浸没透镜;2—敏感元件;3—前置放大器;4—聚乙烯薄膜;5—次反射镜;6—主反射镜

透射式红外探测器的结构如图 8-22 所示。透射式光学系统的部件用红外光学材料做成,不同的红外光波长应选用不同的红外光学材料。在测量 700 ℃以上的高温时,一般用波长为 $0.75\sim3~\mu m$ 的近红外光,用一般光学玻璃和石英等材料作透镜材料;当测量 $100\sim700$ ℃的温度时,一般用波长为 $3\sim5~\mu m$ 的中红外光,采用氟化镁、氧化镁等热敏材料;测量 100 ℃以下的温度时,一般用波长为 $5\sim14~\mu m$ 的远红外光,采用锗、硅、硫化锌等热敏材料。获取透射红外光的光学材料一般比较困难,反射式光学系统可避免这一困难。所以,反射式红外探测器用得较多。

(2)热探测器

热探测器利用红外辐射的热效应,探测器的敏感元件吸收辐射能后引起温度升高,进而使有关物理参数发生相应变化,通过测量物理参数的变化,便可确定探测器所吸收的红外辐射。

与光子探测器相比,热探测器的探测率比光子探测器的峰值探测率低,响应时间长。但热探测器具有响应波段宽的优点,响应范围可扩展到整个红外区域,可以在室温下工作,使用方便,应用仍相当广泛。

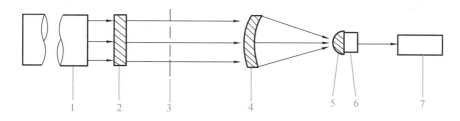

图 8-22　透射式红外探测器的结构

1—光管；2—保护窗；3—光栅；4—透镜；5—浸没透镜；6—敏感元件；7—前置放大器

热探测器主要类型有热释电型、热敏电阻型、热电偶型和气体型。而热释电型探测器在热探测器中探测率最高，频率响应最宽，所以这种探测器备受重视，发展很快。这里主要介绍热释电型探测器。

热释电型探测器是由具有极化现象的热晶体或被称为铁电体的材料制作而成的。铁电体的极化强度（单位面积上的电荷）与温度有关。当红外辐射照射到已经极化的铁电体薄片表面上时，引起其温度升高，使其极化强度降低，表面电荷减少，这相当于释放一部分电荷，所以称为热释电型传感器。如果将负载电阻与铁电体薄片相连，则负载电阻上便产生一个电信号输出。输出信号的强弱取决于铁电体薄片温度变化的快慢，从而反映出入射的红外辐射的强弱，热释电型传感器的电压响应率正比于入射光辐射率变化的速率。

热释电效应

（3）光子探测器

光子探测器利用入射红外辐射的光子流与探测器材料中的电子相互作用，从而改变电子的能量状态，引起各种电学现象，称为光子效应。通过测量材料电子性质的变化，可以知道红外辐射的强弱。光子探测器有内光电和外光电探测器两种，后者又分为光电导、光生伏特和光磁电探测器等三种。光子探测器的主要特点是灵敏度高，响应速度快，具有较高的响应频率，但探测波段较窄，一般需在低温下工作。

四、光纤式传感器

1. 概述

光纤传感技术是 20 世纪 70 年代中期发展起来的一门新技术，它是伴随着光纤及光通信技术的发展而逐步发展起来的。

光纤式传感器与传统的各类传感器相比有一系列优点，如不受电磁干扰、体积小、质量轻、可挠曲、灵敏度高、耐腐蚀、电绝缘和防爆性好、易与微机连接、便于遥测等。它可以用于温度、压力、应变、位移、速度、加速度、磁、电、声和 pH 值等各种物理量的测量，具有极为广泛的应用前景。

光纤式传感器可以分为两大类：一类是功能型（传感型）传感器；另一类是非功能型（传光型）传感器。功能型传感器是利用光纤本身的特性把光纤作为敏感元件，被测量对光纤内传输的光进行调制，使传输的光的强度、相

光纤式传感器

位、频率或偏振态等特性发生变化,再通过对被调制过的信号进行解调,从而得出被测信号。非功能型传感器是利用其他敏感元件感受被测量的变化,光纤仅作为信息的传输介质。

光纤式传感器所用光纤有单模光纤和多模光纤。单模光纤的纤芯直径通常为 $2\sim12\ \mu m$,很细的纤芯半径接近于光源波长的长度,仅能维持一种模式传播,一般相位调制型和偏振调制型的光纤式传感器采用单模光纤;光强度调制型或传光型光纤式传感器多采用多模光纤。为了满足特殊要求,出现了保偏光纤、低双折射光纤、高双折射光纤等。所以采用新材料研制特殊结构的专用光纤是光纤传感技术发展的方向。

2. 光纤的结构和传输原理

（1）光纤的结构

光导纤维简称为光纤,目前基本上还是采用石英玻璃,其结构如图 8-23 所示。中心的圆柱体称为纤芯,围绕纤芯的圆形外层称为包层,纤芯和包层主要由不同掺杂的石英玻璃制成,纤芯的折射率略大于包层的折射率,在包层外面还常有一层保护套,多为尼龙材料。光纤的导光能力取决于纤芯和包层的性质,而光纤的机械强度由保护套维持。

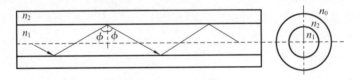

图 8-23　光纤的结构

（2）光纤的传输原理

众所周知,光在空间是直线传播的。在光纤中,光的传输限制在光纤中,并随光纤能传送到很远的距离,光纤的传输是基于光的全内反射（又称全反射）。

当光纤的直径比光的波长大很多时,可以用几何光学的方法来说明光在光纤内的传播。设有一段圆柱形光纤,如图 8-24 所示,它的两个端面均为光滑的平面。当光线射入一个端面并与圆柱的轴线成 θ 角时,根据光的折射定律,在光纤内折射成 θ,然后以 φ 角入射至纤芯与包层的界面。若要在界面上发生全反射,则 φ 应大于临界角 φ_c,即 $\varphi\geqslant\varphi_c=\arcsin\dfrac{n_2}{n_1}$,并在光纤内部以同样的角度反复逐次反射,直至传播到另一端面。

为了满足光在光纤内的全内反射,光入射到光纤端面的临界入射角 θ_c 应满足

$$n_0\sin\theta_c=n_1\sin\theta \tag{8-1}$$

而

$$n_1\sin\theta=n_1\sin(\frac{\pi}{2}-\varphi)=n_1\cos\varphi \tag{8-2}$$

所以

$$n_0\sin\theta_c=(n_1^2-n_2^2)^{1/2} \tag{8-3}$$

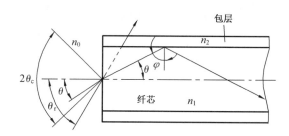

图 8-24　光纤的传输原理

实际工作时需要光纤弯曲,但只要满足全反射条件,光线仍继续前进。可见这里的光线"转弯"实际上是由光的全反射所形成的。

一般光纤所处环境为空气,则 $n_0 = 1$。这样在界面上产生全反射,在光纤端面上的光线入射角为

$$\theta \leqslant \theta_c = \arcsin (n_1^2 - n_2^2)^{1/2} \tag{8-4}$$

说明光纤集光本领的术语称为数值孔径 NA,即

$$NA = \sin\theta_c = (n_1^2 - n_2^2)^{1/2} \tag{8-5}$$

数值孔径反映纤芯接收光量的多少。其意义是:无论光源发射功率有多大,只有入射光处于 $2\theta_c$ 的光锥内,光纤才能导光。如果入射角过大,如图 8-24 中角 θ_r,经折射后不能满足 $\varphi \geqslant \varphi_c$ 的要求,光线便从包层透出而产生漏光。所以 NA 是光纤的一个重要参数。一般希望有大的数值孔径,这有利于耦合效率的提高,但数值孔径过大,会造成光信号畸变,所以要适当选择数值孔径的数值。

项目实施

■ 实施要求

需要具备光电式、光纤式传感器及仿真实验设备。

■ 实施步骤

(1)识别所需类别传感器,记录其型号及特性数据。
(2)确定所做实验系统电路无误。
(3)连接仿真电路及实验设备,检查无误并启动仿真实验。
(4)记录实验数据,验证结果。

知识拓展

一、燃气热水器中脉冲点火控制器

由于煤气是易燃、易爆气体,所以对燃气器具中的点火控制器的要求是

安全可靠。为此电路中有这样一个功能,即打火针确认产生火花,才可打开燃气阀门,否则燃气阀门关闭,这样就可以保证使用燃气器具的安全性。

如图 8-25 所示为燃气热水器中的高压打火确认电路。在高压打火时,火花电压可达一万多伏,这个脉冲高电压对电路工作影响极大,为了使电路正常工作,采用光电耦合器 VB 进行电平隔离,大大增强了电路抗干扰能力。当高压打火针对打火确认针放电时,光电耦合器中的发光二极管发光,光敏三极管导通,经 VT_1、VT_2、VT_3 放大,驱动强吸电磁阀,将气路打开,燃气碰到火花即燃烧。若高压打火针与打火确认针之间不放电,则光电耦合器不工作,VT_1 等不导通,燃气阀门关闭。

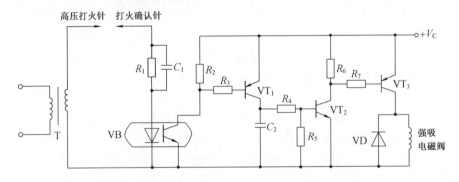

图 8-25　燃气热水器中的高压打火确认电路

二、常用的红外传感器

红外传感器应用越来越广泛,它可以用于非接触式的温度测量、气体成分分析、无损探伤、热像检测、红外遥感以及军事目标的侦察、搜索、跟踪和通信等。红外传感器的应用前景随着现代科学技术的发展,将会更加广阔。

1. 红外测温仪

红外测温仪是利用热辐射体在红外波段的辐射通量来测量温度的。当物体的温度低于 1 000 ℃时,它向外辐射的不再是可见光而是红外光,可用红外探测器检测温度。如采用分离出所需波段的滤光片,可使红外测温仪工作在任意红外波段。

如图 8-26 所示是常见的红外测温仪的结构原理。它是一个光、机、电一体化的红外测温系统,图中的光学系统是一个固定焦距的透射系统,滤光片一般采用只允许 8~14 μm 的红外辐射能通过的材料。步进电动机带动调制盘转动,将被测的红外辐射调制成交变的红外辐射。红外探测器一般为(钽酸锂)热释电型探测器,透镜的焦点落在其光敏面上。被测目标的红外辐射通过透镜聚焦在红外探测器上,红外探测器将红外辐射变换为电信号输出。

红外测温仪电路比较复杂,包括前置放大、选频放大、温度补偿、线性化、发射率(ε)调节等。目前已有一种带单片机的智能红外测温仪,利用单片机与软件的功能,大大简化了硬件电路,提高了仪表的稳定性、可靠性和

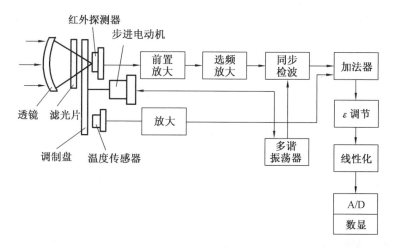

图 8-26　常见的红外测温仪的结构原理

准确性。

红外测温仪的光学系统可以是透射式，也可以是反射式。反射式光学系统多采用凹面玻璃反射镜，并在镜的表面镀金、铝、镍或铬等对红外辐射反射率很高的金属材料。

2.红外线气体分析仪

红外线气体分析仪是根据气体对红外线具有选择性吸收的特性来对气体成分进行分析的。不同气体的吸收波段（吸收带）不同，CO 气体对波长为 $4.65~\mu m$ 附近的红外线具有很强的吸收能力，CO_2 气体则在波长 $2.78~\mu m$ 和 $4.26~\mu m$ 附近以及波长大于 $13~\mu m$ 的范围对红外线有较强的吸收能力。如分析 CO 气体，则可以利用 $4.26~\mu m$ 附近的吸收波段进行分析。如图 8-27 所示是工业用红外线气体分析仪的结构。它由光源、气室、红外探测器及电路等部分组成。

光源由镍铬丝通电加热发出 $3\sim$ $10~\mu m$ 的红外线，切光片将连续的红外线调制成脉冲状的红外线，以便于红外线探测器信号的检测。测量气室中通入被分析气体，参比气室中封入不吸收红外线的气体（如 N_2 等）。红外探测器是薄膜电容型，它有两个吸收气室，充以被测气体。当它吸收了红外辐射能量后，气体温度升高，导致室内压力增大。测量时（如分析 CO 气体的含量），两束红外线经反射、切光后射入测量气室和参比气室，由于测量气室中含有一定量的 CO 气体，该气体对 $4.65~\mu m$ 的红外线有较强的吸收

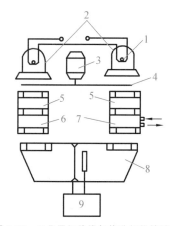

图 8-27　工业用红外线气体分析仪的结构
1—光源；2—抛物体反射镜；3—同步电动机；
4—切光片；5—滤波气室；6—参比气室；
7—测量气室；8—红外探测器；9—放大器

能力,而参比气室中气体不吸收红外线,这样射入红外探测器两个吸收气室的红外线光造成能量差异,使两个吸收气室压力不同,测量边的压力减小,于是薄膜偏向定片方向,改变了薄膜电容两电极间的距离,也就改变了电容。被测气体的浓度越大,两束光强的差值也越大,则电容的变化也越大,因此电容变化量反映了被分析气体中被测气体的浓度。

如图 8-27 所示结构中还设置了滤波气室。它是为了消除干扰气体对测量结果的影响。所谓干扰气体是指与被测气体吸收红外线波段有部分重叠的气体,如 CO 气体和 CO_2 气体在 $4\sim5~\mu m$ 波段内红外吸收光谱有部分重叠,则 CO_2 的存在会对分析 CO 气体带来影响。为此在测量边和参比边各设置了一个封有干扰气体的滤波气室,它能将 CO_2 气体对应的红外线吸收波段的能量全部吸收,因此左右两边吸收气室的红外线能量之差只与被测气体(CO)的浓度有关。

3. 红外无损探伤仪

红外无损探伤仪在机械工业、航空航天工业等部门应用十分广泛,并且很受欢迎,它能用来检查部件内部缺陷,而且对部件结构无任何损伤。

例如,检查两块金属板的焊接质量,利用红外无损探伤仪能十分方便地检查漏焊或缺焊。为了检测金属材料的内部裂缝,也可利用红外无损探伤仪。

如图 8-28 所示,一块内部有断裂的金属材料,其表面却完好无缺,如要将这样的材料使用在飞机、卫星、机械中,可能会造成十分巨大的损失。而利用红外辐射对金属板均匀辐射,以及金属对红外辐射的吸收与空隙(或有某种气体或真空)的吸收不一样,可以探测出金属断裂空隙。当红外辐射扫描器连续发射一定波长 λ 的红外光通过金属板时,在金属板另一侧的红外接收器也同时连续接收经过金属板衰减的红外光的入射。当红外辐射扫描器扫完整块金属板后,红外接收器则得到相应红外辐射。如果内部无断裂,则红外接收器收到的是等量的红外辐射;如果内部有断裂,则红外接收器在断裂处所接收到的红外辐射值与其他地方不一致。如果加上图像处理技术,就可以发现金属材料内部缺陷的形状。

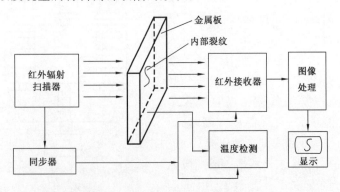

图 8-28　红外无损探伤仪的工作原理

另外,检测材料温度分布是否均匀也可判断其内部缺陷或损伤。

三、光纤式传感器

光纤式传感器由于它的独特的性能而受到广泛的重视,其应用正在迅速地发展。下面介绍几种主要的光纤式传感器。

1.光纤式加速度传感器

光纤式加速度传感器的结构如图 8-29 所示。它是一种简谐振子的结构形式。激光束通过分光板后分为两束光,透射光作为参考光束,反射光作为测量光束。当传感器感受加速度时,由于质量块对光纤的作用,从而使光纤被拉伸,引起光程差的改变。相位改变的激光束由单模测量光纤射出后与单模参考光束会合产生干涉效应。干涉仪的干涉条纹的移动可由光电接收装置转换为电信号,经过处理电路处理后便可正确地测出加速度值。

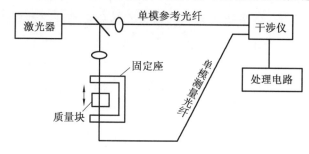

图 8-29　光纤式加速度传感器的结构

2.光纤式温度传感器

光纤式温度传感器是目前仅次于加速度、压力传感器而广泛使用的光纤式传感器。根据工作原理可分为相位调制型、光强调制型和偏振光型等。这里仅介绍一种光强调制型的半导体光吸收型光纤式温度传感器。它由半导体光吸收器、光纤、发射光源和包括光控制器在内的信号处理系统等组成,其中光纤用来传输信号。它体积小、灵敏度高、工作可靠,广泛应用于高压电力装置中的温度测量等特殊场合。

这种传感器的基本原理是利用了多数半导体的能带随温度的升高而减小的特性,材料的吸收光波长将随温度升高而向长波方向移动,如果适当地选定一种波长在该材料工作范围内的光源,那么就可以使透射过半导体材料的光强随温度而变化,从而达到测量温度的目的。

3.光纤式漩涡流量传感器

光纤式漩涡流量传感器是将一根多模光纤垂直地装入流管,当液体或气体流经与其垂直的光纤时,光纤受到流体漩涡的作用而振动,振动的频率与流速有关系,测出频率便可知流速。这种流量传感器的结构如图 8-30 所示。

当流体流动受到一个垂直于流动方向的非

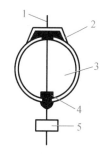

图 8-30　光纤式漩涡流量
传感器的结构
1—光纤;2—光纤夹;3—流管;
4—填隙;5—张紧重物

流线体阻碍时,根据流体力学原理,在某些条件下,在非流线体的下游两侧产生有规则的漩涡,其漩涡的频率 f 与流体的流速近似成正比,即

$$f = \frac{Sv}{d} \tag{8-6}$$

式中　v——流速;

　　　d——流体中物体的横向尺寸大小;

　　　S——斯特罗哈(Strouhal)数,它是一个无量纲的常数,仅与雷诺数有关。

由式(8-6)可见,流体流速与漩涡频率呈线性关系,这是光纤式漩涡流量传感器测量的基本理论依据。

在多模光纤中,光以多种模式进行传输,在光纤的输出端,各模式的光就形成了干涉花样,这就是光斑。一根没有外界扰动的光纤所产生的干涉图样是稳定的,当光纤受到外界扰动时,干涉图样的明暗相间的斑纹或斑点发生移动。如果外界扰动是由于流体的漩涡而引起的,干涉图样的斑纹或斑点就会随着振动的周期变化来回移动,那么测出斑纹或斑点移动,即可获得对应于频率 f 的信号,根据式(8-6)推算流体的流速。

这种流量传感器可测量液体和气体的流量,因为其没有活动部件,测量可靠,而且对流体流动不产生阻碍作用,所以压力损耗非常小。这些特点是孔板、涡轮等许多传统流量计所无法比拟的。

技能实训

一、光纤式位移传感器位移特性实验

1. 实验目的

了解光纤式位移传感器的原理与应用。

2. 实验仪器

光纤式位移传感器实验模块、Y型光纤、测微头、反射面、直流电源、数显电压表等。

3. 实验原理

反射式光纤式位移传感器是一种传输型光纤式传感器。其原理如图8-31所示,光纤采用Y型结构,两束光纤一端合并在一起组成光纤探头,另一端分为两支,分别作为光源光纤和接收光纤。光从光源耦合到光源光纤,通过光纤传输,射向反射面,再被反射到接收光纤,最后由光电转换器接收,光电转换器接收到的光源与反射面的性质及反射体到光纤探头距离有

关。当反射面位置确定后,接收到的反射光光强随光纤探头到反射体的距离的变化而变化。显然,当光纤探头紧贴反射面时,接收器接收到的光强为零。随着光纤探头离反射面距离的增加,接收到的光强逐渐增大,到达最大值点后又随两者的距离增加而减小。反射式光纤式位移传感器是一种非接触式测量,具有探头小、响应速度快、测量线性化(在小位移范围内)等优点,可在小位移范围内进行高速位移检测。

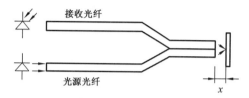

图 8-31　反射式光纤式位移传感器的原理

4. 实验内容与步骤

(1)如图 8-32 所示,将 Y 型光纤安装在光纤式位移传感器实验模块上。光纤探头对准镀铬反射板,调节光纤探头端面与反射面平行,距离适中,固定测微头。接通电源预热数分钟。

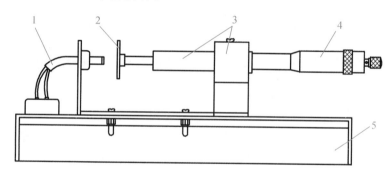

光纤式位移传感器
位移特性实验

图 8-32　光纤式位移传感器位移特性实验模块的安装

1—光纤式位移传感器;2—反射面;3—测量架;4—测微头;5—模板

(2)将测微头起始位置调到 14 cm 处,手动使反射面与光纤探头端面紧密接触,固定测微头。

(3)实验模块从主控台接入±15 V 电源,合上主控台电源。

(4)将实验模块输出"U_o"接到直流电压表(20 V 挡),仔细调节电位器 R_W 使电压表显示为零。

(5)旋动测微器,使反射面与光纤探头端面距离增大,每隔 0.1 mm 读出一次输出电压 U_o 值,填入表 8-3 中。

表 8-3　　　　　　　　　　　　　实验数据

X/mm									
U_o/V									

5. 实验报告

根据所得的实验数据,确定光纤式位移传感器大致的线性范围,并给出其灵敏度和非线性误差。

二、光纤式位移传感器测量振动实验

1. 实验目的

了解光纤式位移传感器动态位移性能。

2. 实验仪器

光纤式位移传感器实验模块、振动源、低频振荡器、通信接口(含上位机软件)等。

3. 实验原理

利用光纤式位移传感器的位移特性和其较高的频率响应,用合适的测量电路即可测量振动。

4. 实验内容与步骤

(1)光纤式位移传感器测量振动实验的安装与电容式传感器动态特性实验的安装(图 4-35)类似,光纤探头对准振动平台的反射面,并避开振动平台中间孔。

(2)根据实验的结果,找出线性段的中点,通过调节安装支架高度将光纤探头与振动台台面的距离调整在线性段中点(大致目测)。

光纤式位移传感器
测量振动实验

(3)将光纤式位移传感器另一端的两根光纤插到光纤式位移传感器实验模块上(参考图 8-32),接好 ±15 V 电源,实验模块输出接到通信接口 CH1 通道。振荡器的"低频输出"接到三源板的"低频输入"端,并把低频调幅旋钮转到最大位置,低频调频旋钮转到最小位置。

(4)合上主控台电源开关,逐步调大低频输出的频率,使振动平台发生振动,注意不要调到共振频率,以免振动梁发生共振,碰坏光纤探头,通过通信接口 CH1 用上位机软件观察输出波形,并记下幅值和频率。

三、光电式转速传感器转速测量实验

1. 实验目的

了解光电式转速传感器测量转速的原理及方法。

2. 实验仪器

转动源、光电式转速传感器、直流稳压电源、频率/转速表、通信接口(含上位机软件)等。

3. 实验原理

光电式转速传感器有反射型和透射型两种,本实验装置采用的是透射型,传感器端部有发光管和光电池,发光管发出的光源通过转盘上的孔透射到光电管上,并转换成电信号,由于转盘上有等间距的 6 个透射孔,转动时将获得与转速及透射孔数有关的脉冲,将电脉冲计数处理即可得到转速值。

4. 实验内容与步骤

（1）光电式转速传感器的转速测量实验模块的安装如图 8-33 所示。2～24 V 电源输出接到三源板的"转动电源"输入,并将输出调节到最小,5 V 电源接到三源板"光电"输出的电源端,光电输出接到频率/转速表的"fin"。

光电式转速传感器
转速测量实验

（2）合上主控制台电源开关,逐渐增大 2～24 V 输出,使转动源转速加快,观测频率/转速表的显示,同时可通过通信接口的 CH1 用上位机软件观察光电式转速传感器的输出波形。

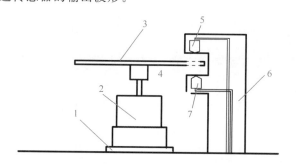

图 8-33　光电式转速传感器的转速测量实验模块的安装

1—工作平台;2—电动机;3—转盘;

4—透射孔;5—发光管;6—支架;7—接收管

5. 实验报告

根据测得的驱动电压和转速,作电压-转速曲线,并与其他传感器测得的曲线进行比较。

 巩固练习

（1）光电效应有哪几种? 每种光电效应所对应的光电元件有哪些?

（2）光敏二极管和光敏晶体管有哪些区别? 使用时要注意哪些问题?

（3）简述光电池的工作原理。

（4）电荷耦合器件（CCD）是什么器件? 主要用于哪些场合? 简述 CCD 的工作原理。

（5）红外辐射的特点是什么? 其具有哪些性质? 红外传感器主要用于哪些测量?

（6）红外探测器有哪几部分组成? 简述其工作原理。

（7）简述热释电型探测器的工作原理。

（8）光纤式传感器有哪两种类型? 光纤式传感器有哪些调制方式?

（9）光纤为何能够导光? 光纤有哪些优点?

项目 9　了解气敏与湿敏传感器

　项目要求

　　气敏传感器用来测量气体的类别、浓度和成分,并将其转换成相应的电信号输出。在日常生产中,由于气体种类繁多,性质各不相同,不可能用一种传感器检测所有类别的气体,因此,能实现气-电转换的传感器种类很多。按照材料,气敏传感器可分为半导体和非半导体两大类。目前实际使用较多的是半导体气敏传感器。

　　在工农业生产、气象、环保、国防、科研、航天等部门,经常需要对环境湿度进行测量及控制。但在常规的环境参数中,湿度是较难准确测量的一个参数。这是因为测量湿度要比测量温度复杂得多,温度是个独立的被测量,而湿度却受其他因素(大气压强、温度)的影响。此外,湿度的标准也是一个难题。国外生产的湿度标定设备价格十分昂贵。近年来,国内外在湿度传感器研发领域取得了长足进步。湿敏传感器正从简单的湿敏元件向集成化、智能化、多参数检测的方向迅速发展,为开发新一代湿度/温度测控系统创造了有利条件,也将湿度测量技术提高到了新的水平。

　　本项目将重点介绍气敏和湿敏两类传感器的结构、工作原理和实际应用等方面的内容。

■ 知识要求

(1)了解气敏传感器的原理及应用范围。

(2)了解气敏传感器的分类及工作特点。

(3)通过与传统的气体检测传感器的比较,掌握气敏电阻的优越性。

(4)了解湿敏传感器的原理及应用范围。

(5)了解湿敏传感器的分类及工作特点。

(6)了解气、湿敏传感器的发展方向。

重点:气敏电阻传感器的工作原理,湿敏电阻传感器的原理与应用。

难点:气敏、湿敏传感器的工作原理及特点。

■ **能力要求**

（1）能够正确地识别各种气敏、湿敏传感器，明确其在整个工作系统中的作用。

（2）在设计中，能够根据工作系统的特点，找出合适的传感器。

（3）能够准确地判断气敏、湿敏传感器的好坏。

（4）能够设计一个简单的测量电路。

 知识梳理

一、半导体气敏传感器

半导体气敏传感器利用半导体气敏元件同气体接触，造成半导体性质发生变化借以检测特定气体的成分及其浓度。

半导体气敏传感器按照半导体与气体的相互作用是在其表面还是在内部可分为表面控制型和体控制型两类；按照半导体变化的物理性质，又可分为电阻型和非电阻型两种。半导体气敏元件的分类参见表 9-1。电阻型半导体气敏元件是利用氧化锡、氧化锌等金属氧化物材料制作的半导体敏感元件，接触气体时，利用其阻值的改变来检测气体的成分或浓度。而非电阻型半导体气敏元件根据其对气体的吸附和反应，使其某些有关特性变化以对气体进行直接或间接检测。

气敏传感器

表 9-1　　　　　　　　　　半导体气敏元件的分类

分 类	主要物理特性	类 型	气敏元件	检测气体
电阻型	电阻	表面控制型	氧化锡、氧化锌等的烧结体、薄膜、厚膜	可燃性气体
		体控制型	$La_{1-x}SrCoO_3$、$T-Fe_2O_3$、氧化钛（烧结体）、氧化镁、氧化锡	酒精、可燃性气体、氧气
非电阻型	二极管整流特性	表面控制型	铂-硫化镉、铂-氧化钛（金属-半导体结型二极管）	氢气、一氧化碳、酒精
	晶体管特性		铂栅、钯栅 MOS 场效应管	氢气、硫化氢

自从 20 世纪 60 年代成功研制 SnO_2（氧化锡）气敏元件后，气敏元件便进入了实用阶段。SnO_2 是目前应用最多的一种气敏材料，它已广泛地应用于工矿企业、民用住宅、宾馆饭店等内部对可燃和有害气体的检测。因此，本节将以较多的篇幅介绍 SnO_2 气敏材料的气敏传感器。

1. 电阻型半导体气敏元件的导电机理

半导体气敏传感器是利用气体在半导体表面的氧化和还原反应导致敏感元件阻值变化而制成的。当半导体气敏元件被加热到稳定状态，在气体接触半导体表面而被吸附时，被吸附的分子首先在表面物性自由扩散，失去运动能量,一部分分子被蒸发掉,另一部分残留分子产生热分解而化学吸附在吸附处。当半导体的功函数小于吸附分子的亲和力(气体的吸附和渗透特性),则吸附分子将从元件夺得电子而变成负离子吸附,半导体表面呈现电荷层。氧气等具有负离子吸附倾向的气体被称为氧化型气体或电子接收性气体。如果半导体的功函数小于吸附分子的离解能,吸附分子将向元件释放出电子,而形成正离子吸附。具有正离子吸附倾向的气体有 H_2、CO、碳氢化合物和醇类,它们被称为还原型气体或电子供给型气体。

当氧化型气体吸附到 N 型半导体上,还原型气体吸附到 P 型半导体上时,将使半导体载流子减少,而使电阻增大。当还原型气体吸附到 N 型半导体上,氧化型气体吸附到 P 型半导体上时,则载流子增多,使半导体电阻减小。图 9-1 表示了气体接触 N 型半导体时所产生的元件电阻变化情况。由于空气中的含氧量大体上是恒定的,因此氧化的吸附量也是恒定的,元件电阻也相对固定。若气体浓度发生变化,其电阻也将变化。根据这一特性,可以从电阻的变化得知吸附气体的种类和浓度。半导体气敏时间(响应时间)一般不超过 1 min。常用的 N 型材料有 SnO_2、ZnO、TiO 等,P 型材料有 MoO_2、CrO_3 等。

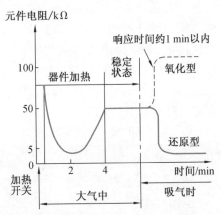

图 9-1　N 型半导体吸附气体时元件电阻的变化

2. 电阻型半导体气敏传感器

电阻型半导体气敏传感器通常由气敏元件、加热器和封装体等部分组成。气敏元件从制造工艺来分有烧结型、薄膜型和厚膜型三类。它们的典型结构如图 9-2 所示。

如图 9-2(a)所示为烧结型气敏元件。这类元件以 SnO_2 材料为基体,将测量电极和加热丝埋入 SnO_2 材料中,用加热、加压、温度为 $700\sim900$ ℃ 的制陶工艺烧结成形,因此,被称为半导体导瓷,简称半导瓷。半导瓷内的晶体直径为 1 μm 左右,晶粒的大小对电阻有一定影响,但对气体检测灵敏度则没有很大的影响。烧结型气敏元件制作方法简单,寿命长,但内部烧结不充分,机械强度不高,电极材料较贵重,电性能一致性较差,应用受到一定限制。

如图 9-2(b)所示为薄膜型气敏元件。采用蒸发或溅射工艺,在石英基片上形成氧化物半导体薄膜。制作方法也很简单。实验证明,SnO_2 薄膜的气敏特性最好,制作方法也很简单,但这种半导体薄膜为物理性附着,元件间性能差异较大。

如图 9-2(c)所示为厚膜型气敏元件。这种元件是将 SnO_2、ZnO_2 或 ZnO 等材料与3%～15%(质量)的硅凝胶混合制成能印刷的厚膜胶,把厚膜胶用丝网印刷到装有铂电极的氧化铝(Al_2O_3)或氧化硅(SiO_2)等绝缘基片上,再经 400～800 ℃温度烧结 1 h 制成。由于这种工艺制成的元件离散度小、机械强度高,适合大批量生产,所以是一种很有前途的元件。

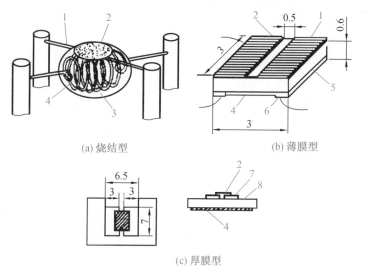

(a) 烧结型　　　　　　　(b) 薄膜型

(c) 厚膜型

图 9-2　气敏元件的典型结构

1—电极(铂丝);2—氧化物半导体;3—玻璃(尺寸约 1 mm,也有全为半导体的);
4—加热器;5—绝缘基片;6—电阻;7—Pt 电极;8—氧化物基片

加热器的作用是将附着在气敏元件表面上的尘埃、油雾等烧掉,加速气体的吸附,提高其灵敏度和响应速度。加热器的温度一般控制在 200～400 ℃。加热方式一般有直热式和旁热式两种,因而形成了直热式和旁热式气敏元件。直热式是将加热丝直接埋入 SnO_2 和 ZnO 粉末中烧结而成,因此,直热式常用于烧结型气敏元件。直热式气敏元件的结构和符号如图 9-3(a)、图 9-3(b)所示。旁热式是将加热丝和敏感元件同时置于一个陶瓷管内,管外涂梳状金电极作测量极,在金电极外再涂上 SnO_2 等材料。旁热式气敏元件的结构和符号如图 9-3(c)、图 9-3(d)所示。

直热式结构的气敏传感器的优点是制造工艺简单,成本低,功耗小,可以在高电压回路中使用。它的缺点是热容量小,易受环境气流的影响,测量回路和加热回路间没有隔离而相互影响。国产 QN 型和日本费加罗 TGS109 型气敏传感器均属于此类结构。

旁热式结构的气敏传感器克服了直热式结构的缺点,使测量极和加热极分离,而且加热丝不与气敏材料接触,避免了测量回路和加热回路的相互

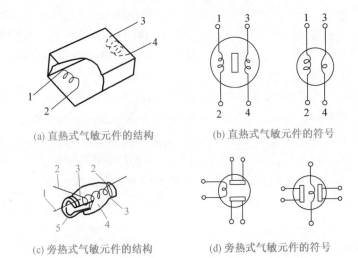

(a) 直热式气敏元件的结构   (b) 直热式气敏元件的符号

(c) 旁热式气敏元件的结构   (d) 旁热式气敏元件的符号

图 9-3   直热式和旁热式气敏元件的结构与符号
1—加热丝；2—引线；3—电极；4—SnO_2 烧结体；5—绝缘瓷管

影响。这类结构的传感器热容量大,降低了环境温度对加热温度的影响,所以稳定性、可靠性比直热式的好。国产 QM-N 型和日本费加罗 TGS812 型、TGS813 型等气敏传感器都采用这种结构。

3. 气敏元件的基本特性

（1）SnO_2 气敏元件

烧结型、薄膜型和厚膜型 SnO_2 气敏元件对气体的灵敏度特性如图 9-4 所示。气敏元件的电阻 R_c 与空气中被测气体的浓度 C 成对数关系变化

$$\lg R_c = m\lg C + n \tag{9-1}$$

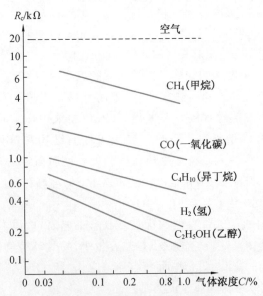

图 9-4 SnO_2 气敏元件对气体的灵敏度特性

式中,n 与气体检测灵敏度有关,除了随材料和气体种类不同而变化外,还

会由于测量温度和添加剂的不同而发生大幅度变化;m 为气体的分离度,随气体浓度变化而变化。对可燃性气体,在气敏材料 SnO_2 中添加铂(Pt)或钯(Pd)等作为催化剂,可以提高其灵敏度和对气体的选择性。添加剂的成分和含量、元件的烧结温度和工作温度都将影响元件的选择性。

例如,在同一工作温度下,含 1.5%(质量)Pd 的元件对 CO 最灵敏,而含 0.2%(质量)Pd 的元件却对 CH_4 最灵敏。又如,同一含量 Pt 的气敏元件,在 200 ℃ 以下,检测 CO 最好,而在 300 ℃ 时,则检测 CH_4 最佳。实验证明,在 SnO_2 中添加 ThO_2(二氧化钍)的气敏元件,不仅对 CO 的灵敏程度远高于其他气体,而且其灵敏度随时间而产生周期性的振荡现象。同时,该气敏元件在不同浓度的 CO 气体中,其振荡波形也不一样,如图 9-5 所示。虽然目前其机理尚不明确,但可利用这一现象对 CO 浓度做精确的定量检测。

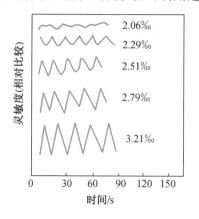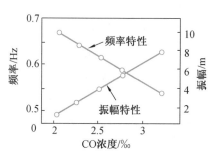

图 9-5 添加 ThO_2 的 SnO_2 气敏元件在不同浓度 CO 气体中的灵敏度及频率、振幅特性

SnO_2 气敏元件易受环境温度和湿度的影响,图 9-6 给出了 SnO_2 气敏元件受环境温度、湿度影响的综合特性曲线。由于环境温度、湿度对其特性有影响,所以使用时,通常需要加温度补偿。

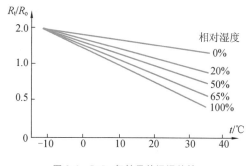

图 9-6 SnO_2 气敏元件温湿特性

(2) ZnO 气敏元件

ZnO 气敏元件对还原性气体有较高的灵敏度。它的工作温度比 SnO_2 气敏元件高 100 ℃ 左右,因此不及 SnO_2 气敏元件应用普遍。同样,要提高 ZnO 气敏元件对气体的选择性,也需要添加 Pt 和 Pd 等添加剂。例如,在 ZnO 中添加 Pd,则对 H_2 和 CO 呈现出高的灵敏度,而对丁烷(C_4H_{10})、丙烷

（C_3H_8）、乙烷（C_2H_6）等烷烃类气体则灵敏度很低,如图 9-7(a)所示。如果在 ZnO 中添加 Pt,则对烷烃类气体有很高的灵敏度,而且含碳量越多、灵敏度越高,而对 H_2、CO 等气体则灵敏度很低,如图 9-7(b)所示。

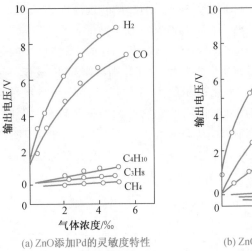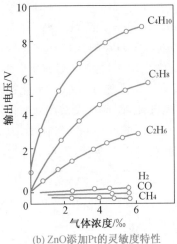

(a) ZnO添加Pd的灵敏度特性　　　　　(b) ZnO添加Pt的灵敏度特性

图 9-7　ZnO 气敏元件的灵敏度特性

4. 非电阻型半导体气敏元件

非电阻型半导体气敏元件是利用 MOS 二极管的电容-电压特性的变化以及 MOS 场效应晶体管(MOSFET)的阈值电压的变化等物理特性而制成的。由于这类元件的制造工艺成熟,便于集成化,因而其性能稳定且价格便宜。利用特定的材料还可以使气敏元件对某些气体特别敏感。

(1) MOS 二极管气敏元件

MOS 二极管气敏元件是在 P 型半导体硅片上,利用热氧化工艺生成一层厚度为50～100 nm 的 SiO_2 层,然后在其上面蒸发一层 Pd 金属薄膜,把此端作为栅电极,如图 9-8(a)所示。由于 SiO_2 层电容 C_a 固定不变,而 Si 和 SiO_2 界面电容 C_j 是外加电压的函数,其等效电路如图 9-8(b)所示。由等效电路可知,总电容 C 也是栅偏压的函数。其函数关系称为该类 MOS 二极管的 C-V 特性。由于 Pd 对 H_2 特别敏感,当 Pd 吸附了 H_2 以后,Pd 的功函数会降低,导致 MOS 二极管的 C-V 特性向负偏压方向平移,如图 9-8(c)所示。根据这一特性就可测定 H_2 的浓度。

(2) 钯-MOS 场效应晶体管气敏元件

钯-MOS 场效应晶体管(Pd-MOSFET)和普通金属-氧化物半导体场效应晶体管(MOSFET)的结构如图 9-9 所示。从图可知,它们的主要区别在于栅极的材料不同。Pd-MOSFET 的栅极材料是 Pd,而普通 MOSFET 的栅极材料是 Al。因为 Pd 对 H_2 有很强的吸附性,当 H_2 吸附在 Pd 栅极上时,会引起 Pd 的功函数降低。由 MOSFET 工作原理可知,当栅极、源极之间加正向偏压 V_{GS} 且 $V_{GS} > V_T$(阈值电压)时,栅极氧化层下面的 Si 从 P 型变为 N 型。这个 N 型区就将源极和漏极连接起来,形成导电通道,即 N 型

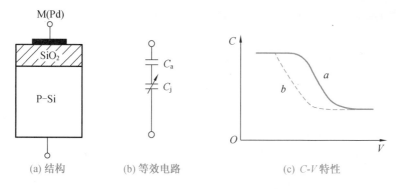

图 9-8　MOS 二极管的结构、等效电路和 C-V 特性

沟道。此时，MOSFET 进入工作状态。若此时在源极和漏极之间加电压 V_{DS}，则源极和漏极之间有电流 I_{DS} 流通。I_{DS} 随 V_{DS} 和 V_{GS} 的大小而变化，其变化规律即 MOSFET 的 V-A 特性。当 $V_{GS} < V_T$ 时，MOSFET 的沟道未形成，故无漏源电流。V_T 的大小除了与衬底材料的性质有关外，还与金属和半导体之间的功函数有关。

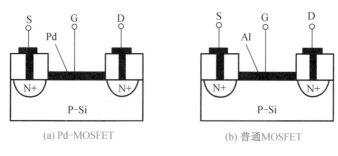

图 9-9　Pd-MOSFET 和普通 MOSFET 的结构

S—源极；G—栅极；D—漏极

Pd-MOSFET 气敏元件就是利用 H_2 在钯栅极上吸附后引起阈值电压 V_T 减小这一特性来检测 H_2 浓度的。

由于这类元件特性尚不稳定，用 Pd-MOSFET 和 MOS 二极管气敏元件定量检测 H_2 浓度还不成熟，只能作为 H_2 的泄漏检测使用。

二、湿敏传感器

湿度是指大气中的水蒸气的含量，通常采用绝对湿度和相对湿度两种方法表示。绝对湿度是指单位空间中所含水蒸气的绝对含量或浓度、密度，一般用符号 AH 表示。相对湿度是指被测气体中的水蒸气压和该气体在相同温度下饱和水蒸气压的百分比，一般用符号％RH 表示。相对湿度给出大气的潮湿程度，因此，它是一个无量纲的值。在实际使用中多使用相对湿度的概念。

虽然人类早已发明了毛发湿度计、干湿球湿度计，但因其响应速度、灵敏度、准确性等性能都不高，而且难以与现代的控制设备相连接，所以只适用于一般测量的使用。20 世纪 50 年代后，陆续出现了电阻型等湿敏计，使

湿敏传感器

湿度的测量精度大大提高。但是,与其他物理量的检测相比,无论是敏感元件的性能,还是制造工艺和测量精度都差得多和困难得多。原因是空气中水蒸气的含量少,而且在水蒸气中,各种感湿材料涉及的种种物理、化学过程十分复杂,目前尚未完全清楚所存在问题的原因。

下面介绍几类发展较为成熟的湿敏传感器。

根据水分子易于吸附在固体表面并渗透到固体内部的这种特性(称为水分子亲和力),湿敏传感器可分为水分子亲和力型湿敏传感器和非水分子亲和力型湿敏传感器。

1. 水分子亲和力型湿敏传感器

(1) 氯化锂湿敏元件

氯化锂(LiCl)是电解质湿敏元件的代表。它是利用电阻值随环境相对湿度变化而变化的机理制成的测湿元件。氯化锂湿敏元件的结构是在条状绝缘基片(如无碱玻璃)的两面,采用化学沉积或真空蒸镀法做上电极,再浸渍一定比例配制的氯化锂-聚乙烯醇混合溶液,经老化处理,便制成了氯化锂湿敏元件,其结构如图 9-10(a)所示。

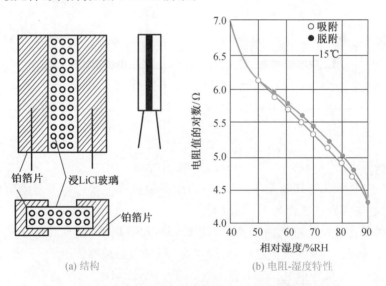

(a) 结构   (b) 电阻-湿度特性

图 9-10　氯化锂湿敏元件的结构和电阻-湿度特性

氯化锂是典型的离子晶体。氯化锂溶液中的 Li 和 Cl 是以正、负离子形式存在。实践证明,其溶液中的离子导电能力与浓度成正比。即当溶液置于一定温湿场中,若环境相对湿度高,溶液将吸收水分使浓度降低,因此,使溶液电阻率增高;反之,环境相对湿度变低时,则溶液浓度升高,其电阻率减小,从而可实现对湿度的测量。氯化锂湿敏元件的电阻-湿度特性如图 9-10(b)所示。由图可知,在相对湿度为 50%～80% 时,电阻与湿度的变化呈线性关系。为了扩大湿度测量的线性范围,可以用几个浸渍不同浓度氯化锂的湿敏元件组合使用。如用浸渍 1.0%～1.5%(质量)浓度氯化锂湿敏元件,可检测 20%RH～50%RH 的湿度;而用 0.5% 浓度的氯化锂湿敏元件,可检测 40％RH～90％RH 的湿度。这样,将两个浸渍不同浓度的氯化锂湿敏元件配合使用,就可检测 20％RH～90％RH 的湿度。

（2）半导体陶瓷湿敏元件

半导体陶瓷湿敏元件（湿敏半导瓷）通常用两种以上的金属-氧化物半导体材料混合烧结成多孔陶瓷,这些材料有 ZnO-LiO_2-V_2O_5 系、Si-Na_2O-V_2O_5 系、TiO_2-MgO-Cr_2O_3 系、Fe_3O_4 等。前三种材料的电阻率随湿度增大而减小,故称为负特性湿敏半导瓷,Fe_3O_4 的电阻率随湿度增大而增大,故称为正特性湿敏半导瓷。无论是负特性还是正特性的湿敏元件的工作机理至今尚无公认,比较一致的看法如下。

①负特性湿敏半导瓷的导电机理:由于水分子中的氢原子具有很强的正电场,当水在半导瓷表面吸附时,就有可能从半导瓷表面俘获电子,使半导瓷表面带负电。如果该半导瓷是 P 型半导体,由于水分子吸附使表面电动势减小,将吸引更多的空穴到达其表面,于是,其表面层的电阻减小。如果该半导瓷是 N 型半导体,由于水分子的附着使表面电动势减小,如果表面电动势减小甚多,不仅会使表面层的电子耗尽,同时会吸引更多的空穴到达表面层,尽可能使到达表面层的空穴浓度大于电子浓度,出现所谓表面反型层,这些空穴称为反型载流子。它们同样可以在表面迁移而对电导做出贡献。同样,对于水分子的吸附,使 N 型半导瓷材料的表面电阻减小。这就是大部分人认为的负特性湿敏半导瓷的导电原理。如图 9-11 所示为几种负特性湿敏半导瓷的电阻-湿度特性。

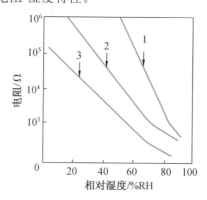

图 9-11　几种负特性湿敏半导瓷的电阻-湿度特性
1—Zn-LiO_2-V_2O_5 系;2—Si-Na_2O-V_2O_5 系;
3—TiO_2-MgO-Cr_2O_3 系

②正特性湿敏半导瓷的导电机理:可以认为这类材料的结构、电子能量状态与负特性材料有所不同。正特性湿敏半导瓷的导电机理一般解释为:当水分子附着半导瓷的表面使电动势变负时,其表面层电子浓度下降,但是还不足以使表面层的空穴浓度增加到出现反型程度,此时仍以电子导电为主。于是,表面电阻将由于电子浓度的下降而加大。这一类半导瓷材料的表面电阻将随湿度的增大而加大。如果对某一种半导瓷,它的晶粒间的电阻并不比晶粒体内电阻大很多,那么表面层电阻的加大对总电阻并不起多

大作用。不过,通用湿敏半导瓷材料都是多孔的,表面电导占的比例很大,故表面层电阻的增大,必将引起总电阻值的明显增大。但是由于晶体内部低阻支路的存在,正特性湿敏半导瓷的总电阻的增大没有负特性的阻值减小得那么明显。参阅图 9-11 和图 9-12。由两图可见,当湿度从 $0\%RH$ 变化到 $100\%RH$ 时,负特性材料的阻值均下降 3 个数量级,而正特性材料的阻值只增大了约 1 倍。

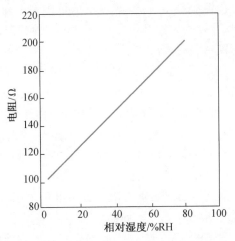

图 9-12　正特性半导瓷的电阻-湿敏特性

(3)膜型湿敏元件

膜型湿敏元件是用金属氧化物粉末或某些金属氧化物烧结体研成粉末,通过某种方式的调试后,喷洒或涂敷在具有叉指电极的陶瓷基片上而制成的。使用这种工艺做成的湿敏元件的阻值随湿度变化非常剧烈。其原因是粉末较松散,接触电阻大,而且粉粒间有较大的空隙,这就便于水分的吸附。对于那些极性、离散力较强的水分子的吸附,粉粒接触程度增加,因而使接触电阻显著减小。当环境湿度越大时,附着的水分子越多,接触电阻就越小。实验证明,无论是用负特性还是用正特性的湿敏瓷粉作其原料,只要是粉粒堆集型的湿敏元件,其阻值总是随环境湿度的增大而急剧减小,即这种结构的湿敏元件均属于负特性。例如,烧结型 Fe_3O_4 湿敏元件具有正特性,而瓷粉膜型 Fe_3O_4 湿敏元件却具有负特性。

①$MgCr_2O_4$-TiO_2 湿敏元件:氧化镁复合氧化物-二氧化钛($MgCr_2O_4$-TiO_2)湿敏材料通常制成多孔陶瓷型湿-电转换元件,它是负特性湿敏半导瓷。$MgCr_2O_4$ 为 P 型半导体。它的电阻率较低,阻值温度特性好。

为了提高其机械强度和抗热聚变特性,增加 $MgCr_2O_4$ 和 TiO_2 的比例为 $70\%:30\%$,将它们置于 1 300 ℃ 的温度中烧结而成陶瓷体。然后,将该陶瓷体切割成薄片,在薄片两面再印制并烧结叉指二氧化钛电极,便形成了感湿体。而后,在感湿体外罩上接一层热丝,用以加热清洗污垢,提高感湿能力。这种元件安装在高致密、疏水性的陶瓷片底座上。在测量电极周围设置隔漏环，防止因吸湿而引起漏电。SM-1 型湿敏半导体传感器就是这种结构形式，如图 9-13 所示。

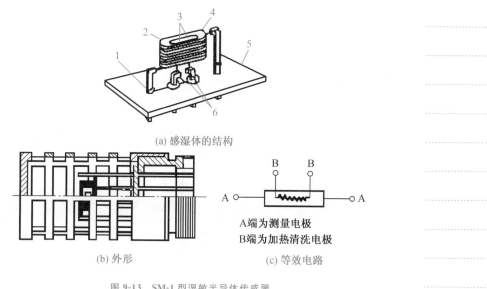

1
2
3
4
5
6

(a) 感湿体的结构

(b) 外形

B
B
A
A
A端为测量电极
B端为加热清洗电极

(c) 等效电路

图 9-13　SM-1 型湿敏半导体传感器

1—引线环电极；2—湿敏陶瓷；3—电极；4—康塔尔加热丝；4—底座；5—湿敏陶瓷的引线

②ZnO-Cr_2O_3 陶瓷湿敏元件：将多孔材料的电极烧结在多孔陶瓷圆片的两表面上，并焊上 Pt 引线，然后待敏感元件装入有网眼过滤器的方形塑料盒中用树脂固定，就制成了 ZnO-Cr_2O_3 陶瓷湿敏元件。其结构如图 9-14 所示。

1
2
3
4
5
6
7
8
9
10

图 9-14　ZnO-Cr_2O_3 陶瓷湿敏元件的结构

1—网眼过滤器；2—塑料外壳；3—陶瓷元件；4—多孔电极；5—元件支杆；6—电极引线；7—玻璃固定部分；8—密封；9—树脂密封；10—端子

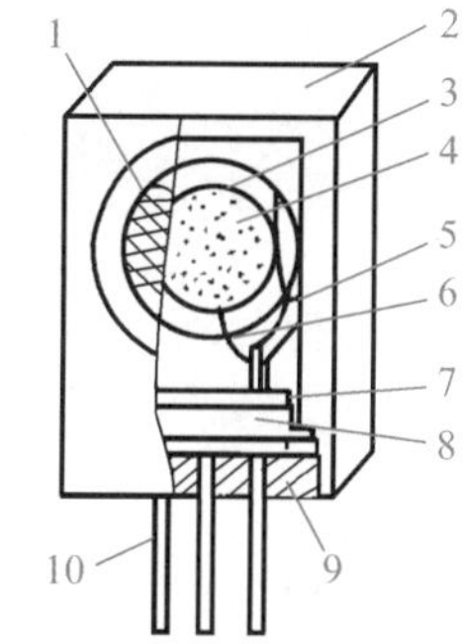

ZnO-Cr_2O_3 陶瓷湿敏元件能连续稳定地测量湿度，而不需要加热除污装置，因此功耗低于 0.5 W，体积小、成本低，也是一种常用的测湿传感器。

③膜型 Fe_3O_4 湿敏元件：膜型 Fe_3O_4 湿敏元件由基片、电极和感湿膜组成。基片选用滑石瓷，其表面粗糙度为 Ra 0.1～0.2 μm，它的吸水率低，机械强度高，物化性能稳定。基片上用丝网印刷工艺制成梳状金电极。将预先调好的 Fe_3O_4 的胶液涂敷在已有金电极的基片上，膜厚一般为 20～30 μm，然后，经低温烘干后，引出电极便成产品。膜型 Fe_3O_4 湿敏元件属于负特性的感湿体。

膜型 Fe_3O_4 湿敏元件的主要优点是：在常温、常湿下性能比较稳定，有较强的抗结露能力，它有较为一致的湿敏特性和较好的温度-湿度特性。如图 9-15 和图 9-16 所示分别为 MCS 型膜型 Fe_3O_4 湿敏元件的电阻-湿度特性和温度-湿度特性。

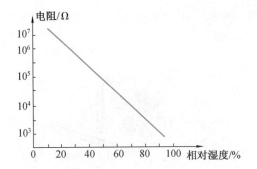

图 9-15　MCS 型膜型 Fe_3O_4 湿敏元件的电阻-湿度特性

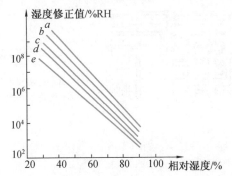

图 9-16　MCS 型膜型 Fe_3O_4 湿敏元件的温度-湿度特性

a—5 ℃;b—15 ℃;c—25 ℃;d—5 ℃;e—5 ℃

④膜型 Fe_2O_3 湿敏元件:在 α- Fe_2O_3 中添加 $13\%K_2CO_3$ 后,在 1 300 ℃ 环境中焙烧,将烧结块粉碎成粒径小于 $1\ \mu m$ 的粉末加入有机黏合剂,调成糊状,然后,印刷在有梳状电极的基片上,经加热烘干便制成了膜型 Fe_2O_3 湿敏元件。

膜型 Fe_2O_3 湿敏元件在低湿、高温条件下具有很稳定的湿敏特性。例如,在 80 ℃ 5%RH~80%RH 的环境中,重复检测 10^4 次,重复误差为 $\pm5\%$。元件耐恶劣环境的能力很强。

除此之外,将 Cr_2O_3、Mn_2O_3、Al_2O_3、ZnO、TiO_2 按上述方法制成膜型元件都有较好的感湿能力。

(4)高分子湿敏元件

①电容式湿敏元件:高分子电容式湿敏元件是利用湿敏元件的电容量随湿度变化的原理进行测量的。具有感湿的高分子聚合物,例如,用乙酸-丁酸纤维素和乙酸-丙酸纤维素等做成薄膜。实验证明,它们具有迅速吸湿和脱湿的能力。感湿薄膜覆盖在叉指形金电极(下电极)上,然后在感湿薄膜表面上再蒸镀一层多孔金属膜(上电极),如此结构就构成了一个平板电容器,如图 9-17(a)所示。

当环境中的水分子沿着上电极的毛细微孔进入感湿薄膜而被吸附时,湿敏元件的电容量与相对湿度之间具有正比关系,线性度约为 $\pm1\%$,如图 9-17(b) 所示。

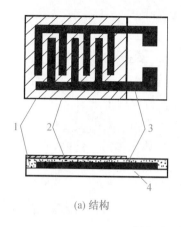
(a) 结构

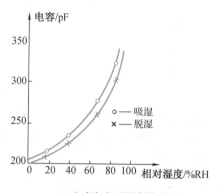
(b) 电容与相对湿度的关系

图 9-17　高分子电容式湿敏元件

1—高分子薄膜；2—上电极；3—下电极；4—衬底

②石英振动式湿敏元件：在石英晶片的表面涂敷聚氨酯高分子膜，当膜吸湿时，由于膜的重量变化而使石英晶片振荡频率发生变化，不同的频率代表不同程度的湿度。这种湿敏元件在 $0 \sim 50$ ℃环境下，元件检测湿度范围为 $0\%RH \sim 100\%RH$，误差为 $\pm 5\%RH$。

除上述介绍的传感器之外。还有早已使用的毛发湿度计、干湿球湿度计等也属于水分子亲和力型湿敏元件。

2. 非水分子亲和力型湿敏传感器

水分子亲和力型湿敏传感器，因为响应速度低、可靠性较差，不能很好地满足人们的需要。随着其他技术的发展，现在人们正在开发非水分子亲和力型的湿敏传感器。例如，利用微波在含水蒸气的空气中传播，水蒸气吸收微波使其产生一定损耗而制成的微波湿敏传感器。又如，利用水蒸气能吸收特定波长的红外线这一现象构成的红外湿敏传感器等。它们都能克服水分子亲和力型湿敏传感器的缺点。因此，开发非水分子亲和力型湿敏传感器是湿敏传感器重要的研究方向。关于这方面的内容请参阅有关资料，本节不赘述。

项目实施

■ 实施要求

（1）通过本项目的实施，在掌握气敏、湿敏传感器的基本结构和工作原理的基础上掌握气敏、湿敏传感器的器件识别、故障判断、测量方法和实际应用。

（2）本项目需要气敏、湿敏传感器实训台或相关设备、导线若干、万用表、示波器及相关的仪表等。

■ **实施步骤**

(1)找出气敏、湿敏传感器在电路中的位置,并判断是什么类型的气敏、湿敏传感器。

(2)分析测量电路的工作原理,并观察工作过程中的现象。

(3)找出各个单元电路,记录其电路组成形式。

(4)按照原理图用导线将电路连接好,检查确认无误后,启动电源。

(5)观察各单元电路的工作情况,记录其在工作过程中不同的状态下的数据。

 知识拓展

一、SnO₂ 气敏传感器的应用

自动吸排油烟机能感知厨房等处的油烟等所造成的室内空气污染,自动开动排风扇,净化室内空气。图 9-18(a)给出了一种实用控制电路。SnO₂气敏传感器采用 TGS109 型气敏传感器,如图 9-18(b)所示。当室内空气受到污染时,随着污染空气浓度的增大,TGS109 型气敏传感器的电阻就会减小,一旦空气中污染气体浓度达到电位器 W_2 设置的数值 C 时,晶体管 BG导通,从而使继电器 JN、J 接通,启动排风扇通风换气。当污染气体浓度降低到顶置值 C_s 以下时,排风扇仍继续工作一段时间,直到污染气体浓度降到足够低的 C_d 点才停止排风。C_d 点由延时电路设置,如图 9-19 所示为污染气体浓度和排风扇开、关的关系。如图 9-18(a)所示电路中的电阻 R_2 和电位器 W_1 分别用于修正传感器的固有电阻及灵敏度的离散度。

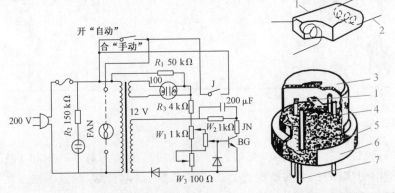

(a) 排风扇自动工作电路　　　(b) TGS109型气敏传感器的结构

图 9-18　排风扇自动工作电路和 TGS109 型气敏传感器的结构

1—SnO₂ 半导体;2—Ir-Pu 合金丝;3—不锈钢网(双层);

4—电极导线;5—FRP 成型基体;6—镀镍黄铜;7—Ni 管脚

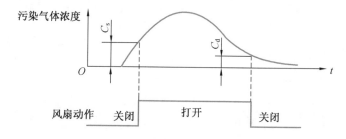

图 9-19　污染气体浓度和排风扇的开、关的关系

二、便携式缺氧监视器

在地下隧道、仓库、矿井工作的工人最关心的是他们工作环境是否有足够的氧气,因为这些地方的氧气浓度往往较低。为了防止缺氧,必须对这些场所的氧气浓度进行监测。如图 9-20 所示是一种便携式缺氧监视器的检测电路。测氧传感器是一种伽伐尼电池式传感器。它能对空气中的氧气产生约为 50 mV 的输出电压,而且它在 0~10% 的氧气浓度范围内有线性输出的特性。如果将传感器的输出用 A/D 转换器转换成数字信号,即能高精度地用数字仪表显示出氧气的浓度。本系统利用 3 个液晶显示器 LCD 组成氧气浓度显示电路。当氧气浓度低于 18%(一般空气中含有 21% 的氧气)时,由蜂鸣器启动报警。

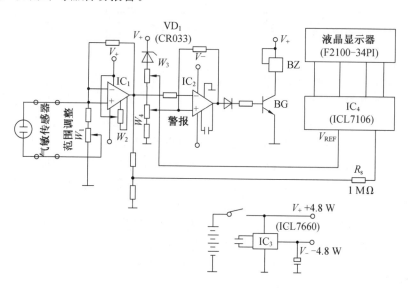

图 9-20　便携式缺氧监视器的检测电路

在图 9-20 中,IC_1 采用了低漂移的运算放大器 μPc254A 做直流放大,对传感器的输出约放大 8 倍。放大后的信号一方面经 R_s(1 MΩ)送入 A/D 转换器 IC_4 经转换去驱动液晶显示器,以显示氧气浓度;另一方面输出给运算放大器 IC_2。IC_2 作为检测氧气浓度低于 18% 的比较器,其基准电压由二极管 VD_1 提供,连接到 IC_2 的正端。当氧气浓度低于 18% 时,IC_2 输出警报信号驱动晶体管 BG,使蜂鸣器鸣响。VD_1(CR033)是一种 FEI 恒流元件,工

作电流为 330 μA。ICL7106 是 $3\frac{1}{2}$ 位的单片 A/D 转换器,其基波电压 V_{REF} 由 VD$_1$ 提供。ICL7106 与 LCD 联合使用,能使它们的消耗电流减小为 1 mA 左右。A/D 转换器所显示的数值为 1 000(V_m/V_{REF})。IC$_3$ 是将正电源变为负电源的一种高效变换器,提供系统的负电源。

电源采用 4 节 450 mA 高效型 Ni-Cd 电池,可使系统连续工作 100 h。当用 LED 显示器时,需换用 ICL7107 型 A/D 转换器。此时,电池只能使用 10 h。

三、自动去湿器

如图 9-21 所示是一种用于汽车驾驶室挡风玻璃的自动去湿器的工作电路。其目的是防止驾驶室的挡风玻璃结露或结霜,保证驾驶员视线清楚,避免事故发生。该电路也可用于其他需要去湿的场所。

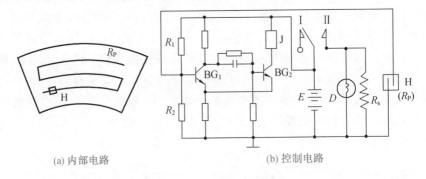

(a) 内部电路   (b) 控制电路

图 9-21 自动去湿器的工作电路

如图 9-21(a)所示,H 为结露湿敏元件,如图 9-21(b)所示为其控制电路。晶体管 BG$_1$、BG$_2$ 为施密特触发电路,BG$_2$ 的集电极负载为继电器 J 的线圈绕组。R_1、R_2 为 BG$_1$ 的基极电阻,R_P 为 H 的等效电阻。在不结露时,调整各电阻值,使 BG$_1$ 导通,BG$_2$ 截止。一旦湿度增大,R_P 值减小到某一特定位,$R_2 /\!/ R_P$ 减小,使 BG$_1$ 截止,BG$_2$ 导通,BG$_2$ 集电极负载——继电器 J 线圈通电,它的常开触点 Ⅱ 接通加热电源且指示灯点亮,加热电阻丝 R_s(被埋在挡风玻璃中)通电,挡风玻璃被加热,驱散湿气。当湿气减少到一定程度时,$R_2 /\!/ R_P$ 回到不结露时的阻值,BG$_1$ 和 BG$_2$ 恢复初始状态,指示灯熄灭,R_s 断电,停止加热,从而实现了自动去湿控制。

 技能实训

一、气敏传感器实验

1. 实验目的

了解气敏传感器的原理及应用。

2.实验仪器

气敏传感器、酒精、棉球（自备）、差动变压器实验模块等。

3.实验原理

本实验所采用的 SnO_2 气敏传感器属于电阻型气敏元件,它利用气体在半导体表面的氧化和还原反应导致敏感元件阻值变化。若气体浓度发生变化,则阻值发生变化,根据这一特性,可以从阻值的变化得知吸附气体的种类和浓度。

4.实验内容与步骤

(1)将气敏传感器夹持在差动变压器实验模块的支架上。

(2)按图 9-22 所示接线,将气敏传感器接线端的红色线接 +5 V 加热电压;黑色线接地;电压输出选择"±10 V",黄色线接 +10 V 电压;蓝色线接 R_{W1} 上端。

气敏传感器实验

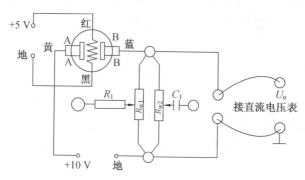

图 9-22　气敏传感器实验电路

(3)将 ±15 V 直流稳压电源接入差动变压器实验模块中。差动变压器实验模块的输出 U_o 接主控台直流电压表。打开主控台总电源,预热 5 min。

(4)用浸透酒精的小棉球,靠近气敏传感器,并吹气两次,使酒精挥发进入气敏传感器金属网内,观察电压表读数的变化。

5.实验报告

酒精检测报警常用于交通警察检查司机是否酒后驾车,若需要这样一种传感器还需要考虑哪些环节与因素?

二、湿敏传感器实验

1.实验目的

了解湿敏传感器的原理及应用。

2.实验仪器

湿敏传感器、湿敏座、干燥剂、棉球(自备)。

3. 实验原理

湿度是指大气中水分的含量,通常采用绝对湿度和相对湿度两种方法表示。绝对湿度是指单位体积中所含水蒸气的含量或浓度,用符号 AH 表示;相对湿度是指被测气体中的水蒸气压和该气体在相同温度下饱和水蒸气压的百分比,用符号%RH 表示。湿度给出大气的潮湿程度,因此它是一个无量纲的值。实验中多用相对湿度概念。湿敏传感器种类较多,根据水分子易于吸附在固体表面渗透到固体内部的这种特性(称为水分子亲和力),湿敏传感器可以分为水分子亲和力型和非水分子亲和力型,本实验采用的是水分子亲和力型高分子材料湿敏元件。高分子电容式湿敏元件是利用元件的电容量随湿度变化的原理制作的具有感湿功能的高分子聚合物。例如,将具有迅速吸湿和脱湿能力的乙酸-丁酸纤维素和乙酸-丙酸纤维素等做成薄膜,覆在金箔电极(下电极)上,然后在薄膜上再镀一层多孔金属膜(上电极),这样形成的一个平板电容器就可以通过测量电容的变化来感知空气湿度的变化。

湿敏传感器实验

4. 实验内容与步骤

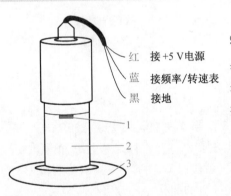

图 9-23 湿敏传感器实验装置

1—湿敏传感器;2—湿敏腔;3—底座

(1)湿敏传感器实验装置如图 9-23 所示。红色线接+5 V 电源;黑色线接地;蓝色线接频率/转速表输入端。频率/转速表选择频率挡。记下此时频率/转速表的读数。

(2)将湿棉球放入湿敏腔内,并插上湿敏传感器探头,观察频率/转速表的变化。

(3)取出湿棉球,待频率/转速表读数回复到原读数时,在湿敏腔内被放入干燥剂,观察频率/转速表读数的变化。

5. 实验报告

输出频率 f 与相对湿度对应关系见表 9-1,计算以上三种状态下的空气相对湿度。

表 9-1   输出频率 f 与相对湿度对应关系

相对湿度/%RH	0	10	20	30	40	50	60	70	80	90	100
f/Hz	7 351	7 224	7 100	6 976	6 853	6 728	6 600	6 468	6 330	6 186	6 033

巩固练习

(1)气敏传感器分为哪些类型？

(2)简述电阻型半导体气敏元件的导电机理及对应传感器的结构组成。

(3)简述非电阻型半导体气敏元件的特点及导电机理。

(4)按照水分子亲和力的特点,湿敏传感器可分为哪几类？

(5)简述氯化锂湿敏元件的优点和缺点。

(6)半导体陶瓷湿敏元件分为哪几种？

(7)简述负特性湿敏半导瓷的导电机理。

(8)简述正特性湿敏半导瓷的导电机理。

(9)简述膜型湿敏元件的制作工艺。

(10)高分子湿敏元件分为哪几类？分别有什么特点？

项目 10　了解辐射式传感器

　项目要求

　　超声技术是一门以物理、电子、机械及材料学为基础的使用领域广泛的通用技术之一。在国民经济发展中,超声技术对提高产品质量、保障生产安全和设备运作安全、降低生产成本、提高生产效率具有重要作用。因此,我国对超声技术及其传感器的研究十分重视。超声技术是通过超声波产生、传播及接收的物理过程完成的。超声波具有聚束、定向及反射、透射等特性。按超声波振动辐射大小不同,超声技术的应用大致可分为功率超声和检测超声两大方向。功率超声是用超声波使物体或物件发生变化;检测超声是用超声波获取若干信息。这两种应用都必须借助于超声波探头(换能器或传感器)来实现。目前,超声技术广泛应用于冶金、船舶、机械、医疗等各个工业部门的超声清洗、超声焊接、超声加工、超声检测和超声医疗等方面,并取得了很好的社会效益和经济效益。

　　核辐射传感器包括放射源、探测器和信号转换电路。放射源一般为圆盘状(β放射源)、丝状、圆柱状、圆片状(γ放射源)。例如 TI204(铊)镀在铜片上,上面覆盖云母片,然后装入铝或不锈钢壳内,最后用环氧树脂密封,就成为放射源。探测器又称接收器,是通过射线和物质相互作用来探测射线的存在和强弱的器件。探测器一般是根据某些物质在核辐射作用下产生发光效应或气体电离效应来工作的。常用的探测器有电流电离室、盖格计数管和闪烁计数管三种。

　　本项目主要介绍超声波传感器和核辐射传感器。

■ 知识要求

(1)了解核辐射式传感器的原理及应用范围。

(2)掌握超声波传感器的工作原理及应用。

(3)熟悉核辐射传感器的原理及应用范围。

重点:超声波传感器的基本原理、一般结构和应用,核辐射传感器的原理和性质。

　　难点：超声波基本特性，核辐射探测器。

■ 能力要求

　　(1)能够正确识别各种超声波传感器，明确其在整个工作系统中的作用。

　　(2)能够正确分析辐射式传感器的应用场合。

　　(3)能够准确地判断辐射式传感器的好坏。

　　(4)能够掌握基本的测量方法。

 知识梳理

一、超声波的基本特性

　　超声波是听觉阈值以外的振动，其频率范围为 $10^4 \sim 10^{12}$ Hz，其中常用的频率为 $10^4 \sim 3\times10^6$ Hz。超声波在超声场（被超声所充满的空间）传播时，如果超声波的波长与超声场相比，超声场很大，超声波就像处在一种无限介质中，超声波自由地向外扩散；反之，如果超声波的波长与相邻介质的尺寸相近，则超声波受到界面限制不能自由地向外扩散。超声波在传播过程中会有如下特性和作用。

1. 超声波的传播速度

　　超声波在介质中可产生三种形式的振荡波：横波(质点振动方向垂直于传播方向的波)；纵波(质点振动方向与传播方向一致的波)；表面波(质点振动方向介于纵波与横波之间，沿表面传播的波)。横波只能在固体中传播；纵波能在固体、液体和气体中传播；表面波随深度的增加其衰减会很快。测量各种状态下的物理量时多采用纵波。超声波的频率越高，与光波的某些性质越相似。

　　超声波与其他声波一样，其传播速度与介质的密度和弹性有关。

　　超声波在气体和液体中的传播速度 C_{gL} 为

$$C_{gL} = \left(\frac{l}{\rho B_a}\right)^{\frac{1}{2}} \tag{10-1}$$

式中　ρ——介质的密度；

　　　B_a——绝对压缩系数。

　　超声波在固体中的传播速度 C_q 与介质形状有关，即

$$C_q = \left(\frac{E}{\rho}\right)^{\frac{1}{2}} \quad (\text{细棒}) \tag{10-2}$$

$$C_q = \left[\frac{E}{\rho(1-\mu^2)}\right]^{\frac{1}{2}} \quad (\text{薄板}) \tag{10-3}$$

$$C_q = \left[\frac{E(1-\mu)}{\rho(1+\mu)(1-2\mu)} \right]^{\frac{1}{2}} = \left(\frac{K + \frac{4}{3}G}{\rho} \right)^{\frac{1}{2}} \quad （无限介质）\qquad (10-4)$$

式中　E——杨氏模量；

　　　μ——泊松系数；

　　　K——体积弹性模量；

　　　G——剪切弹性模量。

横波声速公式为

$$C_q = \left[\frac{E}{2\rho(1+\mu)} \right]^{\frac{1}{2}} = \left(\frac{G}{\rho} \right)^{\frac{1}{2}} \quad （无限介质）\qquad (10-5)$$

在固体中，μ 为 $0\sim0.5$，因此，一般可视横波声速为纵波声速的一半。

2. 超声波的物理性质

（1）超声波的反射和折射

当超声波传播到特性阻抗不同的两种介质平面分界面上时，一部分超声波被反射，另一部分超声波则透射过界面，在介质内部继续传播，这样的两种情况分别称为超声波的反射和折射，如图 10-1 所示。

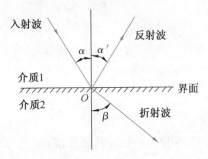

图 10-1　超声波的反射和折射

反射角 $\alpha' = \alpha$、折射角 β 与反射波、折射波速度 c_1、c_2 满足折射定律的关系式，即 $\dfrac{\sin\alpha}{\sin\beta} = \dfrac{c_1}{c_2}$。

如果 $\sin\alpha > \dfrac{c_1}{c_2}$，入射波完全被反射，则在相邻介质中没有折射波。

如果超声波斜入射到两固体介质界面或两黏滞弹性介质界面时，一列斜入射的纵波不仅产生反射纵波和折射纵波，还产生反射横波和折射横波。

（2）超声波的衰减

超声波在一种介质中传播，其声压和声强按指数函数规律衰减。

在平面波的情况下，距离声源 x 处的声压 p 和声强 I 的衰减规律为

$$p = p_0 e^{-Ax} \qquad (10-6)$$
$$I = I_0 e^{-2Ax} \qquad (10-7)$$

式中　p_0, I_0——距离声源 $x=0$ 处的声压、声强；

　　　x——超声波与声源间的距离；

　　　A——衰减系数，单位为 Np/cm。

若 A' 为以 dB/cm 表示的衰减系数,则 $A'=20\lg e \cdot A=8.686A$,此时式(10-6)和式(10-7)相应变为 $p=p_0 10^{-0.05A'x}$ 与 $I=I_0 10^{-0.1A'x}$。实际使用时,常采用 10^{-3} dB/mm 为单位,这时,在一般检测频率上,A' 值为一到数百。

例如,若衰减系数为 1 dB/mm,超声波穿透 1 mm,则衰减 1 dB,即衰减 10%;超声波穿透 20 mm,则衰减 1 dB/mm×20 mm＝20 dB,即衰减 90%。

(3)超声波的干涉

如果在一种介质中传播几个超声波,就会产生波的干涉现象。若以频率相同、振幅 ξ_1 和 ξ_2 不等、波程差为 d 的两个超声波的干涉为例,则两个超声波的合成振幅为 $\xi_r=\xi_1^2+\xi_2^2+2\xi_1\xi_2\cos\dfrac{2\pi d}{\lambda}$,其中 λ 为波长。可以看出,当 $d=0$ 或 $d=n\lambda$(n 为正整数)时,合成振幅 ξ_r 达到最大值;而当 $d=n\dfrac{\lambda}{2}$($n=1,3,5,\cdots$)时,合成振幅 ξ_r 为最小值。当 $\xi_1=\xi_2=\xi$ 且 $d=\dfrac{\lambda}{2}$ 的奇数倍时,如 $d=\dfrac{\lambda}{2}$,则 $\xi_r=0$,即两波互相抵消,合成振幅为 0。

由于超声波的干涉,在辐射器的周围将形成一个超声场。

(4)超声波的波形转换

当超声波以某一角度入射到第二介质(固体)界面上时,除有纵波的反射和折射外,还会有横波的反射和折射,如图 10-2 所示。在一定条件下,还能产生表面波。它们符合几何光学中的反射定律,即

$$\frac{c_L}{\sin\alpha}=\frac{c_{L_1}}{\sin\alpha_{L}}=\frac{c_{S_1}}{\sin\alpha_2}=\frac{c_{L_2}}{\sin\gamma}=\frac{c_{S_2}}{\sin\beta} \tag{10-8}$$

式中　α——入射角;

　　　α_1,α_2——纵波与横波的反射角;

　　　γ,β——纵波与横波的折射角;

　　　c_L,c_{L_1},c_{L_2}——入射介质、反射介质、折射介质内的纵波速度;

　　　c_{S_1},c_{S_2}——反射介质、折射介质内的横波速度。

若介质为液体或气体,则仅有纵波。利用式(10-8)可以实现波形转换。

3. 超声波对超声场产生的作用(效应)

超声波在超声场中传播时,会对超声场产生如下几种作用。

(1)机械作用

超声波在传播过程中会引起介质质点交替的压缩与伸张,构成了压力的变化,这种压力的变化将引起机械效应。超声波引起的介质质点运动,虽然产生的位移和速度不大,但是与超声波振动频率的平方成正比的质点加速度却很大,有时可达重力加速度的数万倍,这么大的加速度足以造成对介质的强大机械效应,甚至能破坏介质。

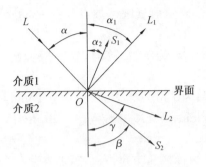

图 10-2   超声波的波形转换

L—入射波；L_1—反射纵波；L_2—折射纵波；

S_1—反射横波；S_2—折射横波

（2）空化作用

在流体动力学中指出，存在于液体中的微气泡（空化核）在声场的作用下振动，当声压达到一定值时，气泡将迅速膨胀，然后突然闭合，在气泡闭合时产生冲击波，这种膨胀、闭合、振动等一系列动力学过程称为超声空化。这种超声空化现象是超声学及其应用的基础。

液体形成空化作用与介质的温度、压力、空化核半径、含气量、声强、黏滞性、频率等因素有关。一般情况下，温度高易于空化；液体中含气高、变化阀值低，易于空化；声强高也易于空化；频率高、空化阀值高，不易于空化。例如，在 15 kHz 时，产生空化的声强只需要 0.16～2.6 W/cm²，而频率在 500 kHz 时，所需要的声强则为 100～400 W/cm²。

在空化中，当气泡闭合时所产生的冲击波强度最大。设气泡膨胀时的最大半径为 R_m，气泡闭合时的最小半径为 R，从膨胀到闭合，在距气泡中心为 1.587R 处产生的最大压力可达到 $p_{max} = p_0 4^{-\frac{4}{3}} \left(\frac{R_m}{R}\right)^3$。当 $R \to 0$ 时，$p_{max} \to \infty$。根据公式进行估算，局部压力可达到上千个大气压，由此足以看出空化的巨大作用和应用前景。

（3）热学作用

如果超声波作用于介质时被介质所吸收，实际上也就是有能量吸收。同时，由于超声波的振动，使介质产生强烈的高频振荡，介质间互相摩擦而发热，这种能量能使液体、固体温度升高。超声波在穿透两种不同介质的分界面时，温度升高值更大，这是因为分界面上特性阻抗不同，将产生反射，形成驻波引起分子间的相对摩擦而发热。超声波的热效应在工业、医疗上都得到了广泛应用。

超声波除了上述几种作用外，还有声流效应、触发效应和弥散效应，它们都有很好的应用价值。

4. 超声波传感器

利用超声波在超声场中的物理特性和种种效应研制的装置可称为超声波换能器、探测器或传感器，超声波传感器可以是超声波发射装置，也可以是既能发射超声波又能接收超声回波的装置。这些装置一般都能将声信号转换成电信号。

超声波探头按其结构可分为直探头、斜探头、双探头和液浸探头。超声波探头按其工作原理又可分为压电式、磁致伸缩式、电磁式等。实际使用中压电式超声波探头最为常见。

超声波传感器

压电式超声波探头主要由压电晶片、吸收块(阻尼块)、保护膜等组成，其结构如图 10-3 所示。压电晶片多为圆板形，其厚度与自然频率成反比。例如，压电晶片厚度为 1 mm，自然频率约为 1.89 MHz；压电晶片厚度为 0.7 mm，自然频率为 2.5 MHz。压电晶片的两面镀有银层，作导电的极板。吸收块的作用是降低压电晶片的机械品质，吸收声能量。如果没有吸收块，当激励的电脉冲信号停止时，压电晶片将会继续振荡，加长超声波的脉冲宽度，使分辨率变差。

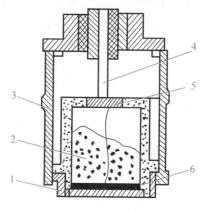

图 10-3 压电式超声波探头的结构

1—保护膜；2—吸收块；3—金属壳；4—导电螺杆；5—接线片；6—压电晶片

超声波传感器广泛应用于工业中的超声波清洗、超声波焊接、超声波加工(钻孔、切削、研磨、抛光及金属拉管、拉丝、轧制等)、超声波处理(搪锡、凝聚、淬火、电镀、净化水质)、超声波治疗和超声波检测(测厚、检漏、成像)等，因此掌握有关超声波技术和知识是十分重要的。

二、核辐射传感器

核辐射传感器的测量原理是基于核辐射粒子的电离作用、穿透能力、物体吸收、散射和反射等物理特性。利用这些特性制成的核辐射传感器可用来测量物质的密度、厚度，分析气体成分，探测物体内部结构等，是现代检测技术的重要部分。

1. 核辐射源——放射性同位素

在核辐射传感器中，常采用 α 射线、β 射线、γ 射线和 X 射线核辐射源，产生这些射线的物质通常是放射性同位素。所谓放射性同位素就是原子序数相同、原子质量不同的元素。这些放射性同位素在没有外力作用下，能自动发生衰变，衰变中释放出上述射线。其衰变规律为

$$J = J_0 e^{-\lambda t} \qquad\qquad (10\text{-}9)$$

式中 J，J_0——t、t_0 时刻的辐射强度；

　　　　λ——衰变常数。

式(10-9)表示了某种放射性同位素的核辐射强度。由该式可知,核辐射强度是以指数规律随时间而减弱。通常以单位时间内发生衰变的次数表示放射性的强弱。辐射强度单位为 Ci(居里),1 Ci 的辐射强度指辐射源 1 s 内有 3.7×10^{10} 次核衰变。1 Ci $= 10^3$ mCi $= 10^6$ μCi。在测量仪表中常用 mCi 或 μCi 作为计量单位。

核辐射检测要采用半衰期比较长的同位素。半衰期是指放射性同位素的原子核数衰变到一半所需要的时间,这个时间又称为放射性同位素的寿命。核辐射检测除了要求使用半衰期比较长的同位素外,还要求放射出来的射线要有一定的辐射能量。目前常用的放射性同位素有关参数见表 10-1。

表 10-1　　　　　　常用的放射性同位素有关参数

同位素	符号	半衰期	辐射种类	α射线能量	β射线能量	γ射线能量	X射线能量
碳^{14}	^{14}C	5 720 年	β		0.155		
铁^{55}	^{55}Fe	2.7 年	X				5.9
钴^{57}	^{57}Co	270 天	γ,X			0.136,0.001 4	6.4
钴^{60}	^{60}Co	5.26 天	β,γ		0.31	1.17,1.33	
镍^{63}	^{63}Ni	125 年	β		0.067		
氪^{85}	^{85}Kr	9.4 年	β,γ		0.672,0.159	0.513	
锶^{90}	^{90}Sr	19.9 年	β		0.54,2.24		
钌^{106}	^{106}Ru	290 天	β,γ		0.035,3.9	0.52	
	^{134}Cs	2.3 年	β,γ		0.24 0.658,0.090	0.568,0.602 0.744	
铈^{144}	^{144}Ce	282 天	β,γ		0.3,2.96	0.03～0.28 0.7～2.2	
钷^{147}	^{147}Pm	2.2 年	β		0.229		
铥^{170}	^{170}Tm	120 天	β,γ		0.844,0.004 0.968	0.084 1,0.001	
	^{192}Ir	747 天	β,γ		0.67	0.137,0.651	
铊^{204}	^{204}Tl	2.7 年	β		0.783		
钋^{210}	^{210}Po	138 天	α,γ	5.3		0.8	
钚^{238}	^{238}Pu	86 年	X				12～21
镅^{241}	^{241}Am	470 年	α,γ	5.44,0.06		5.48,0.027	

注:射线能量单位为 MeV。

2. 核辐射的物理特性

(1)核辐射

核辐射指放射性同位素衰变时,放射出具有一定能量和较高速度的粒子束或射线。主要有四种:α射线、β射线、γ射线和X射线。

其中,α射线和β射线分别是带正、负电荷的高速粒子流;γ射线不带电,是以光速运动的光子流,从原子核内放射出来;X射线是原子核外的芯电子被激发出来的电磁波能量。

(2)核辐射与物质的相互作用

①核辐射线的吸收、散射和反射:α射线、β射线、γ射线穿透物质时,由于原子中的电子会产生共振,振动的电子形成向四面八方散射的电磁波,在其穿透过程中,一部分粒子能量被物质吸收,一部分粒子能量被散射掉,因此,粒子或射线的能量将按下述关系式衰减,即

$$J = J_0 \mathrm{e}^{-a_\mathrm{m}\rho h} \tag{10-10}$$

式中　J_0,J——射线穿透物质前、后的辐射强度;

h——穿透物质的厚度;

ρ——物质的密度;

a_m——物质的质量吸收系数。

三种射线中,γ射线穿透能力最强,β射线次之,α射线最弱。因此,γ射线的穿透厚度比β射线、α射线要大得多。

β射线的散射作用表现最为突出。当β射线穿透物质时,容易改变其运动方向而产生散射现象。当产生相反方向散射时,更容易产生反射。反射的大小取决于散射物质的性质和厚度。β射线的散射随物质的原子序数增大而加大。当原子序数增大到极限情况时,投射到反射物质上的粒子几乎全部反射回来。反射的大小与反射物质的厚度间的关系为

$$J_h = J_\mathrm{m}(1 - \mathrm{e}^{-\mu_\mathrm{h}h}) \tag{10-11}$$

式中　J_h——反射物质厚度为h(mm)时,放射线被反射的强度;

J_m——当h趋向无穷大时的反射强度,J_m与原子序数有关;

μ_h——辐射能量的常数。

由式(10-10)、式(10-11)可知,若J_0、a_m、J_m、μ_h已知,只要测出J或J_h就可求出其穿透厚度h。

②电离作用:当具有一定能量的带电粒子穿透物质时,在它们经过的路程上就会产生电离作用,形成许多离子对。电离作用是带电粒子和物质相互作用的主要形式。

α粒子由于能量、质量和电荷大,故电离作用最强,但射程较短。

β粒子质量小,电离能力比同样能量的α粒子要弱;由于β粒子易于散射,所以其行程是弯弯曲曲的。

γ粒子几乎没有直接的电离作用。

在辐射线的电离作用下,每秒产生的离子对的总数,即离子对形成的频率可表示为

$$f_\mathrm{e} = \frac{1}{2}\frac{E}{E_\mathrm{d}}CJ \tag{10-12}$$

式中　E——带电粒子的能量;

E_d——离子对的能量；

J——辐射源的强度；

C——在辐射源强度为 1 Ci 时，每秒放射出的粒子数。

利用式(10-12)可以测量气体密度等。

3.核辐射传感器

核辐射与物质的相互作用是核辐射传感器检测物理量的基础。利用电离、吸收和反射作用以及 α 射线、β 射线、γ 射线和 X 射线的特性可以检测多种物理量。常用电离室、气体放电计数管、闪烁计数管和半导体检测核辐射强度、分析气体、鉴别各种粒子等。

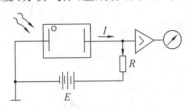

图 10-4　电离室的工作原理

（1）电离室

电离室的工作原理如图 10-4 所示。在电离室两侧的互相绝缘的电极上施加极化电压，使两极板间形成电场，在射线作用下，两极板间的气体被电离，形成正离子和电子，带电粒子在电场作用下运动形成电流 I，于是，在外接电阻上便形成压降。电流 I 与气体电离程度成正比，电离程度又正比于射线辐射强度，因此，测量电阻 R 上的电压值就可得到核辐射强度。

电离室主要用于探测 α、β 粒子。电离室的窗口直径约 100 mm。γ 射线的电离室同 α 射线、β 射线的电离室不太一样，由于 γ 射线不直接产生电离，因而只能利用它的反射电子和增加室内气压来提高 γ 光子与物质作用的有效性，因此，γ 射线的电离室必须密闭。

（2）盖格计数管

盖格计数管又称为气体放电计数管，其结构如图 10-5(a)所示。计数管中心有一根金属丝并与管子绝缘，它是计数管的阳极；管壳内壁涂有导电金属层，为计数管的阴极。两极间加有适当电压。计数管内充有氩、氮等气体，当核辐射进入计数管内后，管内气体被电离。当电子在外电场的作用下向阳极运动时，由于碰撞气体产生次级电子，次级电子又碰撞气体分子，产生新的次级电子，这样次级电子急剧倍增，发生雪崩现象，使阳极放电。放电后，由于雪崩现象产生的电子都被中和，阳极积聚正离子，这些正离子被称为正离子鞘。正离子的增加使阳极附近电场减弱，直至不产生离子增值，原始电离的放大过程停止。在外电场作用下，正离子鞘向阴极移动，在串联电阻 R 上产生脉冲电压，其大小正比于正离子鞘的总电荷。正离子鞘到达阴极时得到一定的动能，能从阴极打击出次级电子。由于此时阳极附近的电场已恢复，又一次产生次级电子和正离子鞘，于是又一次产生脉冲电压，周而复始，便产生连续放电。

盖格计数管的特性曲线如图 10-5(b)所示。J_1、J_2 代表入射的核辐射强度。由图可知，在外电压 U 相同的情况下，入射的核辐射强度越强，盖格计数管内产生的脉冲就越强。盖格计数管常用于探测 α 射线和 β 粒子的辐射量(强度)。

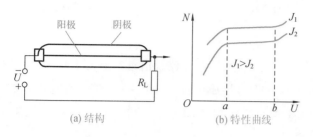

(a) 结构　　　　　　　　(b) 特性曲线

图 10-5　盖格计数管的结构和特性曲线

（3）闪烁计数管

闪烁计数管由闪烁晶体(受激发光物体,有气体、液体和固体三种,分为有机和无机两类)和光电倍增管等组成,如图 10-6 所示。当核辐射照射在闪烁晶体上后,便激发出微弱的闪光,闪光射到光电倍增管,经过 N 级倍增后,光电倍增管的阳极形成脉冲电流,经输出处理电路,就得到与核辐射量有关的电信号,送至指示仪表或记录器显示。

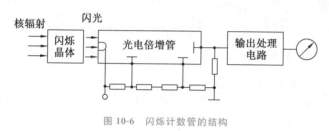

图 10-6　闪烁计数管的结构

项目实施

■ 实施要求

（1）通过本项目的实施,在掌握超声波传感器的基本结构和工作原理的基础上掌握超声波传感器的器件识别、故障判断、测量方法和实际应用。

（2）本项目需要超声波传感器实训台或相关设备、导线若干、万用表、示波器及相关的仪表等。

■ 实施步骤

（1）找出超声波传感器在电路中的位置,并判断是什么类型的超声波传感器。

（2）分析测量电路的工作原理,观察超声波传感器工作过程中的现象。

（3）找出各个单元电路,记录其电路组成形式。

（4）按照原理图用导线将电路连接好,检查确认无误后,启动电源。

（5）观察各单元电路的工作情况,记录其在工作过程中不同状态下的数据。

知识拓展

超声波传感器是医学、工业界捕获信息的重要工具之一。例如,心电图检测、B超成像仪、CT分层成像仪、无损探伤仪等中都有超声波传感器。核辐射传感器除了用于核辐射的测量外,也能用于气体分析、流量、重量、温度、探伤以及医学等方面。

一、超声波测量厚度——脉冲反射式超声波测厚仪

超声波测量厚度按工作原理分共振法、干涉法及脉冲反射法等几种。由于脉冲反射法不涉及共振机理,与被测物表面的光洁度关系不密切,所以,脉冲反射法是最受用户欢迎的一种超声波测量厚度的方法。

1. 测量原理

脉冲反射法的测量原理为:测量超声波脉冲通过试样所需的时间间隔,然后根据超声波脉冲在试样中的传播速度求出试样厚度,即

$$d = \frac{1}{2}ct \tag{10-13}$$

式中 d——试样厚度;

c——超声波速度;

t——超声波从发射到接收回波的时间。

在数字显示的脉冲反射式超声波测厚仪中,通常用代表厚度的两个反射脉冲触发双稳态或其他触发器形成厚度方波,然后用计数脉冲填充厚度方波,再通过数字显示单元显示厚度数值。典型的脉冲反射式数显超声波测厚仪的原理如图10-7所示。

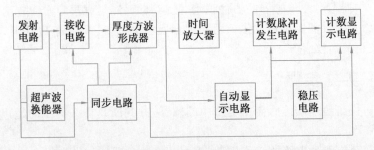

图 10-7   典型的脉冲反射式数显超声波测厚仪的原理

由图10-7可见:发射电路激励超声波换能器(应具有宽频带、窄脉冲特性)产生超声波脉冲,接收电路将两个反射脉冲接收并放大后,通过厚度方

波形成器形成厚度方波。由于超声波在材料中传播速度很快,反射脉冲间隔很窄,故需要在时间上加以放大。计数脉冲是时间标尺(厚度分辨率),在放大的厚度方波内填充该计数脉冲即可实现厚度值的数字显示。这一过程实际就是时间间隔的测量过程。自动显示电路的作用是自动控制只有厚度方波形成时数码管才亮,除此之外数码管暗。同步电路是实现仪器各部分有条不紊工作的时序基准。

2. 部分电路设计

下面对图 10-7 中的发射电路和接收电路进行具体设计,其余部分读者自行设计。

(1)发射电路

超声波发射电路实际上是超声波窄脉冲信号形成电路,它由超声波大电流脉冲发射电路和抵消法窄脉冲发射电路组成。

如图 10-8 所示是典型的超声波大电流脉冲发射电路。在测厚仪中,通常采用复合晶体管作为开关电路。由 BG_1 和 BG_2 组成高反压大电流脉冲发生复合管,当同步脉冲到来时,复合管突然雪崩导通,充有较高电压的电容 C 迅速放电,形成前沿极陡的高压冲击波,为激励超声波探头产生极窄的超声波脉冲作准备。

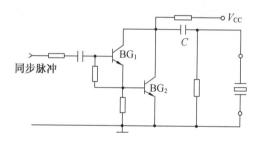

图 10-8　典型的超声波大电流脉冲发射电路

抵消法窄脉冲发射电路如图 10-9(a)所示。它的作用是将图 10-8 所产生的超声波信号变为一个只保留前半周期的窄脉冲信号。其工作原理如下:从主控器来的正脉冲信号经过两条通路施加到超声波换能器上。一路经 BG_2 倒相放大成为负脉冲,立即通过 VD_1 加到超声波换能器上,使它开始作固有振荡。另一路先经过电感 L_1、L_2 和变容二极管 VD_3、VD_4 组成的延迟电路,使脉冲信号延迟一段时间,然后再经 BG_1 倒相放大,通过 VD_2 加到换能器上。使它在原来振动的基础上,迭加一个振动。调节电位器 W_1 和 W_2 可控制两脉冲信号的幅度;调节 W_2 使 VD_3 和 VD_4 的反向电压变化,以此达到改变它们电容的目的,从而可使脉冲信号的延迟时间在一定范围内变化。这样调节幅度与滞后量,使两个振动互相迭加后,除了开始的半个周期外，其余部分都因振幅相等，相位相反而互相抵消，形成超声波换能器输出的单个超声波窄脉冲，如图 10-9(b)所示。

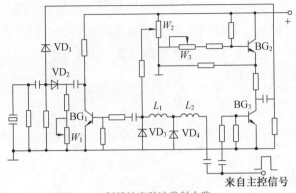

(a) 抵消法窄脉冲发射电路

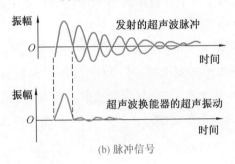

(b) 脉冲信号

图 10-9   抵消法窄脉冲发射电路和脉冲信号

（2）接收电路

由于超声波的反射信号是很微弱的脉冲信号，因此，接收电路的设计必须考虑如下因素：

①足够大的增益，至少要 60 dB 的增益，这时既要防止放大器饱和又要防止其自激；

②脉冲放大电路与接收换能器之间的匹配，使接收灵敏度与信噪比为最佳；

③放大器要有足够宽的频带，以保证脉冲信号不失真；

④前置级放大电路必须是低噪声的。

根据上述要求，又由于超声波换能器是容性的，因此，通常选用共射-共集连接的宽频带放大器，它比较适合于脉冲反射式超声波测厚仪的接收电路。如图 10-10 所示电路可作为该测厚仪的接收电路。该电路由输入级、中间级和输出级组成。输入级增益 $K_I=18$，能对 2 mV 的输入脉冲电压进行低噪声宽带（5 MHz）放大。中间级增益 $K_M \approx 33$。最后，包络脉冲信号经输出级的放大、整形后，送入控制显示电路进行计数。

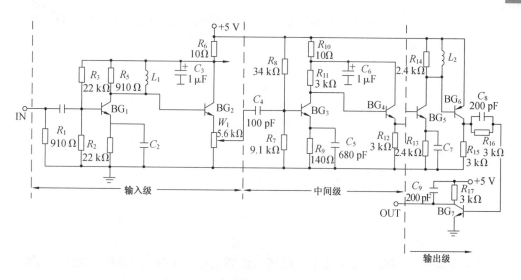

图 10-10　超声波测厚仪接收电路

二、超声波诊断仪

超声波诊断仪是通过向体内发射超声波(主要采用纵波),然后接收经人体各组织反射回来的超声波并加以处理和显示,根据超声波在人体不同组织中传播特性的差异进行诊断的。由于超声波对人体无损害,操作简便,出结果迅速,受检查者无不适感,对软组织成像清晰,因此,超声波诊断仪已成为临床上重要的现代诊断工具。超声波诊断仪类型较多,最常用的有 A 型超声波诊断仪、M 型超声波诊断仪和 B 型超声波诊断仪等。

1. A 型超声波诊断仪

A 型超声波诊断仪又称为振幅型诊断仪。它是超声波技术最早应用于医学诊断的一种应用。A 型超声波诊断仪的原理如图 10-11 所示。其原理类似于示波器,所不同的是在垂直通道中增加了检波器,以便把正负交变的脉冲调制信号变成单向视频脉冲信号。

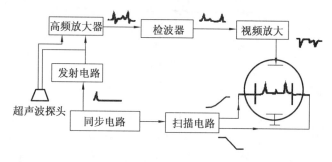

图 10-11　A 型超声波诊断仪的原理

同步电路产生 50 Hz～2 kHz 的同步脉冲,该脉冲触发扫描电路产生锯齿波电压信号,锯齿波电压信号的频率与超声波的频率相同,而且与视频信号同步。

发射电路在同步脉冲作用下产生一高频调幅振荡,即产生幅度调制波。发射电路一方面将幅度调制波送入高频放大器放大,使荧光屏上显示发射脉冲(如荧光屏上的第一个脉冲);另一方面将幅度调制波送到超声波探头,激励其产生一次超声振荡,超声波进入人体后的反射波由超声波探头接收并转换成电压信号,该电压信号经高频放大器放大、检波、功率放大,于是,荧光屏上将显示出一系列的回波(如荧光屏上的第二个、第三个……脉冲),它们代表着各组织的特性和状况。

2. M 型超声波诊断仪

M 型超声波诊断仪主要用于运动器官的诊断,常用于心脏疾病的诊断,故又称为超声波心动图仪。它是在 A 型超声波诊断仪的基础上发展起来的一种辉度调制式仪器,它与 A 型超声波诊断仪的不同点是 M 型超声波诊断仪的发射波和回波信号不是加到示波管的垂直偏转板上,而是加到示波管的栅极或阴极上,这样控制了到达示波管的电子束的强度。脉冲信号幅度高,荧光屏上的光点亮;反之,光点暗。

在实际操作时,将超声波探头固定在某一部位,如心脏部位,由于心脏搏动,各层组织与超声波探头的距离不同,在荧光屏上会呈现随心脏搏动而上下摆动的一系列光点,当代表时间的扫描线沿水平方向从左至右等速移动时,上下摆动的光点便横向展开,得到心动周期、心脏各层组织结构随时间变化的活动曲线,这就是超声波心动图,如图 10-12 所示。

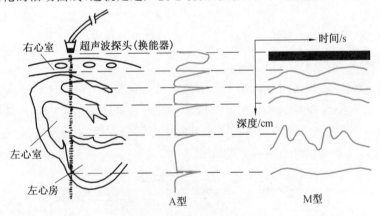

图 10-12　超声波心动图

3. B 型超声波诊断仪

B 型超声波诊断仪是在 M 型诊断仪的基础上发展起来的辉度调制式仪器。其诊断功能比 A 型和 M 型强,是全世界范围内普遍使用的临床诊断仪。虽然,B 型和 M 型诊断仪均属辉度调制式仪器,但是有以下两个不同点:

(1)当 M 型超声波诊断仪工作时,超声波探头固定在某一点,超声波定向发射。而 B 型超声波诊断仪工作时,超声波探头连续移动,或者超声波探头不动而发射的超声波束不断地变动传播方向。超声波探头由人手移动的称为手动扫描;用机械移动的称为机械扫描;用电子线路变动超声波束方向的称为电子扫描。

(2)M 型超声波诊断仪显示的是超声波心动图,而 B 型超声波诊断仪显示的是人体组织的二维断层图像。B 型超声波诊断仪要接收两种信号:一是超声回波的强度信息,二是超声波探头的位置信息。由超声波探头发射和接收的超声波经电路处理后,将视频脉冲输送到存储示波管的栅极进行调辉。此外,把超声波探头在空间的某一位置定为参考位置,偏离参考位置的角度经位置传感器转换成电压加至示波管的 X、Y 偏转板上,使得超声波探头移动线(声束截面上反射组织的 X-Y 位置)与荧光屏上亮点的 X-Y 位置相对应,于是在荧光屏上便可显示出人体内器官的影像图。

三、核辐射流量计

核辐射流量计可以检测气体和液体在管道中的流量,其原理如图 10-13 所示。若测量天然气体的流量,在气流管壁上装有如图 10-13 所示的两个活动电极,其中一个的内侧面涂覆有放射性物质构成的电离室。当气体流经两电极间时,由于核辐射使被测气体电离,产生电离电流,电离子一部分被流动的气体带出电离室,电离电流减小。随着气流速度的增大,带出电离

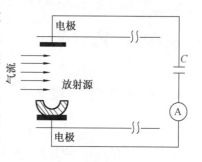

图 10-13　核辐射流量计的原理

室的离子数增加,电离电流也随之减小。当外加电场一定,辐射强度恒定时,离子迁移率基本是固定的,因此,可以比较准确地测出气体流量。为了精确地测量,可以配用差动电路。

若在流动的液体中,掺入少量放射性物质,也可以运用放射性同位素跟踪法测量液体流量。

四、核辐射测厚仪

核辐射测厚仪是利用射线的散射与物体厚度的关系来测量物体厚度的。如图 10-14 所示是利用差动和平衡变换原理测量镀锡钢带镀锡层厚度的核辐射测厚仪。

图 10-14 中 3 和 4 为两个电离室,电离室外壳加上极性相反的电压,形成相反的栅极电流。位电阻 R 上的压降正比于两电离室辐射强度的差值。电离室 3 的辐射强度取决于放射源的放射线经镀锡钢带镀锡层后的反向散射,电离室 4 的辐射强度取决于辅助放射源的射线经挡板位置的调制程度。利用极上的电压,经过放大后,控制电动机转动以此带动挡板移动,使电极电流相等。用测量仪表测出挡板的位移量即可测得镀锡层的厚度。

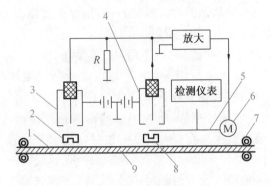

图 10-14　核辐射测厚仪

1—镀锡层;2—放射源;3,4—电离室;5—挡板;
6—电动机;7—滚子;8—辅助放射源;9—镀锡钢带

 技能实训

超声波传感器测量实验

1. 实验目的

（1）了解超声波传感器的幅频特性,能够确定其中心频率。

（2）掌握超声波传感器的测试方法。

2. 实验仪器

超声波传感器、示波器、信号发生器、直尺等。

3. 实验原理

超声波发射器向某一方向发射超声波,在发射的同时开始计时,超声波在空气中传播,途中碰到障碍物就立即返回来,超声波接收器收到反射波就立即停止计时。超声波在空气中的传播速度为 340 m/s,根据计时器记录的时间 t,就可以计算出发射点距障碍物的距离 s,即 $s=340t/2=170t$。

4. 实验内容与步骤

（1）按照图 10-15 所示,调节信号发生器输出方波信号,其峰-峰值可在 2～10 V 调整,频率可在 30～49 kHz 连续调整,要求通过示波器确认信号幅度及频率输出情况。

（2）将方波信号输出端子接到超声波传感器发射头的两个输入引脚,将示波器的接地端子和信号端子分别连接超声波传感器接收头的两个输出引脚。

（3）固定发射头与接收头的间距为 10 cm,并将发射头对准接收头,准备测试接收头接收到的同频信号电压。

（4）调节信号发生器输出方波信号的峰-峰值为 10 V,本测试要保证在

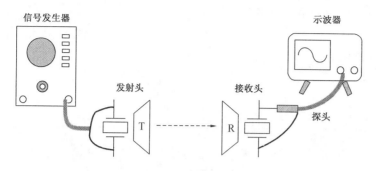

图 10-15　超声波传感器测量实验模块的安装

输出幅度恒定的情况下进行。

（5）调节方波信号的频率，使其在 30～49 kHz 变化，用示波器观察接收头的输出信号波形，记下 V_{P-P} 值。按照表 10-2 设置的频率数据要求进行测试，总计测试 30 对数据。

表 10-2　　　　　　　　　频率对应输出信号 V_{P-P} 值

f / kHz	30	31	32	33	34	35	35.5	36	36.5	37
V_{P-P}/V										
f/kHz	37.5	38	38.5	39	39.5	40	40.5	41	41.5	42
V_{P-P}/V										
f / kHz	42.5	43	43.5	44	44.5	45	46	47	48	49
V_{P-P}/V										

注：要求测试每对数据时，首先用示波器调试出输出准确幅度、频率的方波信号，再驱动发射头，进而测试。

（6）调节信号发生器输出方波的频率为中心频率，本测试要求保证在中心频率下进行测定。

（7）调节方波信号的幅度，使其峰-峰值在 2～12 V 变化，设置输入不同峰-峰值的方波信号来驱动发射头，用示波器观察接收头的输出信号波形，记下 V_{P-P} 值，填入表 10-3 中，研究驱动信号幅度变化对超声波传感器传输特性的影响。

要求在 2～12 V 按照表 10-3 设置的 V_{in} 值，测试输出信号 V_{P-P} 值，总计测试 20 对数据。

表 10-3　　　　　　　　　V_{in} 值对应输出信号 V_{P-P} 值

V_{in}/V	2	2.5	3	3.5	4	4.5	5	5.5	6	6.5
V_{P-P}/V										
V_{in}/ V	7	7.5	8	8.5	9	9.5	10	10.5	11	12
V_{P-P}/ V										

注：要求测试每对数据时，首先用示波器调试出输出准确幅度、频率的方波信号，再驱动发射头，进而测试。

5. 实验报告

（1）分析 30 对记录数据，绘制输出 V_{P-P}-f 关系曲线，得出超声波传感器幅频特性结论,并确定其中心频率。

(2)分析 20 对记录数据,绘制输出 V_{P-P}-V_{in} 关系曲线,得出超声波传感器传输特性结论。

巩固练习

(1)超声波在介质中有哪些传播特性?

(2)简述核辐射传感器的测量原理。

(3)在核辐射传感器中,常采用哪些射线的辐射源?

(4)简述核辐射的物理特性。

(5)核辐射传感器主要用于哪些监测?

(6)利用核辐射原理设计一个物体探伤仪,并说明其原理。

项目 11　了解智能传感器

项目要求

　　智能传感器的发展十分迅速,如今已广泛应用于生活、生产的各个方面,特别是应用于一些危险环境条件下,以代替人工操作,极大地提高了人类的生活水平和工作效率。

　　电子自动化产业发展迅速,促使传感器技术特别是集成式智能传感器技术日趋活跃发展。近年来,随着半导体技术的快速发展,国外一些著名的公司和高等院校正在大力开展有关集成式智能传感器的研制,国内一些著名的高校和研究所以及公司也积极跟进,使集成式智能传感器技术的发展取得了令人瞩目的成绩。国产智能传感器逐渐在智能传感器领域迈开步伐,西安中星测控有限公司生产的 PT600 系列传感器采用国际上一流传感器芯体、变速器、专用集成电路和配件,运用军工产品的生产线和工艺,精度高,稳定性好,成本低,采用高性能微控制器(MCU),具备数字和模拟两种输出方式,同时针对用户的特定需求(如组网式测量、自定义通信协议),均可在原产品基础上进行二次开发,周期极短,可为用户节省时间,提高效率。它已被广泛应用于航空、航天、石油、化工、机械、地质、水文等行业中测量各种气体和流体的压力、压差、流量及流体的高度和质量。

知识要求

(1)了解智能传感器的发展及结构。
(2)了解智能传感器的功能及工作特点。
(3)了解智能传感器的发展方向与应用。
(4)了解无线传感器的发展与应用。
(5)了解传感器与物联网的关系与应用。
重点:智能传感器的基本概念、结构、主要功能及特点。
难点:智能传感器的实现途径。

能力要求

(1)能够正确地识别各种智能传感器,明确其在整个工作系统中的作用。

(2)在设计中,能够根据工作系统的特点,找出匹配的智能传感器。

(3)理解传感器在无线传感器网络与物联网中的应用。

知识梳理

一、智能传感器

1. 智能传感器的结构

智能传感器这一概念最初是美国宇航局在开发宇宙飞船过程中产生的。宇宙飞船上天后需要知道它的速度、位置、姿态等数据,同时为了使宇航员能正常生活,需要控制船舱内的温度、气压、湿度、加速度、空气成分等,因而要装置大量的各类传感器以得到相应的信息。但是要处理众多传感器所获得的大批数据,就需要大型电子计算机,这是十分困难的。为了不丢失数据,同时要降低成本,就提出了分散处理这些数据的想法,即传感器将获得的数据先进行处理,它只送出必要的少量数据。综上所述,智能传感器是对外界信息具有检测、逻辑判断、自行诊断、数据处理和自适应能力的集成式一体化多功能传感器。这种传感器还具有与主机对话的功能,也可以自行选择最佳方案。它还能对已取得的大量数据进行分割处理,实现远距离、高速度、高精度的传输。

软件在智能传感器中起着举足轻重的作用,智能传感器可通过各种软件对信息检测过程进行管理和调节,使之工作在最佳状态,从而增强传感器的功能,提升传感器的性能。此外,利用软件能够实现硬件难以实现的功能,因为以软件代替部分硬件,可降低传感器的制作难度。

智能传感器是具有信息处理功能的传感器,带有微处理器,具有采集、处理、交换信息的能力,是传感器集成化与微处理器相结合的产物。智能传感器在发展与应用过程中与微处理器相结合,使传感器不仅有视、嗅、触、味、听觉的功能,还具有存储、思维和逻辑判断等人工智能,从而使传感器技术提高到一个新的水平。例如,一般智能机器人的感觉系统由多个传感器集合而成,采集的信息需要计算机进行处理,而使用智能传感器就可将信息分散处理,从而降低成本。智能传感器的结构如图 11-1 所示。

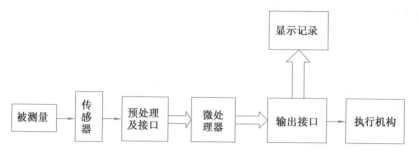

图 11-1   智能传感器的结构

2. 智能传感器的特点

与传统传感器相比,智能化传感器具有以下功能。

(1)具有逻辑判断、统计处理功能。可对检测数据进行分析、统计和修正,还可进行线性、非线性、温度、噪声、响应时间、交叉感应以及缓慢漂移等的误差补偿,提高了测量准确度。可进行微弱信号测量,并能进行各种校正和补偿,测量数据可以存取,提高了灵敏度和测量精度。根据给定的传统传感器和环境条件的先验知识,微处理器利用数字计算方法,自动补偿传统传感器硬件线性、非线性和漂移以及环境影响因素引起的信号失真,以最佳地恢复被测信号。计算方法用软件实现,达到软件补偿硬件缺陷的目的。

(2)具有自诊断、自校准功能。具有确定故障部位、识别故障状态等功能及用硬件难以实现的功能,可在接通电源时进行开机自检,可在工作中进行运行自检,并可实时自行诊断测试,以确定哪一组件有故障,提高了工作可靠性。因内部和外部因素影响,传感器性能会下降或失效,分别称为软故障、硬故障,微处理器利用补偿后的状态数据,通过电子故障字典或有关算法可预测、检测和定位故障。

(3)具有自适应、自调整功能。可根据待测物理量的数值大小及变化情况自动选择检测量程和测量方式,提高了检测适用性。可以根据智能传感器内部的程序,自动处理数据,如进行统计处理、剔除异常值等。可根据给定的间接测量和组合测量数学模型,利用补偿的数据计算出不能直接测量的物理量数值;可利用给定的统计模型计算被测对象总体的统计特性和参数;可利用已知的电子数据表,可重新标定传感器特性。

(4)具有组态功能,可实现多传感器、多参数的复合测量,扩大了检测与使用范围。通过软件技术可实现高精度的信息采集,扩展了测量范围和功能,可实现复合参数的测量和各种不同要求的测量。操作者输入零值或某一标准量值后,自校准软件可以自动地对传感器进行在线校准。

(5)具有记忆、存储功能。可进行检测数据的随时存取,加快了信息的处理速度。

(6)具有数据通信功能。具有数据通信接口,能与计算机直接联机,相互交换信息,提高了信息处理的质量。还包含数字和模拟输出功能及使用备用电源的断电保护功能等,微处理器和基本传感器之间构成闭环,微处理器不但接收、处理传感器的数据,还可将信息反馈至传感器,对测量过程进行调节和控制。

3. 智能传感器的分类

根据智能传感器的结构,将其分为以下三种类型。

(1)模块式智能传感器

这是一种初级的智能传感器,它是将微型计算机、信号调解电路模块、输出电路模块,显示电路模块和传感器等独立模块装配在同一壳体内。它的集成度低、体积大,但是比较实用。

(2)混合式智能传感器

混合式智能传感器是将传感器和微处理器、信号处理电路制作在不同的芯片上。它作为智能传感器的主要种类而广泛应用。

(3)集成式智能传感器

这种传感器是将一个或多个敏感器件与微处理器、信号处理电路集成在同一芯片上。它一般是三维器件,即立体结构。这种结构是在平面集成电路的基础上一层一层向立体方向制作成多层电路。它的制作方法基本上就是采用集成电路的制作工艺,如光刻、二氧化硅薄膜的生成、淀积多晶硅、激光退火、多晶硅转为单品硅、PN结的形成等。最终是在硅衬底上形成具有多层集成电路的立体器件,即敏感器件。同时制作微处理器芯片,还可以将太阳能电池电源制作在其上面,这样便形成了集成式智能传感器。它的智能化程度是随着集成化密度的增大而不断提高的。今后,随着传感器技术的发展,还将研制出更高级的集成式智能传感器,它完全可以将检测、逻辑和记忆等功能集成在一块半导体芯片上。同时,冷却部分也可以制作在立体电路中,利用 Peltire 效应冷却电路。

4. 智能传感器的研究热点

(1)物理转化机理

理论上讲,有很多种物理效应可以将待测物理量转换为电学量。在智能传感器出现之前,为了数据读取方便,人们选择物理转化机理时,被迫优先选择那些输入-输出传递函数为线性的转化机理,而舍弃掉其他传递函数为非线性,但具有长期稳定性、精确性等性质的转换机理或材料。由于智能传感器可以很容易对非线性的传递函数进行校正,得到一个线性度非常好的输出结果,从而消除了非线性传递函数对传感器应用的制约,因此一些科研工作者正在对这些稳定性好、精确度高、灵敏度高的转换机理或材料重新进行研究。例如,谐振式传感器具有高稳定性、高精度、准数字化输出等许多优点,但以前频率信号检测需要较复杂的设备,限制了谐振式传感器的应用和发展,现在利用同一硅片上集成的检测电路,可以迅速提取频率信号,使得谐振式传感器成为传感器领域的一个研究热点。

(2)数据融合技术

数据融合是智能传感器技术的重要领域,也是各国研究的热点。数据融合通过分析各个传感器的信息,来获得更可靠、更有效、更完整的信息,并依据一定的原则进行判断,做出正确的结论。对于由多个传感器组成的阵列,数据融合技术能够充分发挥各个传感器的特点,利用其互补性、冗余性,提高测量信息的精度和可靠性,延长系统的使用寿命,进而实现识别、判断和决策。

多传感器系统的融合中心接收各传感器的输入信息,得到一个基于多传感器决策的联合概率密度函数,然后按一定的准则做出最后决策。融合中心常用的融合方法有错误率最小化法、NP 法、自适应增强学习法、广义证据处理法等。传感器数据融合是传感器技术、模式识别、人工智能、模糊理论、概率统计等交叉的新兴学科,目前还有许多问题没有解决,如最优的分布检测方法、数据融合的分布式处理结构、基于模糊理论的融合方法、神经网络应用于多传感器系统、多传感器信号之间的相互耦合、系统功能配置及冗余优化设计等,这些问题也是当今数据融合技术的研究热点。

(3)CMOS 工艺兼容的传感器制造与集成封装技术

集成式微型智能传感器是受集成电路制作工艺的牵引而发展起来的,充分利用已经行之有效的大规模集成电路制作技术是智能传感器降低成本、提高质量、增加效益、批量生产的最可行、最有效的途径。但传统的微机械传感器制作工艺与 CMOS 工艺兼容性较差。为了保证加工应力能完全松弛,微机械结构需要长时间的高温退火;而为了成功地实施必要的曝光,CMOS 技术需要非常平整的表面,这就造成了矛盾。因为如果先完成机械加工工序,基底的平面性将会有所牺牲;如果先完成 CMOS 工序,基底将经受高温退火。这使得传感器敏感单元与大规模集成电路进行单片集成时产生困难,限制了智能传感器向体积缩小、成本降低与生产效率提高的方向发展。为了解决这个“瓶颈”问题,目前在研究二次集成技术的同时,智能传感器的工艺研究热点集中在研制与 CMOS 工艺兼容的各种传感器结构及其制造工艺流程上。

如前所述,由于非电子元件接口未能做到同等尺寸缩微,因而限制了其体积、质量等的减小。当前,集成式微型智能传感器正朝着更高功效及轻、薄、短、小的方向发展,传统的封装技术将无法满足这些需求。对于新的集成式微型智能传感器来说,有关分离和封装问题可能是其商品化的最大障碍。现阶段,制造微机械的加工设备和工艺与制造 IC 的设备和工艺是紧密匹配的,但是,封装技术还未能达到同样高的匹配水准。虽然单片集成式微型智能传感器商品化的成功已能对传统的封装技术产生一定程度的影响,但仍需要进行广泛的改进和提高。因此,一些新封装技术的研究和开发已越来越得到人们的重视,开发更先进的封装形式及其技术也成为集成式微型智能传感器制造相关技术的研究热点。

5. 智能传感器应用

智能传感器已广泛应用于航天、航空、国防、科技和工农业生产等各个领域中。例如,在工业生产中,利用智能传感器可直接测量与产品质量指标有关的各种参数,而这些参数正是关系着生产过程中的某些量(如温度、湿度、流量等),利用神经网络或专家系统技术建立的数学模型进行计算,可推断出产品的质量。在医学领域中,糖尿病患者需要随时地掌握自身的血糖水平,以便调整饮食和注射胰岛素。另外,智能传感器在机器人领域中有着广阔应用前景,可使机器人感知各种现象,完成各种动作。

6. 智能传感器的实现途径

传感器与微处理器有机结合可以通过以下两种途径来实现:

(1)软件实现途径

采用微处理器或微型计算机系统以强化和提高传统传感器的功能,即传感器与微处理器可为两个独立部分,传感器的输出信号经处理和转换后由接口送入微处理器进行运算处理,这便是传感器智能化途径之一。

(2)硬件实现途径

借助于半导体技术把传感器部分与信号预处理电路、输入/输出接口、微处理器等制作在同一块芯片上,即成为大规模集成电路智能传感器。这类传感器具有多功能、一体化、精度高、适宜于大批量生产、体积小和便于使用等优点。它的实现将取决于半导体集成化工艺水平的提高与发展。目前来看,仅有少数以组合形式出现的智能传感器作为产品投入市场,如美国霍尼韦尔公司推出的 DSTJ 系列传感器,而我国智能传感器的开发和研究正在起步,目前需要尽快提高与完善传统传感器的功能,也就是在现有使用的传感器中,采用先进的微处理器和微型计算机系统,使之完成智能化。

二、无线传感器网络

1. 无线传感器网络与智能传感器

近几年发展起来的无线传感器网络是智能传感器的又一深层次研究。无线传感器网络是计算机、通信和传感器这三项技术相结合的产物。智能传感器等信息获取技术和传送技术的进步为传感器网络的发展和应用创造了有利条件。无线传感器网络可以定义为:无线传感器网络是由部署在监测区域内大量的廉价微型传感器节点组成,通过无线通信方式形成的一个多跳自组织网络的网络系统,其目的是协作感知、采集和处理网络覆盖区域中感知对象的信息,并发送给观察者;传感器、感知对象和观察者是传感器网络的三个基本要素,这三个要素之间通过无线网络建立通信路径,协作地感知、采集、处理、发布感知信息。无线传感器网络综合了微电子技术、嵌入式计算技术、现代网络及无线通信技术、分布式信息处理技术等先进技术,能够协同地实时监测、感知和采集网络覆盖区域中各种环境或监测对象的信息,并对其进行处理,处理后的信息通过无线方式发送,并以多跳自组的网络方式传送给观察者。

无线传感器网络经历了智能传感器、无线智能传感器和无线传感器网络三个阶段。智能传感器将计算能力嵌入到传感器中,使得传感器节点不仅具有数据采集能力,而且具有滤波和信息处理能力;无线智能传感器在智能传感器的基础上增加了无线通信能力,大大延长了传感器的感知触角,降低了传感器的工程实施成本;无线传感器网络则将网络技术引入到无线智能传感器中,使得传感器不再是单个的感知单元,而是能够交换信息、协调控制的有机结合体,实现了物与物的互联,把感知触角深入世界各个角落,必将成为下一代互联网的重要组成部分。

无线传感器网络是由密集型、低成本、随机分布的节点组成的,自组织性和容错能力使其不会因为某些节点在恶意攻击中损坏而导致整个系统崩溃。无线传感器网络展开快速、抗毁性强、监测精度高、覆盖区域大,应用前景广阔,已成为当前信息领域的研究热点之一。

2. 无线传感器网络的应用

无线传感器网络作为新一代的传感器网络,具有非常广泛的应用前景,其发展和应用将会给人类的生活和生产的各个领域带来深远影响。我国未来 20 年预见技术的调查报告中,信息领域 157 项技术课题中有 7 项与无线传感器网络直接相关。《国家中长期科学与技术发展规划纲要》为信息技术确定了三个前沿方向,其中两个与无线传感器网络的研究直接相关,即智能感知技术和自组织网络技术。可以预计,无线传感器网络的研究与应用的进一步发展是一种必然趋势,将会给人类社会带来极大的变革。

无线传感器网络技术要想在未来十几年内有所发展,一方面要在这些关键的支撑技术上有所突破,另一方面则要在成熟的市场中寻找应用,构思更有趣、更高效的应用模式。无线传感器网络所具有的众多类型的传感器,可探测包括地震、电磁、温度、湿度、噪声、光强度、压力、土壤成分等周边环境中多种多样的现象。基于微机电系统的微传感技术和无线联网技术为无线传感器网络赋予了广阔的应用前景。这些潜在的应用领域可以归纳为军事、航空、反恐、防爆、救灾、环境、医疗、保健、商业、工业、家居等应用领域。

(1)军事应用

在军事上,无线传感器网络可用来建立一个集命令、控制、通信、计算、智能、监视、侦察和定位于一体的战场指挥系统。无线传感器网络是网络中心战体系中面向武器装备的网络系统,自组织和高容错性的特征使无线传感器网络非常适用于恶劣的战场环境中,进行我军兵力、装备和物资的监控,冲突区的监视,敌方地形和布防的侦察,目标定位攻击,损失评估,核、生物和化学攻击的探测等。

(2)防爆应用

在矿产、天然气等开采、加工易爆场所,部署具有敏感气体浓度传感能力的节点,通过无线通信自组织成网络,并把检测到的数据传送给监控中心,一旦发现情况异常,可立即采取有效措施,防止事故的发生。

（3）救灾应用

在遭受地震、水灾、强热带风暴或其他灾难后，固定的通信网络设施可能被全部摧毁或无法正常工作，这时就需要无线传感器网络这种不依赖任何固定网络设施、能快速布设的自组织网络技术来组织抢险救灾。边远或偏僻野外地区、植被不允许被破坏的自然保护区，无法采用固定或预设的网络设施进行通信，也可以采用无线传感器网络来进行信号采集与处理。

（4）环境应用

随着人们对于环境的日益关注，环境科学所涉及的范围越来越广泛，通过传统方式采集原始数据是一件困难的工作。无线传感器网络为野外随机性的研究数据获取提供了方便，如跟踪候鸟和昆虫的迁移，研究环境变化对农作物的影响，监测海洋、大气和土壤的成分等。此外，也可用于对森林火灾的监控。

（5）医疗应用

在医疗上，如果在住院病人身上安装特殊用途的传感器节点，如心率和血压监测设备，利用无线传感器网络，医生就可以随时了解被监护病人的病情，掌握他们的身体状况，如实时掌握体温、血压、血糖、脉搏等情况，一旦发生危急情况可在第一时间实施救助，及时进行处理。还可以利用传感器网络长时间地收集人的生理数据，通过在人体内植入人工视网膜（由传感器阵列组成），让盲人重见光明。无线传感器网络将为未来的远程医疗提供更加方便、快捷的技术实现手段。

（6）商业应用

无线传感器网络具有自组织、微型化和对外部世界的感知能力等特点，这些特点决定了无线传感器网络在商业领域应该也会有很多的应用。无线传感器网络可实现居民小区、家居环境、楼宇、工作环境智能化，如在城市车辆监测和跟踪、智能办公大楼、汽车防盗、交互式博物馆、交互式玩具等众多领域，无线传感器网络都将会孕育出全新的设计和应用模式。

（7）工业应用

无线传感器网络在工业领域有着广阔的应用前景，如机器人控制、设备故障监测和诊断、工厂自动化生产线、恶劣环境生产过程监控、仓库管理等方面都将有全新的设计和应用模式。而在一些大型设备中，需要对一些关键部件的技术参数进行监控，以掌握设备的运行情况，在不便于安装有线传感器的情况下，无线传感器网络就可以作为一个重要的通信手段。

（8）家居应用

嵌入家具和家电中的传感器与执行机构组成的无线传感器网络与Internet连接在一起将会为人们提供更加舒适、方便和具有人性化的智能家居环境。

无线传感器网络技术将会不断地产生新的应用模式，开辟新的应用领域，从各个方面将给人们的生活带来深远的影响。无线传感器网络将是未来一个无孔不入的十分庞大的网络，其应用可以涉及人类日常生活和社会生产活动的所有领域,研究无线传感器网络的意义重大而深远。无线传感器网络的简略体系结构如图 11-2 所示。

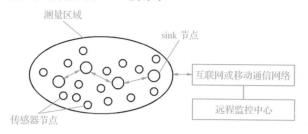

图 11-2 无线传感器网络的简略体系结构

三、物联网及物联网传感器

物联网指"物物相连的互联网"。目前,物联网及物联网传感器已成为一个新的研究热点。物联网也称传感网,其定义是:通过射频识别(RFID)、红外感应器、全球定位系统、激光扫描器等信息传感设备,按约定的协议,把任何物品与互联网连接起来,进行信息交换和通信,以实现智能化识别、定位、跟踪、监控和管理的一种网络。如果说无线传感器网络是计算机、通信和传感器三项技术相结合的产物,那么物联网就可看成是计算机、通信、射频识别、全球定位系统、互联网和物联网传感器多项技术相结合的产物。

物联网的概念自提出以来,越来越受到世界各国特别是发达国家的高度重视。物联网作为我国新兴战略性产业之一,受到了全社会极大的关注,许多高等学校相继设置了物联网工程等相关专业,着力培养国家物联网行业发展急需的人才。

作为物联网的重要组成部分,物联网传感器早已渗透到诸如工业自动化、智能家居、航天航空、海洋探测、环境保护、资源利用、医学诊断、生物医学工程甚至文物保护等广泛的领域。物联网传感器是在智能传感器的基础上进一步完善研制而成的。目前开发的物联网传感器有无线幕帘控制器、无线调光器、红外动作感应器、无线可燃气体探测器、无线烟感探测器、无线有毒气体探测器、电流监测插座、无线温度感应器、无线移动感应器、无线窗户感应器、无线防盗报警器、无线光线感应器、无线门磁感应器、无线开关控制器、无线温/湿度传感器、无线压力传感器等。如图 11-3 所示为物联网在智能家居中的简单应用。

项目实施

■ 实施要求

(1)本项目需要具备传感器仿真实验工作平台。

(2)本项目需要智能传感器或相关设备。

图 11-3　物联网在智能家居中的简单应用

■ **实施步骤**

(1)准备好相关实验设备。

(2)设计出完善的实验工作系统。

(3)进行仿真操作、调试。

(4)观测、记录仿真结果。

 知识拓展

一、智能传感器发展方向与途径

智能传感器利用微处理器代替一部分脑力劳动,具有人工智能的特点。它可以由好几块相互独立的模块电路与传感器装在同一壳体里构成,也可以把传感器、信号调节电路和微型计算机集成在同一芯片上,形成超大规模集成化的更高级智能传感器。例如,将半导体电敏元件、电桥线路、前置放大器、A/D 转换器、微处理器、接口电路、存储器等分别分层次集成在一块半导体硅片上,便构成集成一体化的硅压阻式压力智能传感器,如图 11-4 所示。这里关键是半导体集成技术,即智能化传感器的发展依附于硅集成电路的设计和制造装配技术。

应该指出,上面讨论的智能传感器是具有检测、判断与信息处理功能的传感器,还有一种带有反馈环节的传感器,整个传感器形成闭环系统,其本身固有特性可以判断出来,而且根据需要可以将其特性进行改变,它也属于智能传感器的范畴。

二、混合集成压力智能传感器

混合集成压力智能传感器是采用二次集成技术制造的混合智能传感器,其组成如图 11-5 所示,即在同一个管壳内封装了微控制器、检测环境参数的各种传感元件、连接传感元件和控制器的各种接口/读出电路、电源管理器、晶阵、电池、无线发送器等电路及器件,具有数据处理功能,并且可以

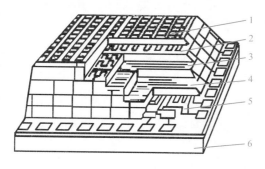

图 11-4　硅压阻式压力智能传感器

1—传感元件;2—传输块;3—存储器;4—运算器;5—电源和驱动;6—硅基片

根据环境参数的变化情况自主地开始测量或者改变测试频率,具有智能化的特点。混合集成压力智能传感器系统的核心是摩托罗拉公司的 68HC11 微控制器(MCU),其中包含内存、八位 A/D、时序电路、串行通信电路。MCU 与前台传感器内部数据传输通过内部总线进行。

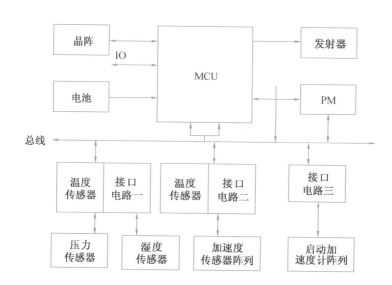

图 11-5　混合集成压力智能传感器的组成

混合集成压力智能传感器系统包括了温度传感器、压力传感器、加速度传感器阵列、启动加速度计阵列、湿度传感器等多种传感器或传感器阵列。MCU 将传感器的测量数据转换为标准格式,并对数据进行储存,然后通过系统内的无线发送器或 RS-232 接口传送出去。传感器由 6 V 电池供电,功耗小于 700 μW,至少能够连续工作 180 天。整个混合集成压力智能传感器系统的体积仅仅为 5 cm³,相当于一个火柴盒那么大。

美国霍尼韦尔公司研制的 DSTJ-3000 型压差压力智能传感器能在同一块半导体基片上用离子注入法配置压差、静压和温度三个敏感元件。整个传感器还包含转换器、多路转换器、脉冲调制器、微处理器和数字量输出接口等,并在 EPROM 中装有该传感器的特性数据,以实现非线性补偿。

三、多路光谱分析传感器

多路光谱分析传感器利用 CCD 二维阵列摄像仪,将检测图像转换成时序视频信号,在电子电路中产生与空间滤波器相应的同步信号,再与视频信号相乘后积分,改变空间滤波器参数,移动滤波器光栅以提高灵敏度,来实现二维自适应图像传感的目的。它由光学系统和微型计算机的 CPU 构成,其结构如图 11-6 所示。

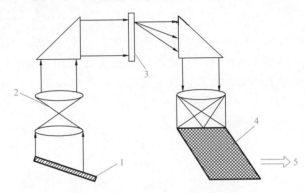

图 11-6　多路光谱分析传感器的结构

1—检测对象(地球表面,分 342 个区域);2—光学系统;

3—反射型绕射光栅;4—二维光传感器阵列;5—微型复读机

多路光谱分析传感器可以装在人造卫星上,对地面进行多路光谱分析。测量获得的数据直接由 CPU 进行分析和统计处理,然后输送出有关地质、气象等各种情报。

 技能实训

DX120 型数字输出压力智能传感器的安装调试实验

1. 实验目的

(1)了解 DX120 型数字输出压力智能传感器的工作特点。

(2)掌握 DX120 型数字输出压力智能传感器的安装方法。

2. 实验仪器

直流稳压电源、RS-485 通信总线、RS-485 转换器、遥测终端机/前置通信控制机、DX120 型数字输出压力智能传感器(以下简称为 DX120)等。

3. 实验原理

DX120 采用了一套 A/D 转换电路,将模拟信号转换成数字信号,再将数字信号采集到内部中央数据处理器(CPU),通过一套复杂的计算处理,转变成用户所需要的某种计量单位的数据,再转换成 ASCII 码数据格式,最后按照 DX120 的通信协议,经过 RS-485 数字通信接口传送出去。DX120 支持多点、可寻址的操作。

　　DX120 有表压和绝压两种类型:如果测量液体压力,表压型 DX120 的读数就是液体压力值;而绝压型 DX120 的读数是液体压力值与液面上气体压力值的和,所以当用绝压型 DX120 测液体压力时,必须在所测液体附近与被测液体液面在同一海拔高度,且在同一气体环境中有一个测量气压的绝压型 DX120 配合使用,才可以保证传感器的测量精度。DX120 的电气连接如图 11-7 所示。

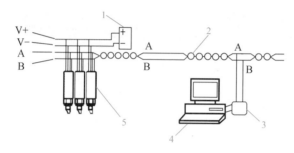

图 11-7　DX120 的电气连接

1—直流稳压电源;2—RS-485 通信总线;3—RS-485 转换器;

4—遥测终端机/前置通信控制机;5—DX120

4. 实验内容与步骤

　　(1)打开包装箱,按箱中的装箱单查点所装内容。

　　(2)检查传感器和电缆外观是否完好。对于表压型 DX120 的电缆,在端头处还有分子筛。

　　(3)先取其中一个 DX120,按照标签的说明将其电缆中的 5 根导线找到,并且连接到计算机的 RS-485 接口上,最后将直流稳压电源(12~24 V)的 2 个输出线与 DX120 的电源线连接好,检查无误后通电。

　　(4)运行计算机"超级终端",并按照压力传感器标签上的通信速率设置。

　　(5)用通用地址"!"发送读取地址命令"AD",并看是否有回送地址。有回送地址而且正确,就可以发送读取压力值的命令"DO"。压力值回送而且正确,证明传感器是好的,可以去现场安装了。

5. 实验报告

　　(1)正确区分每个 DX120 电缆中 5(或 7)根导线的功能。

　　(2)确定 RS-485 总线的配置,正确设置 RS-485 转换器。

巩固练习

(1)什么是智能传感器？

(2)智能传感器有哪些主要功能？

(3)智能传感器有哪些特点？

(4)智能传感器分为哪几类？

(5)简述智能传感器的发展方向。

(6)简述智能传感器的实现途径。

(7)简述智能传感器与无线传感器网络及物联网的关系。

参考文献

[1] 郁有文. 传感器原理及工程应用[M]. 西安:西安电子科技大学出版社,2001.

[2] 王俊峰,孟令启. 现代传感器应用技术[M]. 北京:机械工业出版社,2007.

[3] 赵继文. 传感器与应用电路设计[M]. 北京:科学出版社,2002.

[4] 高晓蓉. 传感器技术[M]. 成都:西南交通大学出版社,2003.

[5] 周乐挺. 传感器与检测技术[M]. 北京:机械工业出版社,2005.

[6] 王亚峰,何晓辉. 新型传感器技术及应用[M]. 北京:中国计量出版社,2009.

[7] 梁森,王侃夫,黄杭美. 自动检测与转换技术[M]. 2版.北京:机械工业出版社,2007.

[8] 沈聿农. 传感器及应用技术[M]. 北京:化学工业出版社,2001.

[9] 宋文绪,杨帆. 自动检测技术[M]. 北京:高等教育出版社,2000.

[10] 范晶彦. 传感器与检测技术应用[M]. 北京:机械工业出版社,2005.

[11] 杨清梅,孙建民. 传感器与测试技术[M]. 哈尔滨:哈尔滨工程大学出版社,2005.

[12] 金发庆. 传感器技术与应用[M]. 2版.北京:机械工业出版社,2006.

附　录

附表 1   传感器的分类

分类方法	种　类
按电源形式分	无源传感器、有源传感器
按输出形式分	数字式传感器、模拟式传感器
按传感原理分	结构型传感器、物型传感器、复合型传感器
按测量原理分	电位器式传感器、电容式传感器、电化学式传感器、霍耳式传感器、激光传感器、谐振式传感器、伺服式传感器、电阻式传感器、声表面波传感器、差动变压器式传感器、应变(计)式传感器、电磁式传感器、超声(波)传感器、磁阻式传感器、压电式传感器、电感式传感器、(核)辐射传感器、光纤传感器、热电式传感器、电离式传感器、光导式传感器、光伏式传感器、压阻式传感器
按被测量分类	物理量传感器、温度传感器、热流传感器、辐射式温度传感器、电流传感器、射线传感器、差压式传感器、热学量传感器、力矩传感器、液晶温度传感器、电学量传感器、化学量传感器、力传感器、浓度传感器、速度传感器、压力式传感器、传感器示温涂料温度传感器、磁通传感器、生物量传感器、表压式传感器、硬度传感器、传输型热导率传感器、热膨胀型温度传感器、磁场强度传感器、波传感器、真空式传感器、黏度传感器、敏感型光学量传感器、双金属片式可见光传感器、磁学量传感器、超声声表面波传感器、动压式传感器、密度传感器、光纤温度传感器、PN 结温度传感器、亮度传感器、噪声传感器、静压式传感器、尺度传感器、电容温度传感器、晶体管温度传感器、图像传感器、声压传感器、绝压式传感器、位置传感器、加速度传感器、热敏电阻温度传感器、色度传感器、声学量传感器、压力传感器、流量传感器、NQR温度传感器、热电偶温度传感器、紫外线传感器、红外线传感器、电场强度传感器、力学量传感器、位移传感器、热释电式温度传感器、热电阻温度传感器、照度传感器、电压传感器

附表 2 　　　　　　　　　　K 型热电偶分度表(分度号:K) 　　　　　　mV

温度/ ℃	热电动势/mV									
	0	1	2	3	4	5	6	7	8	9
0	0	0.039	0.079	0.119	0.158	0.198	0.238	0.277	0.317	0.357
10	0.397	0.437	0.477	0.517	0.557	0.597	0.637	0.677	0.718	0.758
20	0.798	0.858	0.879	0.919	0.960	1.000	1.041	1.081	1.122	1.162
30	1.203	1.244	1.285	1.325	1.366	10407	1.4487	1.480	1.529	1.570
40	1.611	1.652	1.693	1.734	1.776	1.817	1.858	1.899	1.940	1.981
50	2.022	2.064	2.105	2.146	2.188	2.229	2.270	2.312	2.353	2.394
60	2.436	2.477	2.519	2.560	2.601	2.643	2.684	2.726	2.767	2.809
70	2.850	2.892	2.933	2.975	3.016	3.058	30100	3.141	3.183	3.224
80	3.266	3.307	3.349	3.390	3.432	3.473	3.515	3.556	3.598	3.639
90	3.681	3.722	3.764	3.805	3.847	3.888	3.930	3.971	4.012	4.054
100	4.095	4.137	4.178	4.219	4.261	4.302	4.343	4.384	4.426	4.467
110	4.508	4.549	4.600	4.632	4.673	4.714	4.755	4.796	4.837	4.878
120	4.919	4.960	5.001	5.042	5.083	5.124	5.161	5.205	5.2340	5.287
130	5.327	5.368	5.409	5.450	5.190	5.531	5.571	5.612	5.652	5.693
140	5.733	5.774	15.814	5.855	5.895	5.936	5.976	6.016	6.057	6.097
150	6.137	6.177	6.218	6.258	6.298	6.338	6.378	6.419	6.459	6.499

附表 3 　　　　　　　　　　E 型热电偶分度表(分度号:E) 　　　　　　mV

温度/ ℃	热电动势/mV									
	0	1	2	3	4	5	6	7	8	9
0	0.000	0.059	0.118	0.176	0.235	0.295	0.354	0.413	0.472	0.532
10	0.591	0.651	0.711	0.770	0.830	0.890	0.950	1.011	1.071	1.131
20	1.192	1.252	1.313	1.373	1.434	1.495	1.556	1.617	1.678	1.739
30	1.801	1.862	1.924	1.985	2.047	2.109	2.171	2.233	2.295	2.357
40	2.419	2.482	2.544	2.057	2.669	2.732	2.795	2.858	2.921	2.984
50	3.047	3.110	3.173	3.237	3.300	3.364	3.428	3.491	3.555	3.619
60	3.683	3.748	3.812	3.876	3.941	4.005	4.070	4.134	4.199	4.264
70	4.329	4.394	4.459	4.524	4.590	4.655	4.720	4.786	4.852	4.917
80	4.983	5.047	5.115	5.181	5.247	5.314	5.380	5.446	5.513	5.579
90	5.646	5.713	5.780	5.846	5.913	5.981	6.048	6.115	6.182	6.250
100	6.317	6.385	6.452	6.520	6.588	6.656	6.724	6.792	6.860	6.928
110	6.996	7.064	7.133	7.201	7.270	7.339	7.407	7.476	7.545	7.614
120	7.683	7.752	7.821	7.890	7.960	8.029	8.099	8.168	8.238	8.307
130	8.377	8.447	8.517	8.587	8.657	8.827	8.842	8.867	8.938	9.008
140	9.078	9.149	9.220	9.290	9.361	9.432	9.503	9.573	9.614	9.715
150	9.787	9.858	9.929	10.000	10.072	10.143	10.215	10.286	10.358	4.429

附表 4　　　　　　　　　　　　　　　　Pt100 铂电阻分度

温度/℃	电阻/Ω	温度/℃	电阻/Ω	温度/℃	电阻/Ω	温度/℃	电阻/Ω
−50	80.31	115	144.17	280	204.88	445	262.42
−45	82.29	120	146.06	285	206.67	450	264.11
−40	84.27	125	147.94	290	208.45	455	265.80
−35	86.25	130	149.82	295	210.24	460	267.49
−30	88.22	135	151.70	300	212.02	465	269.18
−25	90.19	140	153.58	305	213.80	470	270.86
−20	92.16	145	155.45	310	215.57	475	272.54
−15	94.12	150	157.31	315	217.35	480	274.22
−10	96.09	155	159.18	320	219.12	485	275.89
−5	98.04	160	161.04	325	220.88	490	277.56
0	100.00	165	162.90	330	222.65	495	279.23
5	101.95	170	164.76	335	224.41	500	280.90
10	103.90	175	166.61	340	226.17	505	282.56
15	105.85	180	168.46	345	227.92	510	284.22
20	107.79	185	170.31	350	229.67	515	285.87
25	109.73	190	172.16	355	231.42	520	287.53
30	111.67	195	174.00	360	233.17	525	289.18
35	113.61	200	175.84	365	234.91	530	290.83
40	115.54	205	177.68	370	236.65	535	292.47
45	117.47	210	179.51	375	238.39	540	294.11
50	119.40	215	181.34	380	240.13	545	295.75
55	121.32	220	183.17	385	241.86	550	297.39
60	123.24	225	184.99	390	243.59	555	299.02
65	125.16	230	186.82	395	245.31	560	300.65
70	127.07	235	188.63	400	247.04	565	302.28
75	128.98	240	190.45	405	248.76	570	303.91
80	130.89	245	192.26	410	250.48	575	3.5.53
85	132.80	250	194.07	415	252.19	580	307.15
90	134.70	255	195.88	420	253.90	585	308.76
95	136.60	260	197.69	425	255.61	590	310.38
100	138.50	265	199.49	430	257.32	595	311.99
105	140.39	270	201.29	435	259.02	600	313.59
110	142.29	275	203.08	440	260.72	605	315.20

附表 5   传感器命名构成及各级修饰语举例

主题词	第一级修饰语被测量	第二级修饰语转换原理	第三级修饰语特征描述	第四级修饰语技术指标	
				范围、量程、精确度、灵敏度	单位
传感器	速度 加速度 加加速度 冲击 振动 力 重量(称重) 压力	电位器(式) 电阻(式) 电流(式) 电感(式) 电容(式) 电涡流(式) 电热(式) 电磁(式)	直流输出 交流输出 频率输出 数字输出 双输出 放大 离散增量 积分		
传感器	声压 力矩 姿态 位移 液位 流量 温度 热流	电化学(式) 电离(式) 压电(式) 压阻(式) 应变计(式) 谐振(式) 伺服(式) 磁阻(式)	开关 陀螺 涡流 齿轮转子 振动元件 波纹管 波登管 膜盒		
传感器	热通量 可见光 照度 湿度 黏度 浊度 离子活(浓)度 电流 磁场 马赫数	光电(式) 光化学(式) 光纤(式) 激光(式) 超声(式) (核)辐射(式) 热电 热释电	膜片 离子敏感 FET 热丝 半导体 陶瓷 聚合物 固体电解质 自源 粘贴 非粘贴 焊接		

附表6　　　　　　　　　　　　常用被测代码

被测量	代号	被测量	代号	被测量	代号	被测量	代号
加速度	A	角速度	JS	电流	DL	位置	WZ
加加速度	AA	角位移	JW	电场强度	DQ	应力	$Y\lambda$
亮度	AD	力	L	电压	DY	液位	YW
磁	C	露点	LD	色度	E	浊度	Z
冲击	CJ	力矩	LJ	谷氨酸	GA	振动	ZD
磁透率	CO	流量	$L\lambda$	温度	H	紫外光	ZG
磁场强度	CQ	离子	LZ	照度	HD	重量(稳重)	ZL
磁通量	CT	密度	M	红外光	HG	真空度	ZK
呼吸频率	HP	(气体)密度	(Q)M	离子活(浓)度	H(N)	噪声	ZS
转速	HS	(液体)密度	(Y)M	声压	SY	姿态	ZT
硬度	I	脉搏	MB	图像	TX	氢离子活(浓)度	(H)H(N)D
线加速度	IA	马赫数	MH	温度	W	钠离子活(浓)度	(Na)H(N)D
线速度	IS	表面粗糙度	MZ	(体)温	(T)W	氯离子活(浓)度	(CL)H(N)D
角度	J	黏度	N	物位	WW	氧分压	(O)
角加速度	JA	扭矩	NJ	位移	WY	一氧化碳分压	(CO)
可见光	JG	厚度	O	热流	R_L	水分	SF
烧蚀厚度	SO	pH值	(H)	速度	S	射线剂量	SL
射线	SX	气体	Q	热通量	RT		

附表7　　　　　　　　　　　　常用转换原理代码

转换原理	代号	转换原理	代号	转换原理	代号	转换原理	代号
电解	AJ	光发射	GRS	感应	GY	涡街	WJ
变压器	BY	电位器	DW	霍尔	HE	微生物	WS
磁电	CD	电阻	DZ	晶体管	IG	涡轮	WU
催化	CH	热导	ED	激光	JG	离子选择电板	XJ
场效应管	CU	浮子-干簧	FH	晶体振子	JZ	谐振	XZ
差压	CY	(核)辐射	FS	克拉克电池	KC	应变	YB
磁阻	CZ	浮子	FZ	酶(式)	M	压电	YD
电磁	DC	光学式	G	声表面波	MB	压阻	YZ
电导	DD	光电	GD	免疫	MY	折射	ZE
电感	DG	光伏	GF	热电	RD	阻抗	ZK
电化学	DH	光化学	GH	热释电	RH	转子	ZZ
单结	DJ	光导	GO	热电丝	RS		
电涡流	DO	光纤	GQ	(超)声波	SB		
超声多普勒	DP	电容	O	伺服	SF		